KB159316

동물은 어떻게
슬퍼하는가

동물은 어떻게 슬퍼하는가

초판 1쇄 발행 2022년 2월 25일
초판 4쇄 발행 2024년 6월 20일

지은이   바버라 J. 킹
옮긴이   정아영
펴낸이   이영선
책임편집   차소영

편집   이일규 김선정 김문정 김종훈 이민재 이현정
디자인   김회량 위수연
독자본부   김일신 손미경 정혜영 김연수 김민수 박정래 김인환

펴낸곳 서해문집 | 출판등록 1989년 3월 16일(제406-2005-000047호)
주소 경기도 파주시 광인사길 217(파주출판도시)
전화 (031)955-7470 | 팩스 (031)955-7469
홈페이지 www.booksea.co.kr | 이메일 shmj21@hanmail.net

ISBN 979-11-92085-10-4 03490

동물은 어떻게 슬퍼하는가

바버라 J. 킹 지음
정아영 옮김

서해문집

남편 찰스, 딸 사라, 어머니 엘리자베스에게
또 고양이 미키, 호루스, 그레이 앤드 화이트, 마이클, 토끼 캐러멜과 오레오를 비롯해
우리가 사랑했고 떠나보낸 모든 동물에게 이 책을 바친다.

일러두기
- 본문에서 옮긴이가 부연 설명한 내용은 대괄호로 표시했다.

차례

서문: 슬픔과 사랑에 관하여 • 008

1 고양이 카슨의 죽음과 애도 ─────────── 025

2 개의 가장 친한 친구 ─────────────── 045

3 농장의 추모 행사 ──────────────── 065

4 토끼가 우울한 이유 ────────────── 083

5 코끼리 뼈 ──────────────────── 103

6 원숭이도 죽음을 슬퍼할까? ─────────── 125

7 침팬지: 때때로 잔인한 것은 사실이다 ────── 151

8 새들의 사랑 ────────────────── 173

9 감정의 바다: 돌고래, 고래, 거북 ───────── 193

10 경계는 없다: 종을 초월하는 슬픔 ───────── 211

11 동물의 자살? ───────────────── 227

12 유인원의 슬픔 ──────────────── 247

13 옐로스톤의 죽은 들소와 동물 부고 ─────── 265

14 슬픔을 쓴다는 것 ────────────── 287

15 슬픔의 선사시대 ────────────── 305

맺는 말 • 324

참고자료 • 338

슬픔과 사랑에 관하여

무리에서 떨어진 곳에 미동 없는 개체가 하나 있다. 다른 개체들은 할 일을 하느라 분주할 따름이다. 덕분에 고도로 분업화된 이들의 사회는 한 치의 오차 없이 돌아간다. 그렇게, 죽은 개체는 홀로 남겨져 있다. 아무도 거들떠보지 않는다.

이틀쯤 지나자 사체에서 어떤 냄새가 나기 시작한다. 코를 찌르는 화학적 냄새다. 그러자 다른 개체가 다가와 사체를 가까운 묘지로 운반해 간다. 다른 이들은 묘지에 모여 기다린다. 사체를 처리하는 더없이 효율적인 절차다. 누구도 애도를 표하지 않는다.

할리우드와 버뱅크[할리우드 인근 도시로, 영화 제작사가 밀집해 있다], 최근에는 출판계에서도 좀비 스릴러물에 여차하면 끼워넣곤 하는 한 장면일까? 대체 어느 문화권에서 사자死者를 이토록 차갑게, 이토록 기계적으로 대우한단 말인가. 동서고금을 막론하고 인류는 정교한 의식에 따라 장사를 치른다. 즉, 누군가 죽으면 시신을 정돈하고, 유족을 위로하며, 망자를 내세로(최소한 차갑고 딱딱한 땅속으로) 떠나보내는 절차를 밟는다.

그렇다, 이것은 인간이 아니라 개미 공동체의 장례 시나리오다. 1950년대에 생물학자 에드워드 윌슨Edward Wilson이 이 패턴을 발견했다. 어떤 개미가 죽으면, 며칠간은 방치된다. 하지만 곧 다른 개미 한 마리가 찾아와 묘지 같은 곳으로 옮긴다. 개미가 죽은 지 이틀가량 지나면 사체에서 방출되는 올레산이 동료 개미들로부터 이 같은 행동을 촉발하는 것이다. 윌슨 박사가 2009년 미국 공영 라디오(NPR)의 로버트 크룰위치Robert Krulwich 기자와 진행한 인터뷰에서 밝힌 사실이다.

한 호기심 많은 과학자가 개미 한 마리를 데려다 몸에 올레산을 묻혀 개미굴에 놓아둔다면, 버젓이 살아 있는 그 개미는 아무리 발버둥을 친다 한들 묘지로 날라질 것이다. 우리가 아는 한, 개미와 같은 곤충들의 죽음 관련 행동 양식은 순전히 화학작용에 지배된다. 곤충들의 감정이 어떤 식으로 표현되는지 곤충학자들이 아직 알아내지 못했을 가능성도 있지만, 나는 개미들이 죽은 동료에 대해 슬픔을 느끼지 않는다고 거리낌 없이 상정할 수 있다.

동물 세계에서 개미는 극단적인 예다. 침팬지나 코끼리가 화학 물질로 인한 냄새에 이토록 기계적으로 반응하리라 생각하는 사람은 아무도 없을 것이다. 침팬지와 코끼리는 우리가 동물의 감정 및 인지 능력에 관해 이야기할 때 믿고 내세울 수 있는 '대표격'

동물이다. 이들은 뇌가 큰 포유동물이다. 영리하게 계획을 세우며, 문제가 발생하면 해결하고, 공동체 내의 다른 구성원들과 정서적 유대를 맺는다. 누구와 함께 시간을 보내고 싶은지 까다롭게 고르고, 좋아하는 동료와 떨어져 있다가 다시 만나면 기쁨의 포효를 하기도 한다.

동물행동학자들이 종종 딱딱한 언어로 설명하는 것처럼 이 동물들은 단순히 '사회적 유대 관계를 겉으로 표시하는 것'이 아니다. 침팬지와 코끼리가 동료에게 느끼는 감정은 세상에 대한 복잡한 인지 작용과 밀접한 연관이 있다. 침팬지는 서식지에 따라 흰개미를 잡기 위해, 단단한 견과를 깨기 위해, 나무 구멍 속의 부시 베이비[원숭이의 한 종류로, 몸집이 작다]를 사냥하기 위해 자신이 속한 집단의 도구 사용 방식을 익히는 문화적 동물이다. 그리고 이미 클리셰로 자리 잡아 익숙한 이야기지만 코끼리는 결코 무언가를 잊지 않는다. 그들은 모든 일을 너무나 생생하게 기억하다 못해 외상 후 스트레스 장애를 겪을 정도다. 가족이나 친구가 상아 밀렵꾼에게 살해당하는 것을 목격한 코끼리들은 악몽에 시달리며 잠을 설치곤 한다.

침팬지와 코끼리는 슬픔을 느낀다. 선구적인 여성 현장 과학자 제인 구달Jane Goodall과 신시아 모스Cynthia Moss는 각각 탄자니아에서 침팬지를, 케냐에서 코끼리를 연구했고, 이미 오래전에 동물들이 사랑하는 동료의 죽음에 슬퍼하는 모습을 관찰한 결과를 세상에 알렸다. 따라서 이 책에 침팬지와 코끼리가 등장하는 것은 지극히 자연스러운 일이다. 이 동물들의 슬픔에 관한 구달과 모스의 연구 업적에 최신 과학이 밝혀낸 흥미롭고 풍부한 사실들로 깊이를 더하는 것일 뿐이니까.

하지만 동물의 슬픔이 아프리카 숲과 대초원에서만 발견되는 것은 아니다. 이 책에서는 다양한 생태계를 종횡무진하며 야생의 조류, 돌고래, 고래, 원숭이, 물소, 곰, 심지어 거북이 상실을 겪을 때 어떻게 애도하는지 알아보려고 한다. 또 농장과 집 안을 들여다보며 고양이, 개, 토끼, 염소, 말 등 우리와 함께 살아가는 동물들 역시 슬픔을 경험한다는 사실을 다룰 것이다.

역사상 과학은 동물의 감정과 사고 능력을 적잖이 저평가해왔다. 하지만 최근 과학자들은 영상 자료를 증거로 제시하며 깊이 사고하고 느끼는 동물이 우리 짐작보다 훨씬 많음을 보여준다.

염소와 닭을 예로 들어보자. 오랜 세월 동안 나는 이 두 동물에게 감정이나 생각할 능력이 있을지도 모른다고는 단 한 번도 생각해본 적이 없다. 버지니아주에 있는 우리 집 근처에서나 아프리카를 여행할 때 염소가 무리 지어 있는 모습을 종종 보긴 했지만 주시하지는 않았다. 하물며 닭이야. 감정이나 인지력과 같은 정신 능력에 관한 한, 대부분의 사람들처럼 나도 동물들 간에 암묵적인 위계를 세워두고 있었다. 무의식적이었다 해도 나는 이 위계에 따라 침팬지와 코끼리는 집 뒷마당에서 혹은 저녁 식탁 위에서나 볼 수 있을 뿐인 염소나 닭 같은 동물보다 훨씬 우수하다고 가정하고 있었다.

염소는 전 세계에서 가장 흔히 고기로 소비되는 동물로 멕시코, 그리스, 인도, 이탈리아 등에서는 주식이다. 지난 몇 년 사이 미국에서는 고급 요리 재료로도 주목받았다. 나는 염소 고기를 먹어본 적이 없다. 채식주의자에 가까운 식생활을 한 지 꽤 됐기 때문이다. 최근 들어서야 집 주변 염소들과 시간을 보내기도 하고, 염소를 길렀던 친구들의 이야기를 듣기도 하고, 브래드 케슬러Brad Kessler의 회고록《염소의 노래Goat Song》를 읽으면서 염소를 복잡한 동물로 인식하게 됐다.

작년 어느 날 맑은 오후에 나는 품종이 불분명한 모녀 염소 비아와 애비를 만났다. 이들이 사는 곳은 버지니아주 글로스터 카운티의 '4 Bar W'라는 목장으로, 린다 울리히와 리치 울리히가 운영하는 곳이었다. 나는 린다와 리치를 만나자마자 그들이 나와 생각이 비슷한 사람들이라는 것을 알아차렸다. 구조된 염소, 말, 개들과 고양이 한 마리가 목장을 돌아다니고 있었고, 두 사람에게는 동물 보호 활동을 하는 사람이라면 누구나 푹 빠질 수밖에 없는 멋진 이야기가 잔뜩 있었다.

비아는 조금 탁한 흰색 털에 성근 수염을 가진 차분한 염소였다. 비아의 딸 애비는 비아와 같은 색 털을 지녔지만 수염은 없었다. 린다와 리치는 비아를 먼저 데려오고 6주 정도 지나 애비도 데려왔다. 두 염소는 울타리로 둘러싸인 넓디넓은 농장을 다른 염소들과 함께 뛰어다녔다. 비아와 애비가 재회했을 때, 이들은 기쁨이 터져 나온 것이라고밖에 형용할 수 없는 광경을 보여주었다.

두 염소는 서로에 대한 애정을 주체하지 못해 격하게 울부짖으며 바싹 다가서서 몸과 얼굴을 비벼댔고, 이 모습에 린다는 눈물을 흘렸다.

케슬러는 이렇게 썼다.

염소들과 보내는 시간이 길어지면서 나는 이들이 복잡하고 경이로운 정서적 삶을 영위하는 것을 목도했다. 그들이 기분을, 욕구를, 감각을, 지성을, 특정 장소와 서로에 대해, 또 우리에 대해 애착을 지녔다는 게 느껴졌다. 그뿐 아니라 염소들은 몸짓, 목소리, 눈빛을 통해 내가 감히 해석할 엄두도 낼 수 없는 방식으로 의사소통을 하고 있었다. 그들만의 노래, 염소의 노래였다.

그리스 비극은 한때 '염소의 노래goat-songs'라고 불렸다. 고대 아테네의 연극 경연 대회에서는 승자에게 염소가 상으로 주어졌고 이 염소는 곧 제물로 바쳐지곤 했는데, 제물을 바치면서 사람들이 제의적 노래를 부를 때 (나중에 다시 살펴보겠지만) 죽음을 애도하는 염소의 울음소리도 들려왔기 때문은 아닐까.

염소는 침팬지처럼 도구를 만들지 않는 것은 물론이고, 아마 코끼리와 같은 수준으로 지난 일을 떠올리거나 외상적인 기억을 재경험하지 않을 것이다. 자기 인식self-awareness 능력이 그렇게 발달하지 않아 이를테면 거울에 비친 이미지가 자신임을 깨닫지 못할 것이다. 그러나 왜 침팬지와 코끼리가 동물들의 감정 및 인지 능력을 가늠하는 표준인가? 동물행동학에 따르면, 우리는 침팬지 혹은 코끼리의 사고방식과 감정을 인간의 특질을 기준으로 평가해온 관행을 재고해야 마땅하다. 마찬가지로 침팬지와 코끼리의 행동 양식을 기준으로 다른 모든 동물을 판가름하려는 시도 또한 재고되어야 한다. 염소의 생각과 감정도 생각과 감정이다.

그렇지만 닭은 어떨까? 어린 시절부터 50대가 된 지금까지 나는 족히 수백 마리의 닭을 먹었을 것이다. 외식할 때 가장 즐겨 먹은 것이 가금류 고기였기 때문이다. 내게 '닭의 지능'이나 '닭의 자아' 같은 말은 모순어법, 즉 실제 닭과 무관한 불합리한 표현에 불과했다. 그러다 이 모든 것(식성도 생각도)이 바뀐 건 더 현명한 사람들이 해준 이야기를 듣고 나서였다.

시작은 뉴저지주 교외에 살며 닭을 치는 친구 진이었다. 진은 닭을 한 번에 열네 마리까지도 길렀는데, 자유롭게 다닐 수 있게 풀어놓고 길러서 닭들이 이웃집에 들어가는 일이 비일비재했다. "한번은 신부 파티 현장에 난입한 거야. 찾으러 갔더니 신부 친구들이 닭을 둘러싸고 모여 있는 거 있지. 보통 저녁이 되면 알아서 돌아오니까 해 질 녘쯤 나가서 문을 걸어 잠그는 게 일상이야." 진이 말했다.

진이 해준 이야기 중 내가 가장 좋아하는 것은 '수영장 구조' 이야기다. 어느 날 진은 부엌에 있었는데 뒤뜰에서 갑작스레 우짖는 소리가 나기 시작했고, 닭들이 헐레벌떡 테라스 위로 올라왔다. "부리로 부엌 미닫이문을 어찌나 맹렬히 쪼아대던지." 진이 회상했다. "곧바로 나갔는데, 닭들이 나를 어딘가로 이끌고 가려는 거야. 가만히 보니 수영장 쪽인 것 같았어. 서둘러 따라갔더니 닭 한 마리가 물에 빠져서 푸드덕대고 있지 뭐야. 다들 좋아하는 클라우디라는 암탉이었어. 얼른 달려가서 클라우디를 건졌지." 진은 다른 닭들의 기민한 대처 덕분에 클라우디가 목숨을 구할 수 있었다고 확신한다.

닭들이 취한 일련의 조치는 정말이지 놀랍다. 그들은 동료가 곤경에 처한 사실을 인지했다. 어디로 가서 인간 세계의 도움을 구해야 하는지, 어떻게 해야 사람의 주의를 끌 수 있는지를 알았다. 그리고 구체적인 행동으로 진이 문제 현장을 향하도록 유도했다.

'닭과 같은 종'의 지성과 사회성을 상술한 애니 포츠Annie Potts의《닭Chicken》은 그야말로 내 세계를 뒤흔들었다. 닭이 수없이 많은 얼굴을 구별할 수 있다거나 사물의 일부만 보고도 전체를 인식한다는 내용 등 포츠는 인간이 중요하게 여기는 수많은 일들을 닭이 어떻게 해내는지 자세히 묘사한다. 카리스마 넘치는 모습과 자기만의 개성으로 미국의 한 양로원에서 테라피 동물로 많은 사랑을 받은 수탉 미스터 헨리 조이 같은 개개의 닭에 관해 서술한 부분은 특히 뛰어나다.

포츠는 동물학자 모리스 버턴Maurice Burton의 이야기를 빌려 슬픔에 대해서도 언급한다. 늙고 앞도 거의 보지 못하는 한 암탉이 젊고 건강한 다른 암탉의 도움을 받아 지내고 있었다. 젊은 암탉은 자신의 벗을 위해 음식을 가져다주었고, 밤에는 잠자리를 봐주었다. 그러다 늙은 암탉이 죽었다. 젊은 암탉은 식음을 전폐하더니 나날이 쇠약해졌다. 결국 2주가 채 지나지 않아 젊은 암탉도 죽음을 맞이한다. 닭에게는 생각과 감정이 있다. 그들은 슬픔을 느낀다.

그렇지만 '닭은 슬픔을 느낀다'라는 문장은 너무 단출한 감이 있다. 더 정확한 표현은 다음과 같을 것이다. 닭은 침팬지나 코끼리, 염소와 마찬가지로 슬픔을 느끼는 능력이 있다. 그들 각자의 성격과 전후 사정에 따라 슬픔은 드러날 때도 있고 드러나지 않을 때도 있다. 바로 우리가 그러하듯이. 닭이나 염소, 고양이와 함께 살더라도 그들이 다른 개체를 잃고 슬픔을 격렬하게 표현하는 모습을 보지 못할 수 있다는 말이다.

아니, 사람이라고 다를까? 2012년 1월 16일《뉴욕 타임스》'메트로폴리탄 다이어리'에 글을 보낸 웬디 텍스터는 어느 날 여동생과 함께 커뮤니티 가든*을 돌보고 있었다. 그런데 자신도 여동생도 안면이 없는 한 여성이 아버지의 주검을 태운 재가 담긴 종이가방을 들고 다가왔다. 그녀는 커뮤니티 가든에 재를 뿌릴 수 있는지 묻더니 종이가방을 건넸다. "여기요. 죄송하지만 대신 좀 부탁드립니다. 아버지라면 지긋지긋해서요. 아버지 성함은 에이브예요." 이 말에 웃음이 나오는 사람도, 경악하는 사람도 있겠지만, 요점은 가

---

*   [옮긴이주] 도시 지역 공동체 회복을 위해 텃밭을 가꾸고 환경 미화 활동을 하는 것이 장려되는 열린 공간.

족이든 다른 어떤 사람이든 자기 인생에 들어와 있던 누군가의 죽음 앞에서 사람들이 어떤 반응을 보일지 예측하려는 건 쓸모없는 일이라는 것이다. 가까운 사람이 죽었지만 슬퍼하지 않을 수도 있다. 다른 사람이 알아챌 수 없게 내적으로만, 또는 혼자 있을 때만 슬픔을 드러낼 수도 있다.

동물이 겪는 사별을 주제로 글을 쓰고 있지만, 나는 지금 두 장대 사이에 팽팽하게 묶인 줄 위를 걷는 기분이다. 하나의 장대는 동물들의 감정적 삶이 인정받기를 바라는 마음이고, 다른 하나의 장대는 인간의 독특한 특성을 예우하고 싶은 내 욕구다. 나는 결국 인류학자다. 인류학자들은 인간이라는 종의 고유한 애도 양상을 수없이 많이 수집하고 기록해왔다. 침팬지가 화학 물질에 조종당하는 개미와 다르듯, 인류는 정교한 버전의 침팬지가 아니다. 동물 중 인간만이 죽음의 불가피성을 충분히 예상한다. 우리는 언젠가 우리 정신이 희미해지고 숨이 멎으리라는 것을 안다. 그 순간이 부드럽게 다가올지 아니면 두려우리만큼 급작스럽게 닥칠지는 알 수 없을지라도. 우리는 더없이 거룩한 형태로, 또 다듬어지지 않은 무수한 형태로 사랑하는 이들의 죽음을 애도한다.

어린아이가 죽으면, 우리보다 수십 년 더 살았어야 하는 어린아이가 죽으면 누구나 슬픔에 울부짖는다. 그 슬픔을 예술로 승화하기 위해 애쓰는 이들도 있을 것이다. 로저 로젠블랫Roger Rosenblatt은 세 아이의 어머니였던 자신의 딸이 돌연한 죽음을 맞은 뒤 남긴 작품에 이렇게 썼다. "산산이 부서지고 싶다. 지구의 북쪽 끝부터 남쪽 끝까지 자오선을 따라 나를 늘어놓고, 뼈는 피부 밖에 놓아달라." 다른 어떤 동물도 슬픔을 이런 식으로 표현하지 않는다. 세상에 존재하는 언어만큼이나 다양한 방식으로 죽음에 대한 의식을 치르지도 않는다. 수천 년 전 우리 조상들이 시신에 붉은 황토를 처음 뿌린 이래로, 죽은 이가 내세에 쓸 수 있게 부장품을 함께 묻기 시작한 이래로, 무덤, 화장火葬, '시팅 시바sitting shiva'[죽은 이를 애도하는 유대교 전통 장례 행사]를 고안한 이래로, 페이스북과 트위터에서 고인을 추모하기 시작한 이래로, 천 년을 거쳐 인류는 애도를 의례화하고 여럿이 함께 치러왔다. 우리는 그 어떤 동물도 하지 않는 방식으로 죽음을 다룬다.

그렇다면 닭의 슬픔은 염소의 슬픔이 아니다. 닭의 슬픔은 침팬지의 슬픔도 아니며, 코끼리의 슬픔도, 인간의 슬픔도 아니다. 이 차이는 중요하다. 그런데 종과 종 사이의 차이 못지않게 같은 종 안에서 나타나는 개체 간 차이 또한 중요할지 모른다. 20세기 동물행동학이 얻은 위대한 교훈은, 인간을 인간이라 할 수 있는 이치는 하나가 아니라는 진리가 침팬지나 염소, 닭에게도 마찬가지로 적용된다는 것이다.

우리―인간과 다른 동물들은 서로 닮았고, 또 서로 다르다. 닮은 점과 다른 점 사이에서 균형을 잡고 살펴볼 때 더욱 설득력 있게 다가오는 쪽은 닮은 점이다. 아마 동물들이 누군가를 사랑했을 때 (우리가 그러하듯이) 슬퍼하기 때문인 것 같다. 동물의 슬픔은 동물의 사랑에 대한 강력한 지표로 볼 수 있다.

동물의 사랑에 관해 말하는 것이 이상하게 여겨지나? 애초에 우리가 어떻게 해야 침팬지의 사랑을, 더욱이 염소의 사랑을 알아볼 수 있을까? 사람들에게 사랑이 어떤 의미인지 온전히 설명하려면 사랑에 푹 빠진 사람의 호르몬 수치가 얼마나 치솟는지 측정하고, 새롭게 탄생한 연인이 나누는 눈빛, 몸짓, 속삭임을 도표화한 자료 이상이 필요하다. 과학은 사랑을 헤아리는 데 도움이 될 수 있겠지만, 모든 것을 설명해주지는 못한다. 사람의 사랑도 이럴진대 과학이, 언어를 통하지 않고, 언어를 통한다 해도 우리가 정의하는 단어와 문장이 결여된 언어로 생각하고 느끼는 동물의 사랑을 다루기란 여간 어려운 일이 아니다.

저명한 동물행동학자이자 동물복지 활동가인 마크 베코프 Marc Bekoff는 동물의 사랑이라는 주제가 회의를 불러일으킬 수 있다는 사실을 인정하면서도 흥미롭게 응수했다. 베코프가 관찰한 바에 따르면 우리는 사람이 된 이래로 늘 사랑을 정의하고 이해하는 어려움과 씨름해왔다. 베코프는 이렇게 썼다. "비록 우리가 사랑을 진정으로 이해하지는 못하지만 사랑의 존재를 부정하지도, 사랑의 힘을 부정하지도 않는다. 우리는 매일같이 수백 가지 다른 형태로 사랑을 경험하거나 목격한다. 슬픔이란 실로 사랑하기에 겪는 대가다. 동물들은 슬픔을 느낀다. 그러니 그들은 사랑 또한 느끼는 것이 틀림없다."

베코프, 구달, 모스를 비롯해 다른 과학자들이 쌓아 올린 동물 감정에 관한 연구가 있기에, 나는 동물의 사랑이 장차 검증돼야 할 가설로 받아들여질 수 있으리라는 기대 속에 편한 마음으로 작업했다. 핵심 아이디어는 이것이다. '다른 동물에게 사랑을 느끼는 동물은 상대에게 가까이 다가가고, 긍정적인 상호 작용을 나누기 위해 노력할 것이다. 여기에는 먹이 사냥, 포식자 방어, 짝짓기 및 번식과 같은 생존 기반 목적도 있지만, 그 이상의 이유도 있을 것이다.'

내가 적용하려는 체계에 따르면 한 동물이 다른 동물과 함께 하기로 적극적 선택을 하는 것은 사랑의 필요조건, 즉 사랑의 근본적 토대다. 하지만 필요조건일 뿐, 동물의 사랑을 확인했다고 주장할 수 있는 충분조건은 아니다. 동물의 사랑에는 다른 요소도 요구된다. 만약 한 동물이 죽음을 맞는 등 두 동물이 더 이상 함께할 수 없게 된다면, 사랑을 간직한 채 남은 한 마리는 가시적인 형태로 고통을 겪을 것이다. 먹는 것을 거부하고, 체중이 줄고, 병에 걸리거나, 평상시와는 다른 행동을 하고, 무기력에 빠지거나, 슬픔과 우울함이 깃든 몸짓을 보여줄지 모른다.

이 정의가 맞아떨어지려면 먼저 두 가지 상황을 구분해야 한다. 모자와 음빌리라는 야생 암컷 침팬지 두 마리를 예로 들어보자. 이들은 늘 함께 움직이고, 함께 쉬고, 서로의 털을 골라준다. 이는 서로에 대해서나 함께 있는 것에 대해 어떤 긍정적인 감정을 확고히 느끼기 때문일지 모른다. 아니면 별 감정 없이 습관적으로 어울리는 것뿐, 다른 침팬지에게도 똑같이 만족할지 모른다. 과학자들은 이 두 가지 해석 중 어느 것이 옳은지(옳은 게 있다면 말이지만)

어떻게 알아낼 수 있을까? (어떤 경우든 동맹을 맺는 것은 자원 획득에 유리하게 작용한다. 앞서 이 사랑의 정의는 생존 욕구를 배제하지 않으며, 그보다 많은 것을 필요로 할 뿐이라고 밝혔다)

모자와 음빌리의 상호 작용이 기록된 영상을 세심하게 관찰하고 분석한다면 두 침팬지가 서로를 찾아 껴안고, 털을 고르며 보살피는 모습에서 사랑을 발견할 수 있을지 모른다.

하지만 '사랑'이라는 용어를 동물들 간의 관계에 너무 거리낌 없이 적용하는 것은 커다란 실수가 될 수 있다. 동물을 과도하게 의인화하다가는 중요한 차이점을 놓칠 수 있기 때문이다. 바로 여기서 우리의 두 번째 조건, 즉 충분조건이 등장한다. 만약 모자와 음빌리가 사랑을 느낀다면 이들은 서로 떨어져야 할 때, 한쪽이 죽기라도 하는 경우라면 더더욱 슬픔의 징후를 드러낼 것이다.

자, 두 부분으로 이루어진 이 접근법은 동물의 슬픔을 평가하는 데 완벽하지 않다. 일단 사별 또는 죽음이라는 충분조건은 항상 관찰할 수 있는 것이 아니므로 우리는 동물들이 갖는 사랑의 크기를 과소평가할 수 있다. 반대로, 동물들 또한 사랑하지 않는 동료라도 죽으면 슬픔을 느낄 수 있다. 또 다른 문제는 우리가 다양한 종류의 사랑을 구별할 수 없을지도 모른다는 사실이다. 가령 모자와 음빌리가 엄마와 딸 사이라면 이들의 사랑은 예컨대 별개의 집단에서 태어난 뒤 같은 공동체에 섞이며 만나게 된 암컷 침팬지 두 마리가 나눌 수 있는 강한 감정과는 다른 걸까?

물론 이런 구별은 인간을 상대로도 하기 어려운 것이 사실이다. 가족, 친구, 반려자 또는 인생의 동반자를 향해 느끼는 사랑은 각기 다르고, 이 다양한 사랑의 상실에 따른 슬픔의 모습도 여러 가지일 것이다. 하지만 이러한 감정적 차이가 외부에서 바라보는 우리 눈에 과연 들어올까? (동물 세계에 관한 한 우리는 늘 외부에 있다) 가끔은 가능할 것이다.

동물의 감정이라는 영역은 관찰자들에게 중대한 도전이다. 정의를 내려보려는 내 전략은 하나의 출발점이라고 할 수 있다. 무엇보다 우리는 어떤 동물의 사랑이나 슬픔이 인간의 사랑이나 슬픔, 또는 침팬지와 같이 집단생활을 하는 다른 영장류의 감정과는 상당히 다르게 다가올 가능성을 항상 염두에 둬야 한다. 영장류의 행동은 우리에게 훨씬 쉽게 와닿는다.

내가 제시한 슬픔의 '이상적 정의'를, 그리고 그 정의가 사랑과 어떻게 연관되는지를 염두에 두면서 이 책에 실린 이야기들을 읽어주기를 바란다. 여기에는 사랑과 슬픔의 요건을 충족하는 동물도 있지만, 아닌 동물도 있다. 동물들은 때로 사랑과 슬픔에 대해 알 듯 말 듯한 암시만을 던져주거나, 관련 자료들이 너무 모호해서 동물이 어떤 감정을 느끼는지 파악하기 어려울 때도 있다. 하지만 동물의 슬픔을 이해하고자 하는 인간의 탐구가 현재 이르러 있는 지점에서는 암시와 모호한 관찰 자료도 중요하다. 그것들은 우리가 미래에 동물을 관찰할 때 더 통찰력 있는 질문을 던지도록 이끌 것이므로.

과학자로서 제공해야 마땅한 주의와 경계를 유념하며 내가 내린 결론은 다음과 같다. '우리는 동물의 슬픔을 발견한 곳에서 동물의 사랑을 찾아낼 개연성이 높고, 그 반대도 마찬가지다.' 슬픔과 사랑은 감정적 경계를 나눠 갖고 있는 것이나 다름없다. 착시 효과로 유명한 그림 중 하나를 보고 있다고 상상해보자. 처음에는 분명히 토끼다. 하지만 계속 쳐다보다 보면 그림이 바뀌어서 갑자기 오리가 된다.

지금부터 우리는 토끼, 오리, 그 밖의 많은 종에게서 슬픔을 마주하게 될 것이다. 그리고 그들의 사랑도.

고양이 카슨의
죽음과 애도

I

버지니아주 글로스터에 사는 내 친구 캐런 플로와 론 플로는 12월이면 한껏 행복한 분위기로 집을 꾸민다. 손님을 반기듯 창문마다 초를 밝히고, 현관은 하얗게 뒤덮인 아름다운 크리스마스트리로, 2층은 색색으로 반짝이는 크리스마스트리로 장식한다. 온 식구가 특별한 음식과 요리, 크리스마스를 고대하는 기쁨으로 마법 같은 나날을 보내는 것이다.

그러나 올해는 슬픔의 기운이 감돌고 있다. 샴고양이 윌라가 잘 꾸며진 이 방 저 방을 돌아다니다 벽난로 앞에 놓인 오토만 의자[등받이 없는 푹신한 의자로, 뚜껑을 열면 수납이 가능하다]에 이르러 걸음을 멈춘다. 부드럽고 따뜻한 쿠션을 흘긋 보더니, 울부짖는다. 이윽고 캐런과 론의 침실로 가서는 침대머리로 훌쩍 뛰어올라 베개 뒤의 동굴처럼 아늑한 공간에 제 몸과 얼굴을 밀어넣는다. 윌라는 찾고, 또 찾는다. 그러다 또다시 울부짖는다. 갑작스럽고도 지독한 울음소리, 고양이에게서 나오는 것이라고는 상상도 할 수 없는 소리다.

윌라는 어쩔 줄 몰라 하는 것이다. 그나마 캐런이나 론이 꼭 안아줄 때나 두 사람의 무릎 위에 누워 있을 때는 진정이 되는 듯하다. 윌라는 이달 초 세상을 떠난 자신의 자매 카슨을 찾고 있다. 14년 만에 처음으로 윌라는 더 이상 누군가의 자매가 아니며, 더 이상 오랜 동반자 관계에서 좀 더 외향적이고 주도권을 쥔 반쪽이 아니게 됐다.

윌라는 혼자다. 그리고 무척 슬퍼한다.

윌라와 카슨이라는 이름은 유명 작가 윌라 캐서Willa Cather와 카슨 매컬러스Carson McCullers에서 따온 것이다. 두 고양이가 문학에 심취한 플로 부부의 집에 온 것은 4월 23일, 셰익스피어의 탄생일이었다. 윌라는 함께 태어난 새끼 고양이 중 가장 통통하고 귀여운 고양이였다. 카슨은 윌라의 반값이었다. 누가 봐도 몸집이 왜소했기 때문이다.

카슨의 행동은 플로 부부의 집에 온 첫 주부터 어딘가 특이했다. 굉장히 예민해서 아주 작은 기척에도 몸을 부풀렸다. 폭풍우가 몰아치던 어느 날에는 론의 어깨에 올라서서 목을 세게 누르기도 했다. 때로는 직선이 아니라 원을 그리며 방을 가로질렀는데, 이 역시 그냥 보아 넘길 수 있는 일은 아니었다. 카슨은 야옹거리지 않았고, 가르랑거리는 소리조차 들릴락 말락 했다. 플로 부부는 카슨이 언어 장애를 갖고 있다는 결론에 이르렀다.

그러던 차에 발톱 제거 수술을 하게 됐다. 윌라와 카슨은 함께 이 수술을 받으러 갔다. (많은 이들이 그러하듯이 플로 부부는 집 안에서 키우는 고양이들에게 통상적인 절차로서 발톱 제거 수술을 받게 했다. 하지만 이제는 더 이상 이 관행에 찬성하지 않는다) 그런데 그만 수의사가 윌라의 발톱 하나를 빠뜨렸고, 이 때문에 윌라만 한 번 더 동물병원에 가야 했다. 집에 남은 카슨은 괴성을 지르기 시작했다. 캐런이 회상하기를, 그날 카슨은 울음을 멈추지 않으며 윌라를 찾기 위해 온 집 안을 헤매고 다녔다고 한다.

물론 윌라와 카슨 자매는 금방 다시 만났다. 두 고양이에게는 햇볕이 잘 드는 장소와 훌륭한 식사, 플로 부부의 포근한 무릎이 있는 만족스러운 나날이 펼쳐졌다. 늘 대장 노릇을 하는 윌라가 따뜻한 오토만 의자나 침대 구석같이 좋은 곳을 앞장서 차지하면 카슨이 그 뒤를 따랐다. 일단 자리를 잡고 나면 두 마리는 나비 날개 한 쌍처럼 꼭 붙어 있었다. 한 마리가 아프면 다른 한 마리가 보살펴주고 털도 손질해줬다.

나이가 들면서 카슨은 심한 관절염과 분변매복 증상에 시달렸다. 몸무게가 줄어들었고, 수술도 받아야 했다. 동물병원에 가는 일이 일상이 됐다. 카슨이 집에 없으면 윌라는 늘 기분이 별로였다. 하지만 이러한 헤어짐은 잠깐이었고, 카슨은 윌라와의 활발한 관계를 지속할 수 있을 만큼 언제나 다시 충분히 회복됐다.

그러다 12월 어느 날, 카슨이 온몸을 떨기 시작했다. 이전까지 없던 증상이었다. 체온이 떨어지자 동물병원에서는 카슨을 인큐베이터에 집어넣었다. 그날 밤 카슨은 인큐베이터의 따뜻한 기운에 싸여 잠이 들었고, 다시 일어나지 않았다.

플로 부부는 카슨이 잠든 상태에서 고통 없이 떠난 것을 감사히 여겼다. 그러나 슬픔은 이루 말할 수 없었다. 처음에 윌라는 카슨과 떨어지면 으레 그랬던 것처럼 뭔가가 잘못됐다는 듯 조용히 언짢은 기분을 드러내는 정도였다. 플로 부부는 윌라가 격렬한 반응을 일으킬지도 모른다고 생각했지만, 실제로 대비를 하지는 못했다.

캐런은 이렇게 기억했다. "2, 3일 정도 지났나, 윌라가 이상한 행동을 하기 시작했어. 여기저기 돌아다니면서 카슨을 찾고 또 찾는 거야. 한 번도 낸 적 없는 울음소리를 내면서 말이지. 아니, 사실 그런 울음소리는 다른 동물들한테서도 들어본 적이 없어. 조금 문학적으로 표현하자면, 예전에 죽은 사람을 향한 절규를 다룬 아일랜드 문학 작품을 읽은 적이 있는데, 윌라가 보인 행동이 바로 그런 절규가 아니었을까 싶어. 윌라는 한시도 쉬지 않고 카슨을 찾아다녔어. 그러다가 갑자기 그런 참담한 울음소리를 내며 우는데……." 캐런은 말을 잇지 못하다 겨우 다시 입을 열었다. "내 무릎에 올라와야만 울음을 멈출 수 있었어. 윌라는 너무 슬펐던 거야. 물론 지금은 그때보다 잘 지내. 우리 사람들도 시간이 지나면 그렇듯이."

윌라는 슬픔을 표현했던 것일까? 일상생활의 갑작스러운 변화로 그저 불안했던 것은 아닐까? 스탠리 코런Stanley Coren 교수는 《모던 도그Modern Dog》라는 잡지에 기고한 글을 통해 바로 이점을 언급했다. 고양이에게도 똑같이 적용되는 내용이다. "동물들이 사랑하는 대상을 상실함에 따라 슬퍼하는 것인지, 아니면 그저 일상의 변화와 관련된 불안함을 드러내는 것인지 동물행동학자들 사이에서도 의견이 분분하다."

회의론자들은 동물 애호가들이 툭하면 인간의 감정을 다른 동물에게 적용한다며 "지나친 의인화다!"라고 외치곤 한다. 이들은 인간 이외의 동물에게도 슬픔이나 사랑 등 복잡한 감정이 있다고 무비판적으로 받아들이기에 앞서 좀 더 단순한 다른 이유가 있는 것은 아닌지 따져봐야 한다고 주장한다. 예컨대 윌라와 카슨의 경우, 두 고양이가 오랜 세월 함께였다는 사실이 분명 어떤 작용을 했을 것이다. 발톱 제거 수술 때 윌라는 잠시 집을 비운 것뿐이었는데도, 카슨은 윌라를 찾으며 울고 악을 썼다.

그러나 카슨이 죽은 후 윌라가 보인 반응은 이전에 이 고양이들이 보여준 그 어떤 반응보다도 엄청난 것이었다. 캐런은 카슨의 부재가 뒤바뀔 수 없는 현실이라는 것을 윌라가 직감적으로 알아차렸다고 확신했다. 부분적으로는 폴로 부부가 슬퍼하는 모습을 윌라가 보고 들을 수 있었던 탓도 있겠다. 또 부분적으로는 두 고양이가 자신들의 선택에 따라 매일같이 한 몸인 듯 얽혀 지낸 탓도 있을 것이다. 물리적으로 가까이 지낸 시간이 쌓이면서 체득된 어떤 앎이 있었던 건 아닐까? 더 이상 카슨과 몸을 휘감고 웅크릴 수 없게 됐을 때, 카슨의 부재가 영원히 계속되리라는 사실을 어떤 식으로든 깨닫게 된 것은 아닐까?

동물이 슬픔을 느낄 가능성이 죽음의 개념을 완벽하게 인식하는 데 달린 것이 아님을 강조하고 싶다. 이는 이 책에 실린 여러 이야기와 동물행동학이 반복해서 전달하는 메시지 중 하나이기도 하다. 우리 인간은 죽음을 예상한다. 때로는 두려워하고, 때로는 달가워한다. 우리는 어린 시절의 어느 시점이 지나고 나면 죽음이 무엇을 의미하는지 안다. 어쩌면 다른 동물들도 죽음의 돌이킬 수 없는 최종성에 대한 관념을 지녔을지 모른다, 캐런이 윌라가 그렇다고 확신한 것처럼. 하나 나는 앞서 서문에서 언급했듯이 탁월한 사고 능력이 아닌 감정을 근거로 슬픔을 정의한다. 슬픔은 두 동물이 끈끈한 유대를 형성하고, 서로에게 관심을 쏟고, 나아가 상대의 존재가 공기처럼 필수불가결하다는 가슴의 확신에 따라 서로 사랑할 때, 피어난다.

카슨에 관한 한 윌라의 가슴은 바로 그 확신으로 들어차 있었다. 캐런은 홀로 남은 윌라를 위해 각별한 애정을 쏟는 것 외에 무엇을 더 해줘야 할지 고민했다. 다 자란 다른 샴고양이를 데려와 빈자리를 채우는 것은 어떨까 진지하게 생각해보기도 했다. 하지만 캐런은 종을 초월한 단순하고도 강력한 진실을 잘 알고 있었다. 사랑하는 존재는 그 무엇으로도 대체할 수 없음을.

프랑스 전원 지대의 동물들을 다룬 19세기 산문집 《박물지 Histoires naturelles》에 저자인 쥘 르나르Jules Renard는 카스토르라는 황소에 대해서도 썼다. 어느 아침, 카스토르는 여느 날과 같이 외양간을 나와 제 멍에를 지러 갔다. "마치 빗자루를 쥔 채 꾸벅꾸벅 조는 하녀처럼, 카스토르는 되새김질을 하며 자신의 오랜 파트너 폴룩스를 기다렸다."

그런데 무슨 일인가가 벌어졌다. (르나르는 정확히 무슨 일이었는지는 기술하지 않았다) 개가 안절부절못하며 컹컹댔고, 일꾼들은 뛰어다니며 소리를 질렀다. 카스토르는 자기 옆에 있는 황소가 "몸을 비틀고 부닥치며 … 씩씩대는 것"을 느꼈다. 그래서 슬며시 돌아봤는데, 거기 서 있는 것은 폴룩스가 아닌 다른 황소였다. "카스토르는 자기 파트너가 아니라는 것을 알아차리곤, 낯선 황소의 불안감 가득한 눈을 보더니 되새김질을 멈췄다."

이 절제된 구절에 카스토르가 느꼈을 감정을 얼마나 속속들이 담아냈는지. 카스토르는 그저 아무 황소나 제 옆에 있기만 하면 되는 게 아니었다. 카스토르가 아는 것은 폴룩스였고, 카스토르가 보고 싶어하는 것도 폴룩스였다. 동물들은 서로에게 개별적 존재로서 중요하다. 윌라와 카슨이 그러했듯이.

마침내 플로 부부는 어린 고양이 에이미를 입양했다. 목 아래에 하얀 무늬가 있는 아주 예쁜 러시안블루였다. 순종 러시안블루만 취급하는 고양이 사육업자가 동물보호소에 버리고 갔다고 했다. 조금 있는 하얀 털 때문에 러시안블루의 표준에서 벗어나 금전적 가치가 별로 없었기 때문이다. (에이미가 사육업자에게 거부당한 것과 같은 사례를 보면 동물보호소나 동물구조단체에서 반려동물을 입양해

야겠다는 결심이 더욱 강해진다. 우리 집에서 나와 함께 사는 여섯 마리 고양이도 모두 그렇게 데려온 고양이들이다) 캐런이 윌라의 동반자를 찾기 위해 보호소를 방문했을 때, 에이미는 캐런의 무릎 위에 오르더니 기분 좋은 소리를 냈다. 그리고 그날 에이미가 캐런을 선택했듯 캐런도 에이미를 선택했다.

에이미를 윌라 곁으로 데려가며 캐런은 동물행동학자들이 수십 년 전 발견한 현상이 자신의 집에서도 일어나기를 바랐다. '정서적 어려움을 겪는 사회적 동물은 자신보다 어린 동반자를 보살피는 과정을 통해 상태가 크게 호전될 수 있다.' 이 원칙은 해리 할로Harry Harlow 박사를 필두로 한 연구진이 1960년대에 행한 '분리 실험'의 여파로 많은 사람들의 뇌리에 각인됐다. 이 분리 실험이란 할로 박사 연구진이 어미와 갓 태어난 새끼가 갖는 애착 관계의 본질과, 모성의 부재가 초래하는 결과를 알아내기 위해 원숭이들을 대상으로 행한 것이었다.

할로 박사 연구진은 어린 붉은털원숭이가 6개월에서 1년 동안 고립되면 심리적 외상을 입는다는 사실을 실증한 것으로 유명하다. 새끼 원숭이들은 어미 원숭이나 다른 원숭이들과 함께 지내며 위안을 얻지 못하는 상황에 빠지자 몸을 앞뒤로 흔들거나 제 몸을 끌어안는 등 심각한 우울증에 빠진 영장류라는 표현이 딱 들어맞는 행동을 보였다. 할로 박사가 진행했던 일련의 실험들을 들춰보는 것은 상당히 고통스럽다. 지금 돌이켜 보면 놀라울 정도로 명백한 사실을 입증하기 위해 원숭이들을 너무나 큰 고통에 빠뜨렸기 때문이다.

정상적으로 길러진 비슷한 나이대의 다른 원숭이들을 만났을 때, 정서적으로 불안정한 상태였던 이 원숭이들은 잘 대처할 수 없었다. 사회적 경험의 결여로 동료들과의 만남을 긍정적으로 이끌려면 어떤 신호를 보내야 하는지 전혀 알지 못했던 것이다. 그런데 정상적으로 길러진 어린 원숭이들과 함께 시간을 보낼 기회가 주어지자, 상처 입고 망가진 어미 없는 원숭이들도 달라지기 시작했다. 연구원들이 관찰한 결과, 어린 원숭이들이 흡사 테라피스트 같은 역할을 한다는 것이 밝혀졌다. "생후 6개월 된 사회적 고립 상태 원숭이는 생후 3개월 된 정상 양육 상태 원숭이와 접촉한 후 근본적인 사회성을 완전히 회복했다." 할로 박사와 스티븐 수오미 Stephen Suomi 박사가 1971년에 발표한 논문의 내용이다.

요컨대 원숭이 실험이 증명한 것은 다음과 같은 사실이었다. 정서적 고통을 겪는 중일지라도 자신보다 더 어리고 덜 위협적인 상대에게 반응하는 과정에서 위안을 얻을 수 있다는 것. 물론 윌라는 사회적 고립 상태가 아니었으므로, 윌라의 예를 원숭이 실험과 동일 선상에 놓고 보는 것은 무리가 있다. 하지만 캐런이 착안한 지점은 대체로 유사했다. 에이미가 집 안에 발을 들여놓자마자 윌라는 반대 의사를 피력했다. 카슨을 그리워하며 울부짖던 것과는 완전히 다른 괴성, 꼭 작은 사자가 으르렁거리는 것 같은 소리를 냈다. 이로써 분명해졌다. 얼마나 어리고 얼마나 무해하든 간에 윌라는 자기 영역에 낯선 고양이가 들어오는 것을 달가워하지 않았다.

　그렇지만 월라는 곧 지난 몇 달에 비해 훨씬 적극적으로 주변 세계에서 벌어지는 일에 참여하기 시작했다. 에이미와 같은 공간에 머물기 위해 스스로 움직였다. "월라한테 관심을 기울일 거리가 새롭게 주어졌던 거지." 캐런이 웃으며 말했다. 첫 반응은 따뜻함과 거리가 멀었지만, 카슨을 잃은 후 위축된 채 주변 세계에 다소 냉담한 태도로 일관하던 월라는 에이미의 존재 덕분에 마음을 누그러뜨리게 된 것이다.

　처음에 월라와 에이미는 같은 방에 있어도 일정한 거리를 유지했다. 두 고양이는 오직 한 가지 경우에만 서로 가까워지는 상황을 기꺼이 감내했다. 바로 둘 다 캐런 가까이 있고 싶을 때였다. 캐런이 소파에 느긋이 앉아 있거나 침대에 기대어 있으면 월라와 에이미는 캐런 양옆을 한쪽씩 차지하고 앉았다. 두 고양이는 사랑해 마지않는 캐런을 사이에 두고 별 탈 없이 떨어져 지냈다. 이러한 상황은 6개월가량 계속됐다. 그러던 어느 가을날, 캐런은 제 품에 바싹 파고든 월라와 함께 소파에서 깜빡 잠이 들었다. 1시간 정도 후에 캐런이 일어났을 때, 허리께에는 여전히 월라가 있었고 어깨에는 에이미까지 있었다. 이 고양이 두 마리는 몸을 맞대고 있었다. "게다가 듣고 있기 괴로운 울음소리도 없었어!" 캐런이 말했다.

　월라와 에이미의 관계는 새로운 국면에 접어들었다. 한번은 에이미가 월라를 머리부터 발끝까지 핥았다. 월라는 기쁨에 차 가르랑거리거나 하지는 않았지만, 에이미가 표하는 친밀감을 받아주었다. 그 뒤로 두 고양이는 나란히 앉아 그릇 하나로 같이 식사를 하기 시작했다. 월라와 에이미의 관계는 월라가 긴 세월 카슨과 나눈 친밀함과는 비할 바가 못 됐다. 월라와 에이미는 한 몸같이 둥그렇게 얽혀 있거나 나비 날개처럼 맞붙어 있지 않았다. 월라는 카슨이 살아 있을 때는 자주 찾지 않던 곳을 자신의 새 잠자리로 애용했다. 캐런의 베개와 론의 베개 사이로 파고들어, 나무로 된 침대 헤드보드 쪽으로 머리를 누였다. 캐런이 한번은 에이미가 마치 월라가 그곳을 좋아하는 이유를 알아내려는 듯 골똘히 살피는 모습을 목격하기도 했지만, 에이미가 거기서 잠을 청한 적은 없다.

월라와 카슨 자매가 꼭 붙어 있던 형상은 잔영으로 남아 있다. 침대나 오토만 의자(카슨과 함께 곧잘 머물던 곳)에서 낮잠을 자는 월라는 아직도 반달이 돼버린 것처럼 보인다. 캐런에게 이런 월라의 모습은 너무나도 불완전해서 빈자리를 볼 때마다 카슨이 떠오르곤 한다. "월라의 자세에 공백이 있는 것 같은 느낌이랄까." 캐런이 말했다.

캐런은 에이미가 온 뒤 월라가 신체적 건강과 정서적 안정을 되찾아가는 것을 실감했다. 체중이 늘었고, 예전보다 훨씬 공들여 털을 고르며, 전반적으로 활기 있게 자신의 삶을 마주하고 있다. 카슨에 대한 기억은 아직 월라의 마음속에 뿌리박고 있을까? 카슨과 함께 벽난로 불로 따뜻해진 오토만 의자에 앉아 있던 시절을 꿈에서 보곤 할까? 고양이의 정신은 과학 너머에 있는 미지의 영역이다.

2011년에 나는 과학 및 문화 부문 오피니언 서비스를 제공하던 NPR의 13.7 블로그에 인류학과 동물행동학에 관한 글을 일주일에 한 번씩 싣기 시작했다. 그중 동물의 슬픔을 다룬 꼭지에서 윌라와 카슨의 이야기를 짧게 쓴 적이 있다. 그러자 애도를 표현하는 동물을 직접 겪은 독자들의 반응이 돌아왔다.

케이트 씨가 보내온 이야기는 윌라와 카슨의 이야기와 굉장히 비슷했다. 케이트 씨의 부모님은 나일스와 맥스웰이라는 샴고양이 형제를 15년 동안 길렀다. 나일스는 췌장암을 앓았고, 결국 안락사를 맞게 됐을 때 맥스웰과 함께 동물병원에 갔다. 맥스웰은 곧 집으로 돌아왔다. 익숙한 공간, 좋아하는 물건들에 둘러싸여 있었지만 나일스는 없었다.

"맥스웰은 그때부터 고통스러운 비명을 지르기 시작했어요. 나일스를 찾아 몇 달 동안 집 안을 헤맸죠." 케이트 씨가 회고했다. 당시에는 알 수 없는 일이었지만 맥스웰은 그로부터 몇 달밖에 더 살지 못했다. 그동안 케이트 씨는 자신이 기르던 아기 고양이 세 마리를 맥스웰에게 데려가곤 했는데, 맥스웰은 이 고양이들과 어울리며 큰 위안을 얻었다. 이제 이 고양이 삼총사는 케이트의 부모님 댁에 가면 맥스웰을 찾는다. 그중 한 마리는 맥스웰이 자던 곳에서 잠을 잔다.

윌라와 카슨, 나일스와 맥스웰 같은 형제자매 사이는 깨지면 자연스럽게 애도로 이어지는 강력한 결속 관계라고 할 수 있을 것이다. 그렇지만 고양이들은 혈연으로 이어져 있지 않더라도 죽은 동료를 위해 애도할 수 있는 것 같다. 하나 파스토리우스 씨는 동물보호소에서 입양한 갈색 태비 보리스와 아들이 집에 데려온 새끼 고양이 프리츠의 우정에 대해 들려주었다. 두 고양이는 한데 뒤엉켜 놀고 앞발을 맞댄 채 잠들었다. 보리스는 여덟 살 때 신부전을 앓기 시작했지만 적절한 수의학적 치료와 TLC[따뜻한 애정 표현과 함께 사랑으로 돌보는 것] 요법 덕분에 2년 반을 더 살 수 있었다.

하지만 더는 피할 수 없는 때가 왔고, 결국 보리스는 안락사를 맞았다. 이후 벌어진 일은 낯설지 않다. "프리츠는 보리스를 잃은 상실감으로 구슬피 울고 침울해했어요." 프리츠는 무기력해졌다. 좋아하던 장난감이나 다른 것들을 봐도 심드렁했다.

그런데 프리츠의 이야기를 윌라나 맥스웰의 이야기와 연결해주는 또 다른 공통점이 있다. 어느 날 집 안뜰에 새까맣고 작은 아기 고양이가 불쑥 나타났는데, 이 고양이가 집 안으로 달려 들어온 순간 프리츠의 눈빛에 생기가 돌아온 것이다. 프리츠는 곧장 이 고양이와 어울리기 시작했고, 하나 씨네 가족은 이 고양이에게 스쿠터라는 이름을 붙여주었다. 또 한 번, 새로이 만난 어린 동반자가 슬픔을 덜어준 것이다.

다음 장에서 다시 살펴보겠지만, 애도 감정은 종을 넘어 나타날 수도 있다. 캐슬린 케너 씨의 열다섯 살 먹은 고양이 웜파는 캐슬린 가족이 기르던 개, 여덟 살 쿠마가 오래 앓던 끝에 세상을 등지자 극렬한 반응을 보였다. 웜파는 자주 쿠마에게 털 손질을 맡겼고, 두 동물은 단짝처럼 붙어 다녔다. (캐슬린 씨의 집에는 다른 고양이도 있었지만, 이 고양이는 쿠마와 소 닭 보듯 지냈다) 쿠마가 암으로 떠나고 나서 며칠 후, 웜파는 큰 소리로 끙끙대기 시작했다. 캐슬린 씨가 "밴시* 같았다"고 말한 이 기이한 울음소리는 끊어졌다 이어졌다 하면서 며칠간 계속됐다. 웜파는 잠자리도 바꿨다. 쿠마가 잠을 자던 침대 끝머리로.

한 라디오 프로그램에 나가 죽음을 대하는 동물들의 반응에 관한 이야기를 나눈 후에는 청취자였던 로라 닉스 씨가 더스티와 러스티의 사연을 이메일로 전해왔다. 더스티와 러스티는 로라 씨의 친구들이 오랜 세월 함께한 고양이 자매였는데, 윌라와 카슨과는 전혀 달랐다! 두 고양이는 집을 반으로 나눠(더스티는 위층에서, 러스티는 아래층에서 살았다) 각자의 영역을 주장할 정도로 서로 완전히 적대적이었다. 더스티가 나이가 들어 여기저기 병들기 시작하자 로라 씨의 친구들은 더스티를 극진히 보살폈다. 더스티가 죽던 날 밤, 죽음을 맞이한 바로 그 순간, 평소처럼 더스티와 떨어져 아래층에 있던 러스티가 단말마의 울음소리를 냈다. 로라 씨는 이렇게 썼다. "러스티가 그런 소리를 낸 건 처음이자 마지막이었습니다. 대체 어떻게 알 수 있었던 걸까요?"

나는 고양이들에 둘러싸여 살고 있는 데다 동물이 슬픔을 표현할 가능성에 마음의 문을 활짝 열어놓고 있지만, 고양이가 애도

---

*   [옮긴이주] 아일랜드 민담에 등장하는 유령으로, 구슬피 울며 나타나 가족의 죽음을 예고한다.

하는 광경을 본 적이 없다. 고양이들이 나이 들어서, 혹은 병들어서 세상을 떠났을 때에도 슬픔에 젖어 감정적 붕괴를 일으키는 것은 우리 부부뿐이었다. 세상을 떠난 고양이들이 다른 고양이들보다 우리 부부와 큰 애착 관계를 맺고 있었다는 점도 어느 정도 작용한 것 같다. 우리 집 고양이는 한두 마리가 아니며, 그들 모두 구조된 고양이들이다. 여섯 마리는 집 안에서 우리와 함께 지내고, 열두 마리는 마당에 설치된 넓은 우리에서 지낸다. 나무 아래에 견고하게 지어진 2층짜리 고양이 호텔과 쉽게 눈에 띄지 않아 숨어들기 좋고 아늑한 여러 개의 작은 동굴로 이루어진 이 우리는, 대부분이 야생 고양이 군락에 살았던 고양이들에게 더없이 훌륭한 안식처를 제공해준다. 이들이 살던 야생 고양이 군락은 우리 집에서 조금 떨어진 요크 강에 정박해 있던 공공 보트 하나로, 이를 못마땅하게 여기던 몇몇 사람들이 어느 순간 고양이들을 위협하기 시작했다. 남편은 위협에 맞서 이 우리를 짓기로 결심했다. 중성화 프로그램을 통해 이들 야생 고양이의 개체 수를 0으로 감소시키고자 하는 활동에도 노력을 기울이고 있지만, 지금 당장 우리의 도움이 필요한 고양이들을 돕고 싶었다.

이 작은 생명체들과 함께하는 삶은 정말이지 즐겁다. 이들은 이제 더 이상 굶주림이나 개, 코요테, 혹은 무정한 사람들과 맞서 싸우지 않아도 된다. 집 밖으로 나가 정원의 우리에 들어서면, 나무 덤불 아래에서 단잠을 자는 수줍음 많은 빅 오렌지가 보인다. 외눈 고양이 스카우트는 벌레를 잡으려 쫓아다니고, 덱스터와 대니얼은 피크닉 테이블 근처에 평화로이 앉아 있다. 우리가 '백설 자매'라는 별명을 붙여준 헤일리와 케일리는 야생에서 살던 고양이들이 아니다. 당장 입양될 곳을 찾지 못하면 안락사 당할 고양이가 두 마리 있다는 친구의 다급한 전화에 우리가 두 마리 모두 입양하게 됐다. 백설 자매는 우리가 돌보는 고양이들 중 가장 끈끈한 유대 관계를 맺고 있다. 케일리는 헤일리보다 체중이 조금 더 나가고, 눈이 한쪽은 파란색, 다른 한쪽은 녹색이다. 헤일리는 머리에 짙은 반점이 있고, 사람과 더 자주 '대화'를 나눈다. 이들은 우리 안에서 서로가 어디 있는지 늘 파악하고 있는 것 같다. 대개 서로 가까운 거리에서 먹고, 쉬고, 햇볕을 쬔다. 정확한 나이는 알 수 없지만, 태어날 때부터 서로 떨어진 적이 없으니 적어도 3~4년은 함께 지냈을 것이다. 두 고양이는 우리 집에서 단짝으로 지내는 그 어떤 고양이들보다도 친밀하다. 둘 중 한 마리가 죽으면 어떤 일이 벌어질까? 오래도록 알게 될 일이 없기를 바랄 뿐이다.

분명 나는 고양이에게 온 마음이 사로잡혀 있다. 그렇지만 고양이의 애도 행위에 관한 이야기로 이 책을 시작하게 된 데는 다른 이유도 있다. 고양이의 성격은 '초연하다'거나 '독립적이다' 같은 말로 묘사되곤 한다. 윌리엄메리대학 전 학장이 교수진의 합의를 이끌어내는 것은 고양이들을 한데 모으는 일만큼이나 어렵다고 말해 한바탕 웃음이 터진 적이 있다. 나를 포함해 그곳에 있던 교수들 모두 이 말을 듣자마자 종간의 유사성을 알아차린 것이었다. 개는 극도로 충성스럽고 비교적 다루기 쉬운 데 반해 고양이는 독립적이며 제멋대로라 해도 지나치지 않다는 식으로, 두 동물을 경쟁 구도에 놓고 보는 오래된 고정관념이 있다. 영 틀린 말도 아니다. 개는 애초에 짐을 나르기 위해 길들인 동물로, 대체로 고양이보다 인간 세계에 익숙한 존재다. 그렇지만 고양이도 개별적으로 보면 성격에 따라, 개가 다른 개나 사람들과 돈독히 지내는 것만큼이나 다른 고양이나 사람들과 돈독한 유대 관계를 맺을 수 있다. 그러면 유대 관계에 있던 고양이의 죽음이 남겨진 고양이를 애도로 이끄는 것도 놀라운 일이 아니다.

월라는 남겨진 고양이다. 어느 모로 보나 월라는 에이미와 함께 지내는 것을 좋아하는 것 같다. 그렇다고는 해도 에이미는 카슨이 아니다. 월라는 자신의 자매가 사라진 세상을 살아가고 있다. 하지만 월라에게는 여전히 또 다른 자매로서의 삶이 남겨져 있다.

개의 가장
친한 친구

2

슬픔은 자주 사랑으로부터 생겨난다. 1년이 넘도록 사별에 관한 글을 읽고 쓰는 데 몰두하면서 깨닫게 된 가장 아름다운 사실이다.

우리는 개에게서는 꽤 쉽게 사랑을 발견한다. 특히 개들이 온몸으로 사랑을 표현할 때는 못 알아보기가 더 어렵다. 우리를 만나면 맑은 눈망울에 기쁨이 넘쳐흐르고, 온몸으로 에너지를 발산하며 연신 꼬리를 흔들어대니까. 개의 사랑은 충성심과 뒤엉켜 있다. 충성심은 개의 특성으로 가히 전설적이기까지 한다.

도쿄를 여행하는 사람들은 성지 순례를 하듯 하치 동상을 보러 시부야역을 방문하곤 한다. 하치 또는 공公을 붙여 하치공이라 높여 부르는 이 아키타견은 1923년에 태어나 곧 도쿄제국대학 교수인 우에노 에이자부로에게 입양됐다. 우에노 교수는 매일 아침 시부야역까지 걸어가 전차로 출근했다. 그리고 매일 아침 하치는 이런 우에노 교수를 따라갔다. 하치는 우에노 교수가 탄 전차가 출발하면 집으로 돌아왔고, 저녁이 되면 어김없이 우에노 교수를 마중하러 다시 시부야역으로 갔다.

1년 넘게 우에노 교수와 하치는 늘 이렇게 함께 다녔다. 그런데 우에노 교수가 근무 도중 갑자기 사망하고 만다. 하치는 시부야역에서 다시는 집으로 돌아올 수 없는 친구를 기다렸다. 10년이 넘도록 하치는 이 의례를 지속했다. 매일 아침 역으로 가 조용히 우에노 교수를 기다리면서. 세월이 흘러 몸이 굳고 움직임이 둔해져서도 하치는 자신에게 의미 있는 단 한 사람을 기다리며 역을 살폈다. 하치는 1935년에 세상을 떠났다. 매년 4월 8일이면 개 애호가들은 시부야역의 하치 동상 앞에 모여 추도식을 열고 하치를 기린다. 1987년에 일본에서 이 이야기를 바탕으로 한 영화가 나온 데 이어 2009년에 이 영화는 미국에서 리메이크되기도 했다(리처드 기어가 우에노 교수 역을 맡았다).

하치를 생각하면 울컥한다. 그 무엇도 하치의 충성스러우며 확신에 찬 기다림을 단념시킬 수 없었다. 하치는 자신의 친구를 기억했으며 행동을 취했다. 슬퍼하거나 우울해하는 것이 아니라, 언제라도 우에노 교수를 만날 수 있을 거라고 생각하기라도 하듯 흔들림 없는 목적의식에 따라서 말이다. 아마 우리 대부분이 하치에게 우에노 교수가 그러했듯이 누군가에게 소중한 사람이 되고 싶다는 바람을 갖고 있을 것이다. 또 하치가 우에노 교수를 기억한 것처럼 죽은 후 자신이 기억되길 바랄 것이다. 알렉산더 맥콜 스미스Alexander McCall Smith의 소설《사람들의 매력적이고 요상한 버릇The Charming Quirks of Others》에서 주인공인 철학자 이사벨은 연인 제이미에게 고대 로마 시인 호라티우스가 한 말을 읊어준다. "내 전부가 죽어 사라지는 것은 아니다Non omnis moriar." 이어 이사벨은 이렇게 말한다. "기억해줄 사람이 전혀 남아 있지 않다면 완전한 죽음이 되겠지."

하치의 이야기는 종을 넘어선 사랑과 충성에 관한 것이다. 그렇다면 개들 간의 상호 작용은 어떨까? 우리는 개들이 함께 즐겁게 노는 모습이나, 가벼운 갈등과 편안한 우정 사이를 오가는 모습을 자주 본다. 나와 함께 사는 개들일 수도 있고 동네에서 마주치는 개들일 수도 있다. 과연 개들 사이에도 진정한 사랑과 충성심이 있을까?

주간지《타임》은 커다란 갈색 하운드와 자그마한 흰색 치와와를 찍은 사진 위에 '동물의 우정Animal Friendships'이라는 제목을 단 표지로 동물 애호가들에게 작은 논쟁의 불을 지핀 적이 있다. 실제로 실린 기사는 개들이 우정을 이어나갈 가능성을 단박에 일축하는 내용이었다. 저널리스트 칼 짐머Carl Zimmer는 개들의 상호 작용에는 "침팬지나 돌고래 같은 종에서 발견되는 지속성, 호혜성, 공동 방어 태세 같은 것이 빠져 있다"라고 썼다. 이에 개 애호가들은 분통을 터뜨렸다. 동물행동학자이자 개 훈련사인 퍼트리샤 매코널Patricia McConnell을 필두로 한 이들은 과학자들이 개를 과소평가한다고 반박했다.

개들도 분명 서로에게 충성을 다할 수 있는 동물이다. 칠레에서 촬영된 한 영상이 있다. 자동차며 트럭들이 쌩쌩 달리는 다차선 고속도로가 담긴 이 영상을 자세히 들여다보면 도로 한복판에 개 한 마리가 꼼짝 않고 누워 있다. 차에 치인 것이 분명한데, 죽지는 않았더라도 심각하게 다친 것처럼 보인다. 그때 화면 속에 다른 개가 나타난다. 달려오는 차를 피하느라 지그재그를 그리며 쓰러져 있는 개에게 다가가는 이 개는 몸집은 그리 크지 않지만 걸음걸음에 단호한 결의가 흘러넘친다. 무사히 다친 개가 있는 곳에 이르자 이번에는 그 개를 중앙분리대 쪽으로 끌고 가기 시작한다. 여전히 차들은 가차 없이 지나간다. 영상은 구조대원이 이 두 개에게 다가가는 장면에서 불쑥 끝난다.

내레이션은 스페인어지만 영상 속에서 어떤 일이 벌어졌는지 이해하지 못할 사람은 없다. 한마디로, 어느 개가 다른 개를 구하기 위해 자신의 목숨을 건 것이다. 뒤이은 뉴스 보도를 통해 다친 개는 죽고 구조에 나섰던 개는 도망쳤다는 사실이 전해졌다. 이 사건에서 하치와 우에노 교수의 이야기에서처럼 개가 비통해하는 모습은 발견되지 않는다. 그렇지만 이 사건에서 우리는 배경도, 전후 사정도 알지 못한다. 두 개는 적지 않은 시간을 함께한 친구 사이였던 걸까? 아니면 혈연관계였을까? 아무도 알 수 없다. 입양 의사를 밝힌 사람들로서는 실망스럽게도, 사라진 개는 끝내 발견되지 않았다. 하지만 이 용감한 개는 영상이 화제가 되고 널리 퍼지면서 어느 신문이 평했듯 "세계적인 찬탄"을 불러일으켰다. 나는 칠레에서 벌어진 이 사건이 수백만 사람들에게 개가 느끼는 감정의 깊이를 되돌아볼 계기를 선사했다고 생각한다.

스탠리 코런이 《모던 도그》에 실은 차에 치인 개 이야기는 앞선 이야기보다 좀 더 행복한 결말로 끝난다. 래브라도레트리버 미키와 치와와 피어시는 어느 가족의 집에 함께 사는 절친한 친구였다. 미키가 나이가 더 많았고, 물론 몸집도 훨씬 컸다. 그런데 어느 날 피어시가 차에 치이고 만다. 가족들은 울면서 피어시의 시신을 자루에 담아, 그들 정원에 만든 야트막한 무덤에 묻어주었다. 미키도 슬픔을 표하는 것처럼 보였다. 커다란 래브라도레트리버는 다른 가족들이 잠자리에 든 후에도 피어시의 무덤을 떠나지 않았다.

몇 시간 후, 가족 중 아버지가 밖에서 들려오는 이상한 소음에 잠에서 깼다. 개가 낑낑거리는 소리를 들은 것 같았다. 무슨 일인가 싶어 밖으로 나간 그는 파헤쳐진 무덤과 빈 자루를 발견했다. 그리고 그 옆에서는 미키가 맹렬히 자신의 작은 친구를 돌보고 있었다. 그가 지켜보는 가운데 미키는 피어시의 얼굴을 핥고, 온몸을 코로 훑었다. 마치 피어시를 되살리려 작정하기라도 한 듯 엄청난 기세였다. 그는 허망한 노력이라고 생각했다. 그러나 그다음 순간, 이 확신은 사라졌다. 피어시의 몸에 경련이 인 것이다. 피어시가 앓는 소리를 뱉으며 고개를 들었고, 그는 그야말로 소스라치게 놀랐다.

미키는 예민한 청각 덕분에 자신이 산 채로 매장됐음을 깨달은 피어시가 내는 소리, 아버지나 다른 사람들은 들을 수 없었던 소리를 들었는지도 모른다. 아니면 유명한 개의 후각 덕분에 알아 차렸는지도 모른다. 그러나 어떤 감각 능력 때문이든지 간에 미키의 사랑과 충성심을 고려해야 완전한 설명이 가능하다. 미키가 자신의 작은 친구에게 유대감을 갖고 있지 않았다면 무덤가에서 불침번을 서지도, 피어시를 되살리기 위해 그렇게까지 애쓰지도 않았을 것이다. 미키가 없었다면 피어시는 분명 질식사했을 것이다.

미키나 칠레의 이름 모를 개가 보여준 것과 같은 영웅적 행동에 관한 보도는 흔치 않지만, 개가 슬픔을 느끼는 감정 능력을 지녔을 가능성은 충분히 시사한다. 두 마리 개가 함께 지내는 것을 즐거워하고 서로의 소재, 행동, 분위기, 상태에 민감하게 반응하는 경우라면 상대가 죽었을 때 슬퍼하리라 볼 수 있는 조건이 갖춰진 셈이다.

그동안 개의 슬픔에 관한 과학적 탐구는 거의 이루어지지 않다가, 최근 들어 개가 주변 개들에게 상당히 민감하다는 주장을 뒷받침하는 개의 인지 능력에 관한 연구 결과들이 속속 나오고 있다. 심리학자 브라이언 헤어Brian Hare와 마이클 토마셀로Michael Tomasello는 일련의 실험을 통해 길들여진 개가 침팬지보다 인간의 제스처를 이해하는 능력이 뛰어나다는 사실을 발견했다. 이들이 설계한 실험은 아주 단순명료했다. 실험자가 동물이 좋아하는 먹이나 물건을 불투명한 용기 중 하나에 숨긴 다음, 그 용기 쪽으로 손짓을 하거나 시선을 던진다. 요점은 이것이었다. 과연 실험자를 보고 있던 동물이 그의 신호에 따라 먹이가 담긴 용기로 곧장 다가가 보상을 차지할 수 있을까?

만일 실험 대상이 인간이고 생후 14개월 이상이라면 대답은 무조건 '그렇다'이다. 실험 대상이 길들여진 개일 때도 의문의 여지가 없다. 반려견들은 망설이지 않고 먹이가 든 용기를 향해 나아간다. 사실 실험자가 용기들로부터 1미터 떨어진 지점에 서서 몸은 엉뚱한 곳을 향한 채 손으로만 그 용기를 가리키거나, 먹이가 들어 있지 않은 용기 쪽으로 걸어가며 먹이가 든 용기를 가리키는 등 실험이 복잡해져도 개들은 올바른 용기를 찾는 데 성공한다.

침팬지들은 이 실험에서 이렇게 높은 성공률을 보여주지 않는다. 좌우지간 일부 비인간 동물nonhuman animals, 즉 개들이 이 실험에서 성공하는 열쇠는 타고난 지능이 아니라 장기간에 걸쳐 인간과 상호 적응한 데 있기 때문이다. 오랫동안 인간에게 길들여진 역사 덕분에, 개들은 자연히 인간의 몸짓과 손짓을 읽는 '연습'을 광범위하게 해왔다. DNA 분석과 고고학적 연구에 따르면 개와 인간이 이 연습을 시작한 것은 1만 년 전, 어쩌면 1만 5000년 전일지도 모른다고 한다. 처음 길들여졌던 개들은 중국이나 중동에서 온 개들이라고 볼 수 있으나, 선사시대에 인간과 개가 유대 관계를 갖고 생활한 모습은 유럽과 아프리카 등지에서도 널리 발견된다. 베링 해협을 건너 북아메리카로 이주한 사람들도 개를 데리고 있었다.

길들이기를 시작으로 서로 절묘하게 맞아든 인간과 개의 관계는 개들 간의 관계에도 변화를 가져왔다. 개는 원래 무리 지어 생활하며 사회적 성향이 강한 늑대에서 진화한 동물이다. 이러한 생물학적 특성에 사회화 과정이 더해지자 그 영향은 강력했다. 이와 관련해 헤어와 토마셀로는 흥미로운 결과를 발견했다. 먹이 숨긴 용기를 찾는 실험에서 개들은 사람이 신호를 주든 다른 개가 신호를 주든 똑같이 찾아야 할 용기를 찾은 것이다. 개들이 어떻게 신호를 보내는지는 잘 모르겠지만, 이 결과로부터 얻을 수 있는 메시지는 명확하다. 개들은 다른 개에게 놀라우리만치 주의를 기울인다는 것이다. 그런데 헤어와 토마셀로가 진행한 것과 같은 실험에서 때때로 간과되는 점이 있다. 바로, 개들 사이의 날카로운 주의력에 녹아 있을지 모르는 감정이다.

다른 개를 애도한 개들에 대한 이야기를 수없이 접하면서 나는 사랑, 충성심, 영리함이라는 세 가지 분명한 특징을 뽑아낼 수 있었다. 이들 이야기 중에는 사랑하던 개를 잃고 지금은 가정에 남은 다른 개의 정신 건강 문제로 고민에 빠진 사람들이 있다. 내 친척 중 한 명이 바로 그랬다.

코니 호스킨슨은 버지니아주 교외에서 시드니라는 작은 실키테리어와 16년간 함께 살았다. 코니와 시드니는 매일 45분 동안 느긋하게 산책을 했다. 그들을 지나쳐 가는 이웃이나 친구들과 인사를 주고받으면서. 하지만 집에 있는 모습을 보면 시드니가 코니의 남편 조지와 함께 있는 것을 더 좋아한다는 데에는 의심의 여지가 없었다.

조지의 건강이 나빠지기 시작하면서 시드니는 조지에게 더욱더 전념했다. 죽음이 가까워지자 조지는 소파나 침대에서 몸을 일으키는 것도 힘겨워했고, 시드니는 다른 활동을 하는 대신 되도록 조지 곁에 머무르려 했다. 자기 장난감을 조지의 무릎 위에 딱 가져다 놓고, 낮잠도 조지가 자는 시간에 맞춰 함께 잤다. 조지가 화장실에 가면 따라갔다가 조지가 되돌아와 누우면 자기도 누웠다.

그리고 조지가 세상을 떠났다. 코니에게는 물론 시드니로서도 받아들이기 힘든 일이었다. "시드니와 나는 거의 1년은 데면데면하게 지냈어. 그 정도 시간이 지나고 나자 시드니가 내 개가 됐지." 코니가 말했다. 시드니의 활기찬 성격은 코니에게 많은 기쁨을 줬다. 코니 부부 집에서 지내기 시작한 초기에도 시드니는 주저 없이 피아노 앞에 앉아 건반을 두드리곤 했다. 누군가 본격적인 연주를 하면 거기에 맞춰 '노래'도 불렀다. 시드니는 이후에, 그러니까 조지가 떠나고 나서는, 코니의 기분을 섬세하게 알아차리게 됐다. 코니는 울 때 두 손에 얼굴을 묻는 버릇이 있었다. 시드니는 코니의 손을 끌어내리려 하며 자신의 걱정하는 마음을 드러냈다.

시드니가 열세 살이 됐을 때, 코니는 또 다른 개를 입양했다. 다 자란 몰티즈로, 이름은 에인절이었다. 시드니의 삶은 다시 한번 바뀌었다. 새 친구와 있는 게 얼마나 좋았는지, 그때껏 코니의 침대에서 잠을 자던 시드니는 이제 부엌에서 에인절과 함께 잠들었다. 그렇게 시드니는 파란색 침대에, 에인절은 분홍색 침대에 나란히 누워 잠을 청한 지 3년째였다.

에인절이 심장 마비로 예고 없이 숨을 거뒀다. 코니는 충격에 휩싸인 채 에인절을 묻는 것을 도와주기로 한 이웃이 오기를 기다렸다. 코니가 에인절의 시신을 에인절이 쓰던 작은 분홍색 침대 위에 내려놓자 시드니가 침대로 올라가더니 고요한 에인절의 몸 위에 머리를 얹고 옆에 누웠다.

그날 에인절은 땅에 묻혔다. 그 후 3주 동안 시드니는 에인절을 찾으려고 온 집 안을 돌아다녔다. 한번은 세탁실에 가 있었는데, 코니가 에인절의 침대를 빨려고 놔둔 곳이었다. 모양새를 보니 에인절을 찾느라 침대를 이리저리 밀친 게 분명했다. 곧 시드니는 음식을 먹는 둥 마는 둥 하기 시작했다. 3주 내내 먹는 양이 계속해서 줄었다. 수의사에게 데려가 진찰을 받고, 온갖 음식을 먹여보며 부단히 보살폈지만, 시드니는 야위어가기만 했다. 체중이 줄면 줄수록 코니의 걱정은 커졌다.

시드니는 에인절이 오기 전처럼 다시 코니의 침대에서 잠을 잤다. 그러던 어느 날 아침, 잠에서 깬 코니 곁에 있는 것은 밤사이 세상을 떠난 시드니였다. 코니는 시드니가 에인절을 잃은 슬픔을 견뎌낼 수 없었던 것이리라 생각한다.

코니는 이후에 동네를 산책하러 나간 일을 떠올렸는데, 16년 만에 처음으로 혼자 한 산책이었다. "이웃 한 분이 나를 보더니 두 팔을 벌리고 천천히 다가오는 거야. 내가 혼자 걷는 걸 보고 영원히 함께일 것만 같던 내 동반자가 떠났다는 사실을 눈치챘던 거지."

반려동물을 잃은 데 이어 남은 동물이 슬퍼하는 모습까지 목도하는 일은 쉽지 않다. 개의 슬픔을 주제로 한 온라인 토론에서 이와 관련해 간절히 도움을 청한 어느 여성이 있었다. 이 여성은 수의사의 권유에 따라 열여덟 살 된 닥스훈트, 진저를 안락사시켰다. 진저와 함께 14년을 보낸 뒤라 그녀는 크나큰 상실감에 빠졌다. 설상가상으로 생후 6주 무렵에 입양해 진저와 함께 기른 여덟 살 된 개 하이디가 (마치 코니의 시드니처럼) 시름시름 앓기 시작하면서 슬픔은 더욱 깊어졌다. 하이디는 먹기를 거부하는 지경에 이르렀다. 잠도 잘 자지 못했다. 진저와 하이디는 늘 함께 밥을 먹었고, 좋아하는 음식도 똑같았다. "하이디가 조금이나마 입에 대는 건 그 음식들뿐이에요." 이 여성에게는 전문가의 조언이 절실했다. 어떻게 해야 하이디의 슬픔을 덜어줄 수 있을까?

이 같은 물음에 답하기 위해 《모던 도그》는 미키와 피어시를 다룬 기사 옆에 개를 키우는 반려인들을 위한 팁을 실었다. AS-PCA(미국 동물 학대 방지 협회)가 반려동물 애도 프로젝트를 실시한 뒤 내놓은 통계 자료에 따르면, 한집에 살던 다른 개가 죽은 후 행동 양식에 부정적인 변화가 나타난 반려견은 조사 대상의 3분의 2에 달했다. 이러한 변화는 6개월 가까이 이어지기도 하는 것으로 나타났다.

남겨진 반려견이 일정한 장소를 뚜렷한 목적 없이 서성이거나 '집착' 증세 같은 불안 행동을 나타내거나 식욕 부진, 무기력 상태를 보일 때는 눈여겨봐야 한다. 운동을 규칙적으로 하도록 유도하거나, 장난감과 간식을 풍부하게 제공하고, 일과에 트레이닝 과정을 추가해 바쁘게 할 거리를 늘려주는 것 등이 도움이 될 수 있다. 《모던 도그》에 따르면, 이런 방법으로 회복이 어려운 경우에는 엘라빌이나 프로작 같은 항우울제의 도움을 얻는 것도 좋다.

개의 섬세한 감정적 본성을 탐구하다 보면 주류 과학계 연구와는 동떨어진 의문 하나에 닿게 된다. 개는 사랑하는 동반자의 죽음을 통감할 수 있을 뿐 아니라 죽음이 임박했을 때 직감적으로 알아차릴 수도 있는 것이 아닐까? 개를 기르는 사람들 사이에서는 낯설지 않은 이야깃거리다. '증거를 달라'고 하는 이성적인 사람들도 있지만, '뉴에이지' 식의 추정적 사고를 받아들이는 사람들도 있다.

몇 년 전 내가 출연한 라디오 프로그램에 전화 연결이 된 한 청취자가 들려준 이야기다. 어느 날 밤 그녀는 자신이 키우는 닥스훈트의 행동이나 울음소리가 평소와는 달리 뭔가 동요하는 것 같다고 생각했다. 그리고 다음 날 아침, 다른 집에 입양을 보냈던 닥스훈트의 새끼 중 한 마리가 간밤에 눈을 감았다는 전화가 왔다.

닥스훈트가 이례적인 행동을 보인 건 새끼의 죽음을 직감해서였을까? 텔레파시가 아니고서야(나는 텔레파시 능력에 매우 회의적인 입장이다) 그것을 아는 게 가능한 일일까? 어미 닥스훈트는 새끼와 떨어져 있었을 뿐 아니라 새끼의 죽음을 아는 모든 사람과도 떨어져 있었다. 지금 우리가 다루는 내용은 논란이 이어지고 있는 영역이다. 반려견이 보호자가 퇴근하거나 여행을 마치고 집에 돌아오는 사실을 (신이 난 행동을 하며) 대단히 정확하게 예측하는 것처럼, 개들이 '직감적으로 안다'고 주장하는 사람은 예상외로 많다. 이들의 주장에 따르면 보호자의 귀가 시간이 그때그때 다르고 예상할 수 없는 상황이라 할지라도 예측의 정확성은 전혀 떨어지지 않는다.

실제로 과학자 루퍼트 셸드레이크Rupert Sheldrake가 촬영한 영상을 보면 개들은 먼 거리에 있는 보호자가 집을 향하기 시작하자 한껏 기대에 들뜬 행동을 보인다. 한 카메라는 팻 스마트라는 영국인 여성의 움직임을 따라가고, 다른 카메라는 스마트 씨의 반려견 제이티의 모습을 찍었다. 촬영에 투입된 조사원들은 스마트 씨가 이동하는 시각에 변화를 주고, 제이티를 흥분시킬 수 있는 다른 요인들도 잘 통제했다. 그런데도 제이티는 스마트 씨가 집으로 출발하는 시점만 되면 눈에 띄는 행동 변화를 보였다. 갑자기 각성이라도 한 듯 창밖을 내다보며 스마트 씨를 기다리기 시작하는 것이었다. (자세한 내용은 나의 다른 책《동물과 함께 살아가기Being with Animals》9장에 실려 있다)

이러한 종류의 증거에 직면해도 경계를 풀기란 쉽지 않다. 당연하지 않을까? 과학자들은 동물의 초감각적 지각 능력(ESP)과 엇비슷한 개념에 기초한 이야기를 받아들이는 데 익숙하지 않다. 더 많은 개를 대상으로 한 엄격하게 통제된 연구가 절실하다. 다른 동물들에 대해서도 비슷한 연구가 이루어진다면 금상첨화일 것이다.

미국 로드아일랜드주의 한 양로원에 사는 오스카는 죽음을 예견하는 것으로 알려진 고양이다. 오스카가 아픈 이의 침대 위에 올라가 몸을 웅크리면, 직원들은 가족들에게 전화를 걸어 사랑하는 이의 죽음이 임박했음을 알린다. 그 정도로 오스카의 예견은 믿을 만했다. 의사인 데이비드 도사David Dosa가《뉴잉글랜드의학저널》에 오스카의 행동을 최초로 발표한 뒤, 이 특별한 현상을 책으로도 썼다. 연로하고 건강이 나쁜 사람이 많은 양로원의 특성상 오스카는 때때로 주의를 분산해야 했다. 근소한 차이로 죽음을 목전에 둔 환자가 두 명이면, 오스카는 한 환자 곁에서 임종을 지킨 뒤 다른 환자에게로 달려갔다. 시신 곁에는 머물지 않았다. 존재 자체로도 죽어가는 이의 가족들에게 큰 위안이 됐지만, 오스카는 슬픔을 표출하기보다는 임박한 죽음을 감지하는 데 집중했다.

오스카의 사례로 분명히 드러나는 것처럼, 반려동물의 예리한 감각은 개에 국한된 능력이 아니다. 나는 오스카가 죽음을 내다보는 것은 생명이 위태로운 환자의 몸에서 방출되는 케톤이라는 분자의 냄새를 맡을 수 있기 때문이라는 설명에 찬성한다. 이렇게 의학적 설명이 가능하다고 해도 오스카가 범상치 않은 반려동물이라는 사실은 변치 않는다. 오스카가 특별한 건 후각이 남달라서가 아니라 자신이 맡은 냄새에 반응하는 놀라운 방식 때문이다.

개의 슬픔을 이야기하는 데서 벗어나 잠시 살펴본 고양이 오스카의 사례는 길들여진 동물들이 주변에서 벌어지는 일에 날카롭고 세심한 주의를 기울인다는 관념을 뒷받침해준다. 영리한 고양이라고 해서 모두 오스카가 아니듯, 같이 사는 이의 죽음을 맞이

한다고 해서 모든 개가 애도를 하는 것은 아니다. 어떤 현상이 존재한다고 해서 그 현상을 기준으로 삼고 일반화하는 함정에 빠져서는 안 된다. 같은 맥락에서, 모든 개가 애도를 하는 것은 아니라고 해서 일부 개가 애도를 한다는 사실까지 부정할 필요는 없다.

개의 슬픔을 주제로 한 또 다른 온라인 논의에서 개의 행동 다양성에 관한 흥미로운 글을 발견했다.

1번 개를 안락사시켜야 해서 동물병원에 갈 때 2번 개도 데려갔어요. 그리고 2번 개에게도 가장 친했던 친구의 시신을 확인할 수 있도록 했어요. 그런데 2번 개는 아무런 관심도 보이지 않았고, 저는 평소에 2번 개를 인격적 존재로 대하곤 했던 스스로가 조금 바보처럼 느껴졌어요. 2번 개가 죽음을 '인지'했는지 못 했는지 제가 알 수는 없겠지만, 솔직히 말하자면 전혀 인지하지 못한 것 같아요. 동물병원에서 1번 개의 시신을 바라보는 모습이 평생 친구가 아니라 자기랑 상관없는 어떤 걸 보고 있는 것 같았거든요.

어쩌면 어떤 개들은 죽은 몸과 자신이 사랑하는, 살아 있는 친구를 연결하는 지능이 부족할 수도 있을 것이다. 썩 믿음직스러운 설명은 아니지만 말이다. 2번 개도 누군가 죽었다는 것을 무리 없이 깨닫고, 그게 자기 친구라는 사실도 알아챘을지 모른다. 그럼에도 불구하고 아무렇지 않았던 것뿐일 수 있다. 글을 올린 이의 표현에서 미루어 짐작하건대, 어쩌면 2번 개는 주인의 하나뿐인 반려견 자리를 차지하게 돼서 흡족했을지도 모른다. 이 새로운 지위 덕택에 앞으로 자신에게 더 많은 관심이 따를 것이고 그러면 생활도 개선될 텐데, 이 결과가 2번 개에게는 1번 개의 죽음보다 훨씬 중요하게 다가왔을 수도 있다.

2번 개가 세상을 떠난 친구를 알아봤든 못 알아봤든 코끼리부터 침팬지, 들소에 이르기까지 여러 종의 동물이 시신을 보며 한때 생생하게 살아 있던 자신의 동료라는 사실을, 동료의 상태가 변화했다는 사실을 인지할 수 있음을 강하게 시사하는 신뢰성 있는 보고는 많다. 이 이야기들은 이후에 상세히 다룰 것이다.

마지막으로, 죽음이 벌어졌을 때 개들이 어느 정도의 정신적 교감을 할 수 있는지 곰곰이 생각하게 만드는 어느 래브라도레트리버의 행동을 살펴보려 한다. 그 모습이 담긴 강력한 사진 한 장이 있다. 2011년 여름, 탈레반의 로켓추진유탄 공격에 미군이 타고 있던 치누크 헬기가 피격되어 30명이 목숨을 잃는 사건이 일어났다. 이 엄청난 비극 속에서 개 한 마리가 미국인들의 관심을 사로잡았다.

호크아이는 당시 35세의 나이로 사망한 미국 네이비실[해군특수부대] 소속 존 투밀슨Jon Tumilson 요원의 반려견으로 오랜 세월 동안 투밀슨 요원과 삶을 함께했다. 아이오와주 록퍼드의 한 학교 체육관에서 치러진 투밀슨 요원의 장례식에 참석한 사람은 1500명에 이르렀고, 거기에는 물론 호크아이도 포함되어 있었다.

호크아이는 유족들을 앞장서 성조기로 감싼 관을 향해 입장했다. 이후에 투밀슨 요원의 친구가 추도사를 낭독하러 단상에 나가기 위해 일어서자, 호크아이는 아무도 예상하지 못한 행동을 한다. 그 친구를 따라 체육관 앞쪽으로 가더니, 관 앞에 누워버린 것이다. 그리고 장례식이 끝날 때까지 내내 그곳에 머물렀다. 엄숙한 분위기 가운데 관 앞에 붙박인 듯 누워 있는 호크아이의 모습을 누군가 사진에 담았다.

아마도 회의론자들은 호크아이가 왜 하필 관 앞에 자리를 잡았는지 해명하기 위해 여러 가설을 내놓을 것이다. 호크아이는 관 속에 자신의 사랑하는 친구가 잠들어 있다는 사실은 꿈에도 모른 채 마침 그곳이 편히 쉬기에 좋은 자리라 눕게 된 것뿐일 수도 있다. 그렇다면 그저 우연에 불과한 일인 것이다.

나는 이러한 반론을 피해 다른 우회로를 택하고 싶다. 위의 해명에 동조하는 대신, 80년을 거슬러 올라가 일본에서 하치가 보여준 행동을 비롯해 우리가 개의 사랑, 충성심, 인지 능력에 관해 아는 모든 사항을 염두에 둔 채 호크아이에 대해 생각해보는 것이다. 투밀슨 요원을 향한 호크아이의 사랑을 헤아리다 보면 한 가지 사실을 분명히 깨닫게 된다. 투밀슨 요원이 관 속에 있다는 것을 아는지 모르는지는 호크아이의 슬픔을, 혹은 다른 어떤 개의 슬픔을 이해하는 데 필요한 열쇠가 아니라는 것.

사람을 위해서든, 다른 개를 위해서든, 충성심 강한 개가 슬퍼할 때는 사랑이 있었기 때문이라는 것을.

농장의
추모 행사

스톰 워닝은 쉽지 않은 성격의 아름다운 서러브레드[경주마 품종의 한 계통]였다. 스톰은 우산이나 자전거, 작은 개, 망아지를 맞닥뜨릴 때는 물론, 등에 탄 사람이 겉옷을 벗을 때마저 겁을 먹었다. 마치 제 이름처럼 폭풍이라도 닥친 듯이 신경질을 부렸다. 그렇지만 스톰에게는 운이 따랐다. 심리학자 메리 스테이플턴Mary Stapleton과 15년간 가깝게 지낼 수 있었기 때문이다. 메리는 사람들의 두려움과 불안에 기민하게 대응할 수 있는 사람이었고, 자신의 통찰력과 진정 능력을 스톰에게도 전했다. 둘은 마술馬術 경기에 나가 스톰의 두려움을 함께 이겨냈다. 메리는 이렇게 전한다. "스톰은 엄청난 용기로 자신의 공포에 맞서고 장애물을 넘는 법을 익혔어요."

그러던 어느 날 밤, 당시 열여덟 살이던 스톰에게 비극이

닥쳤다. 스톰은 어느 농장의 들판에서 다른 말들과 무리 지어 자유롭게 살고 있었는데, 대체 어떤 사고가 일어났던 것인지 아침에 크게 다친 채로 발견됐다. 검사 결과 뒷다리에 복합 골절상이 있었다. 골절 범위가 너무 커 처치가 어려웠다. 사람들은 스톰이 행복한 나날을 보낸 들판에 스톰을 누였다. 그리고 바로 그곳에 스톰을 묻었다.

메리는 말에 관심이 있는 사람이라면 누구나 말이 자신이 살던 들판에 묻히는 경우가 거의 없다는 사실을 알 것이라고 말한다. 메리는 스톰을 이렇게 대우해준 데 대해 지금도 농장주에게 감사를 표한다.

스톰이 죽은 다음 날 저녁, 메리는 홀로 들판에 걸어 나갔다. 스톰의 시신이 묻힌 커다란 무덤으로 다가가 스톰이 좋아하던 꽃들, 그러니까 스톰이 뜯어 먹곤 했던 꽃들을 내려놓았다. "그런데 주위에서 말들이 풀을 뜯는 소리가 나더라고요. 늘 그렇듯 말들 곁에 있으니 위안이 됐죠. 적어도 여섯 마리는 됐어요. 그 말들은 풀 뜯는 것을 멈추고 천천히 무덤가로 오더니 무덤을 바라봤어요. 이윽고 저는 우리가, 그 말들과 제가 하늘로 간 스톰을 둘러싸고 원형을 이루고 있다는 것을 깨달았죠."

메리는 조금 이상한 기분이었다. 스톰을 둘러싼 말들이 어느 말들인지 알아차리고 나자 오싹한 느낌마저 들었다. 그들은 바로 스톰의 동료로, 스톰과 한 무리에서 생활하던 말들이었다. 그들은 머리를 숙인 채 시선은 앞을 향하고 있었다. "말이 머리를 높이 들면 그건 먼 곳을 살펴보는 겁니다. 스톰의 동료들은 머리를 기울인 각도로 볼 때, 분명 스톰이 묻힌 곳을 정확히 응시하고 있었어요." 메리가 말했다. 주변에 다른 말들도 있었지만, 농장에 새로 온 데다 스톰과 같은 무리가 아니었기 때문인지 이 대열에 합류하지 않았다. 메리가 무덤 위에 놓아둔 꽃을 먹는 말도 없었고, 메리에게 다른 간식이 있는 것도 아니었다. 어떤 까닭으로 스톰의 동료들이 무덤가에 모인 것인지 몰라도, 먹이를 찾아온 것은 틀림없이 아니었다. 자연스럽게 원을 그리며 무덤가에 둘러선 이 말들은 조용히 그곳을 지키기 시작했다. 다음 날 아침에도 거기에 있었다. 메리는 조심스러운 성격이라 이들의 행동이 여러 가지로 해석될 수 있다는 데 동의했다. "하지만 그들과 제가 공통적으로 사랑했던 친구를 애도하기 위해 이루어진 원을 그리며 서는 의식에 말들이 저를 참여시켜준 것이라고 믿고 있어요."

　스톰에 관한 메리의 이야기는 내게 하나의 기폭제가 됐다. 이 이야기를 알기 전까지 나는 개인적으로도, 동물의 감정을 주제로 연구하면서도 말과는 별 접점이 없었다. 얼마 지나지 않아 나는 말의 슬픔이나 원형 대형이 말을 아는 사람들에게 생소한 관념이 아니라는 사실을 알게 됐다.

　저넬 헬링Janelle Helling은 한때 콜로라도 산맥에서 목장을 운영했다. 말은 스무 마리에서 서른 마리가량 있었다. 어느 날 아침, 말 무리가 평소 먹이를 먹는 마구간 울타리 부근으로 오지 못했다. 암말 한 마리가 밤사이 새끼를 낳았는데, 새끼가 너무 약해 일어설 수 없어서였다. 저넬이 말했다. "다른 말들이 모두 그 암말과 새끼를 빙빙 둘러싸고 있었어요. 저희가 가까이 오지 못하게 했죠. 절대 흩어지지 않으려 했고, 어미와 새끼를 저희에게서 차단하는 장벽처럼 행동했어요."

　　말들로서는 자연스러운 방어 태세였다. 목장이 위치한 콜로라도 산맥은 사자와 곰, 코요테의 서식지였다. 말들은 이 포식자들을 바짝 경계하고 있었을 것이다. 사람이라고 예외는 아니었다. 저넬이 어미 말과 망아지를 싣기 위한 트레일러를 가지고 나타나자 말들은 그제야 방어벽에 틈을 내줬고, 망아지는 치료를 받을 수 있었다. 저넬이 어미 말과 망아지를 태운 트레일러를 몰아 다시 마구간으로 향할 때에도 다른 말들이 바짝 따라붙었다.

　　망아지가 무사히 살아남았으니 다행히도 슬픈 이야기는 아니다. 콜로라도 농장 말들이 만든 원형 대형은 조용하고 움직임 없이 스톰 워닝의 무덤을 둘러쌌던 원형 대형과 성격이 다르다. 이들은 대형을 흐트러트리지 않으면서도 몇몇은 시계 방향, 또 몇몇은 시계 반대 방향으로 움직였다. 저넬의 기억에 따르면 "뛰듯이 굴고, 앞발을 쳐들었다 방향을 틀었다 발길질까지 해대는 혼돈의 도가니"였다. 저넬은 그 움직이는 장벽을 뚫고 들어갈 수 있는 포식자나 사람은 아무도 없었을 것이라고 말한다. 방어 목적을 띤 이 원형 대형 사례를 바탕으로 스톰 워닝을 둘러싸고 생겼던 원형 대형도 새롭게 해석해볼 수 있을까? 아마 스톰의 동료들은 자신들이 살아가는 들판에 나타난 봉분과 스톰의 연관성을 직감적으로 알아차리고, 봉분뿐만 아니라 스톰을 지키기 위해 봉분을 에워싼 것일지도 모른다. 혹시 스톰이 다시 나타날지도 모른다고 생각한 것은 아닐까? 아니면 정말로 애도를 했던 것일까?

원형 대형 자체는 스톰의 동료들이 무슨 생각을 했는지에 대한 답이 되지 않는다. 그렇더라도 이 이야기는 일부 비관론자들의 주장을 반박하는 데 도움이 된다. 비관론자들에 의하면 우리가 말의 슬픔이라고 해석하는 행동은 말이 무리로부터 분리됨에 따라 느끼는 취약성의 표현에 불과한 것이다. 이렇게 회의적인 시각에서 보면 '슬픔'은 과장된 주장이다. 말들은 무리 생활을 하는 종으로서 구성원을 잃고 겪는 불안감을 표출했을 뿐이므로. 그렇지만 이러한 '무리 중심 사고방식'에 따른 설명은 스톰이 죽고 나서 벌어진 일과 맞아떨어지지 않는다. 말들은 독특한 대형으로 늘어섰고, 어떠한 동요의 몸짓도 보이지 않았다. 스톰을 제외하면 무리가 건재했기 때문에 취약성을 느낄 까닭도 없었다. 말들이 느낀 감정이 무엇인지 우리가 정확히 파악할 수는 없지만, 자기 자신에 대한 걱정 이상의 특별한 일이 일어났다는 것은 분명히 알 수 있다.

케네스 마르셀라Kenneth Marcella가 《서러브레드 타임스》에 기고한 말의 슬픔에 관한 기사를 읽은 한 독자는 자신의 서러브레드 암망아지가 동료를 잃은 뒤 보인 행동을 전했다. 실버라는 이름을 가진 동료는 갑자기 세상을 떠났는데, 암망아지는 이 동료가 죽어 있는 모습을 보았다. 실버가 땅에 묻힌 뒤 암망아지는 다른 들판으로 보내졌다. 나중에 실버와 함께 누비던 들판으로 돌아온 암망아지는 실버의 무덤 위로 가더니 앞발로 땅을 긁어댔다. 먹이를 줘도, 다른 말들을 데려와도 아랑곳하지 않았다. 밤이 오면 억지로 마구간에 돌아올 뿐, 이러한 행동은 2주 동안이나 계속됐다.

이 암망아지를 이해하는 데 말 행동학으로부터 도움을 얻을 수 있을까? 마르셀라는 기사에서 지난 15년간 말의 수명이 늘어난 것은 말들이 다른 '말 친구'와 상당히 긴 시간을 함께 보내게 됐음을 의미한다고 썼다. 오랜 친구를 잃어 걷잡을 수 없는 우울함에 빠지는 말들도 있을 것이다. 역마役馬인 토니와 팝스가 꼭 그랬다. 둘은 과거에 몇 년간 알고 지내던 사이로, 은퇴할 무렵에 다시 만났다. 일단 재회하고 나자 이들은 좀처럼 떨어지지 않았다. 팝스가 죽은 뒤 토니는 체중이 줄고, 다른 말들과도 어울리지 않았으며, 근육량이 줄어들 정도로 무기력해졌다. 관절염도 재발했다.

말 세계에서는 이런 말을 우울증으로 진단하고, 그에 따라 세심한 주의를 기울여 돌보는 것에서부터 신경 안정제를 투여하는 것까지 각종 치료 조치를 취한다. 우울증에 걸린 말은 산통疝痛 [말에게 흔히 발병하는 질병으로 각종 복통을 일컫는다] 같은 질환이 악화될 수 있기에 슬픔에 빠져 병이 나고, 그러면서 또다시 우울증 증세가 심해지는 악순환을 끊어내는 것이 중요하다. 다른 동물들의 경우와 같이 새로운 친구를 소개해주는 것도 한 방법이다. 어느《서러브레드 타임스》독자는 자신의 말이 들판에서 23년을 함께 살아온 친구가 죽자 슬픔에 빠진 사연을 전했다. 그 말은 친구와 즐겨 찾았던 나무 아래에 2주 동안 하염없이 서 있었다. 먹기도 거부했다. 그런데 어느 암말이 새끼를 낳다 죽는 바람에 어미 잃은 신세가 된 망아지를 돌보기 시작하면서 활력을 되찾았다.

말의 우아함과 지능에 찬탄하는 것과 별개로, 나는 개인적으로 말을 만난 경험이 없다시피 하다. 단 한 번, 4학년 때 현장학습을 갔다가 말에서 떨어진 적이 있다. 땅에 닿기까지 정말 긴 시간이 걸렸던 기억이 남아 있다. 그때 말이 얼마나 힘세고 거대한지에 대해 깊은 인상을 받았던 것만큼, 나는 말의 슬픔을 포용하고 그것을 덜어주려 하는 수많은 말 애호가들의 노력에 감탄하게 됐다. 마르셀라는 말들이 보이는 슬픔 행위의 개별적 다양성을 강조하는데, 이는 최신 동물행동학과도 부합한다. 고양이, 개, 그리고 다른 동물들과 마찬가지로 모든 말이 동반자가 죽었을 때 슬퍼하는 건 아니다. 반응은 앞서 묘사한 것과 같은 극심한 우울증에서부터 철저한 무관심까지 다양한 양상으로 나타난다.

새끼가 죽으면 행동거지며 울음소리가 불안정해지는 암말들도 있다. 반면 눈에 띄는 반응을 거의 보이지 않는 암말들도 있다. 포유동물은 일반적으로 어미 자식 간에 유대 관계가 강하기 때문에, 새끼가 죽었는데 슬퍼하지 않는 어미 말도 있다는 이야기에 처음에는 놀랐다. 하지만 다시 생각해보니 내가 다른 동물들에 관해 알고 있는 사실과도 일맥상통했다. 제인 구달은 침팬지 연구를 바탕으로 모성 행동의 다양성에 관한 과학자들의 사고를 확장시켰다. 우리의 살아 있는 가장 가까운 친척인 침팬지들을 보면 자상하고 새끼를 살뜰히 살피는 어미가 있는가 하면, 바로 그 옆에는 냉담하며 새끼를 등한시하는 어미도 있다. 우리 인간 종이 그러하듯이. 그렇다면 다른 동물들이라고 해서 왜 안 그러겠는가? 또 새끼가 죽은 데 대해 무감각해 보이는 어미라도 새끼가 살아 있을 때 적극적으로 보살피며 육아에 충실했을 수도 있다.

말 전문가들에 따르면 말들이 공통으로 보이는 한 가지 행동 패턴이 있는 것 같다. 마르셀라는 기사에 이렇게 썼다. "죽은 동료의 시신을 접할 기회를 얻은 말은 울부짖고 불안해하는 정도가 낮고 평상시 태도를 좀 더 빠르게 되찾는다." 사실 말 세계에서는 말이 죽으면 남은 동료들에게 그 모습을 보여주는 것이 일반적인 관행이다. 이 절차가 말들이 상실감을 이겨내는 데 도움이 된다는 믿음 때문이다. 말의 슬픔과 그것을 완화할 방도를 과학적으로 연구하기 위해서는 죽은 동료의 시신을 확인함으로써 도움을 얻은 말과 그렇지 않은 말(시신을 확인한 후에도 실버의 무덤을 계속해서 긁어댔던 암망아지처럼)의 사례를 폭넓게 수집한 뒤 일관된 기준에 따라 체계적으로 정리한 데이터베이스가 요구된다.

슬픔에 처한 동물에게 동료의 시신을 보여주는 관행은 말의 세계 너머로 점점 더 퍼져나가고 있다. 동물원과 농장, 가정에서 동물이 슬픔을 느낀다는 사실을 받아들이고 슬픔을 누그러뜨려주고자 애쓰는 이들이 주목한 것이다. 이 전략은 염소 머틀에게 효과가 있는 것 같았다. 머틀은 자신이 원하는 걸 뚜렷이 알고 있었다. 콜로라도주의 한 가정집에 입양된 머틀은 끊임없이 이웃집 마당으로 달아났다. 근처에서 자신과 조금이라도 닮은 구석이 있는 유일한 동물, 바로 말이 그 집에 몇 마리 있어서였다. 매번 붙들려 오면서도 머틀은 또다시 말들에게로 갔다. 그러다 마침내, 이 고집 센 염소는 자신이 있고 싶은 곳, 이웃집에서 살게 됐다.

새로 태어난 망아지를 둘러싸고 보호했던 말들의 이야기를 전했던 저넬 헬링이 문제의 이웃집 주인이었다. 저넬은 머틀에게 말들뿐 아니라 다른 염소들과도 우정을 나눌 기회를 주겠다고 결심했다. 저넬은 외로운 염소를 향한 동정심 때문만은 아니었다고 덧붙였다. 머틀의 방랑벽이 내버려둘 수 없는 수준이었기 때문이다. 저넬이 말을 타고 부지를 나갈 때면 뒤에서 머틀이 총총 뛰어왔다. 길에는 차가 다니고 있어서 안전하지 않았다. 저넬은 블론디라는 이름의 염소를 한 마리 입양했고, 블론디가 머틀 마음에 들어서 둘이 함께 집에 붙어 있으면 좋겠다고 생각했다.

계획은 성공했다. 머틀보다 네다섯 살 많은 블론디는 돌아다니기를 좋아하는 염소가 아니었다. 언제나 저넬의 집에 있었다. 두 염소는 만나자마자 단짝이 됐고, 곧 머틀도 집에 머물기 시작했다. 저넬이 보기에 둘은 아무리 멀어도 6미터 이상 떨어지는 법 없이 대개 찰싹 붙어 다녔다. "두 마리가 같이 안 있고 혼자 있으면 무슨 일이 생겼다는 뜻이나 다름없었어요." 저넬이 회고했다. 어떻게 된 일인지 둘 중 한 마리가 철조망에 머리와 뿔이 끼는 바람에 몇 번인가 철사 절단기를 써서 구조해야 하는 일은 있었다. 하지만 그런 일이 아니면 머틀과 블론디는 대체로 풀을 뜯고, 되새김질을 하고, 낮잠을 자고, 노닐며 하루를 보냈다.

그렇게 몇 년이 흘렀다. 어느 가을날, 블론디가 병에 걸렸다. 증세는 빠르게 악화됐다. 호흡기 감염을 이겨낼 수 있도록 페니실린을 수차례 투여했지만, 결국 블론디는 숨졌다. 토요일 이른 아침에 벌어진 일이었다. 저넬은 수의사에게 검시를 받기 위해 블론디의 시신을 주말 동안 묻지 않았다. 머틀은 친구가 갑작스레 사라지자 괴로워했다. "머틀은 토요일 온종일 목장을 뛰어다니며 울부짖었어요. 머리카락이 다 쭈뼛 설 만큼 공포에 찬 비명 소리를 냈죠. 한 바퀴, 두 바퀴, 끊이지 않고 돌면서 블론디와 자주 시간을 보냈던 곳을 살폈어요."

저넬은 블론디의 시신을 평소에 잠자던 모습으로 정돈한 다음 머틀이 보도록 하는 편이 좋겠다고 판단했다. 그러면 머틀이 친구가 흔적 없이 사라진 줄 알고 오리무중에 빠지지는 않을 테니 말이다. 적어도 어느 정도는 성과가 있었다. 땅바닥에 미동 없이 누워 있는 블론디를 발견한 머틀은 울부짖으며 정신없이 배회하던 행동을 멈췄다. 머틀은 블론디의 시신을 가만히 바라보거나 가까이 다가가 냄새를 맡았다. 20분쯤 지나자 다른 데로 가더니 물을 마시고 곧장 돌아왔다. 그 후 몇 시간 동안 계속해서 머틀은 블론디를 떠났다가 다시 돌아왔다. 저넬은 머틀의 이런 모습이 혼란에서 비롯된 행동으로, 지금껏 잘 움직이던 친구가 가만히 누워 있는 이유를 알아내기 위해 나름대로 노력하는 것이라고 해석했다. 머틀이 블론디 곁을 맴도는 시간은 점차 짧아졌고, 블론디를 찾아오는 간격은 길어졌다.

어느 시점이 되자 머틀은 말 목장으로 향했다. 거기서도 이따금 블론디를 찾아왔다. 하지만 월요일이 오고 수의사가 블론디의 시신을 옮길 즈음에는 별 관심을 보이지 않았다. 원래 머틀은 블론디가 보이지 않으면 미친 듯이 날뛰던 염소였다. 저넬이 머틀을 블론디의 시신으로 데려가자 머틀은 블론디에게서 눈을 떼지 않았다. 블론디의 시신이 마치 자석처럼 머틀을 끌어당겼다. 그러다 서서히, 그 관심도 사그라들었다. 머틀은 몸을 돌려 블론디의 시신을 떠났다. 아마 이때 정신적으로도 블론디를 떠났을 것이다.

다른 동물들은 머틀보다 더 오랫동안 슬픔에 잠길 수도 있다. 장기적인 고통을 겪는 지경에까지 이를 수 있다. 염소가 다른 포유동물들에 비해 지능이 낮기 때문이라는 설명도 가능하겠지만, 나는 이런 애도 방식을 머틀의 특성이라고 이해하는 편이 더 설득력 있다고 생각한다. 다른 염소들은 또 다른 방식으로 애도를 표현할 것이다. 머틀의 사례는 슬픔의 얼굴이 하나가 아니라는 사실을 다시금 떠올리게 한다.

저넬은 머틀이 블론디를 잃고 강렬한 반응을 보인 데에는 살아온 배경도 원인으로 작용했던 것인지 궁금해한다. 머틀은 저넬 가족에게 입양되기 전, 어린 시절에 1년가량 홀로 갇혀 지냈다(그러니까 다른 비인간 동물이 없는 곳에서 말이다). "염소처럼 사회적인 동물에게는 트라우마로 남을 수 있는 경험"이라고 저넬은 지적한다. 머틀이 유대 관계라고 할 수 있는 관계를 최초로 맺은 상대는 바로 말들이었다. 그리고 블론디가 죽은 뒤, 머틀이 블론디의 시신으로부터 관심을 돌리기 시작하면서 함께 있기 위해 찾은 존재도 말들이었다. 위로를 얻는 데는 종의 경계가 없다.

농장 동물들, 그중에서도 염소, 돼지, 소, 닭이나 오리의 성격, 감정, 내적 삶은 거의 미개척지다. 이런 상황은 조금씩 바뀌고 있는데, 에이미 해코프Amy Hatkoff의 《농장 동물의 내면 세계The Inner World of Farm Animals》에 실린 이야기들을 보면 굉장히 잘 알 수 있다. 우드스톡 농장 동물 생추어리Woodstock Farm Sanctuary*에서 있었던 일로, 어느 날 데비라는 소가 쓰러지자 다른 소들이 데비를 에워싸고 울어댔다. 생추어리가 떠나갈 듯 큰 소리에 관리인이 달려올 수밖에 없었다. 수의사의 진찰 결과 데비는 관절염으로 엄청난 고통에 시달리고 있었고, 결국은 안락사됐다. 데비가 땅에 묻힐 때 다른 소들은 주위에 모여 구슬프게 울었다. 우드스톡 생추어리 공동 설립자인 제니 브라운Jenny Brown은 이 소들이 사별하는 모습을 지켜보았는데, 이들은 단순히 무덤가에 드러눕는 데 그치지 않았다. "저희 생추어리 농장이 약 160만 제곱미터 규모인데, 소 떼 전체가 어딘가로 사라져 이틀 동안 먹이를 먹으러 오지도 않았어요. 이런 식으로 반응할 줄은 전혀 몰랐죠. 소가 서로를 인식하고, 또 서로 끈끈한 관계 속에 있을 거라고는 상상도 못했으니까요."

---

* [옮긴이주] 보호소shelter가 구조된 동물이 입양되거나 자연으로 돌아가기 전까지 머무는 임시 거처라면, 생추어리sanctuary는 구조된 동물이 필요한 보호를 받으며 평생 살아갈 수 있도록 조성된 공간을 말한다.

해코프는 뉴욕주 왓킨스 글렌에 위치한 팜 생추어리Farm Sanctuary에서 새끼 돼지 시절부터 쭉 단짝으로 지내온 위니와 버스터의 이야기도 들려준다. 5년 후, 버스터가 세상을 떠나자 위니는 혼자 남았다. 위니는 다른 돼지들과 교류하기를 거부했고, 살이 빠졌다. 신체적 건강을 잃을 정도는 아니었지만 정서적 건강은 분명 악화되고 있었다. 위니는 새로운 새끼 돼지들이 생추어리에 들어오고 나서야 비로소 활력을 되찾았다. 새끼 돼지들과 이리저리 뛰어다니며 놀고 밤에는 함께 잠을 잤는데, 위니의 모든 행동에는 버스터와 함께 지낼 때의 모습이 묻어 있었다. 버스터가 눈을 감은 지 2년 후의 일이었다.

작년에 나는 팜 생추어리에서 닭 한 마리를 입양했다. 피에스타는 뉴욕 브롱크스의 한 공원에서 구조된 눈에 띄는 검은색 암탉이었다. 피에스타를 구조한 사람들은 피에스타가 산테리아[아프리카 종교와 가톨릭이 뒤섞인 민간 신앙] 의식 과정에서 제물로 희생되기 직전에 탈출한 닭이 아닐까 생각했다. 이전에 그 공원 근처에서 죽은 닭들이 발견됐는데 산테리아 제의 후 버려진 것이라는 소문이 있었기 때문이다. 제의 때문에 탈출한 것이든 아니든 간에, 이 집 없는 닭은 안전한 곳으로 옮겨졌다. 내가 입양했다고 해서 피에스타가 고양이들을 피해 뒷마당을 요리조리 돌아다녀야 하는 상황에 놓이게 된 것은 아니었다. 피에스타는 계속 왓킨스 글렌의 팜 생추어리에 살고, 나는 피에스타를 돌보는 데 들어가는 비용을 충당할 뿐이었으므로.

전국적으로 중요한 위치인 왓킨스 글렌 시설과 더불어 캘리포니아에도 두 개의 시설이 더 있는 팜 생추어리는 농장 동물을 보호하며 사람들에게 새로운 관점에서 생각하기를 촉구한다. 최근 캠페인에서는 농장 동물은 '물건이 아니라 생명체someone, not something'라는 캐치프레이즈를 내걸었다. 팜 생추어리 웹사이트를 통해 한 직원은 다음과 같이 말했다. "농장 동물들에게도 고양이나 개와 같은 개성과 호기심이 있습니다. 제 경험을 바탕으로 자신 있게 말씀드릴 수 있어요."

'생명체'인 동물들은 앞서 살펴본 것처럼 사랑을 하기도 하고 슬퍼하기도 한다. 2006년 푸아그라 생산 농장에서 구조된 집오리 세 마리가 팜 생추어리에 들어왔다. '기름진 간'이라는 뜻의 푸아그라는 사료를 강제로 먹인 오리나 거위로 만드는 식품으로, 이 과정에서 동물들은 굉장한 고통에 시달린다. 구조된 오리 세 마리 모두 지방간 증상을 겪고 있었다. 특히 콜과 하퍼라는 수컷 두 마리는 상태가 몹시 나빴다. 콜은 푸아그라 농장에서 지내는 동안 여러 군데 골절상을 입었지만 치료를 제대로 받지 못해 다리가 변형됐고, 하퍼는 한쪽 눈이 실명된 상태였다. 콜과 하퍼는 사람을 굉장히 무서워했다. 이 총체적 난국에서 단 하나의 축복은 콜과 하퍼가 친한 친구가 되어 거의 모든 시간을 함께 보내게 됐다는 것이었다.

견디기 힘들었을 지난날의 환경을 생각하면, 팜 생추어리에서 두 오리가 보낸 4년은 뜻밖의 행복한 시간이었을 것이다. 콜이 더 이상 걸을 수 없고, 콜의 고통을 더 이상 가라앉힐 방도가 없게 됐을 때, 콜은 안락사됐다. 안락사가 진행되는 동안 하퍼는 축사 밖에서 그 광경을 지켜봤다. 모든 절차가 끝난 후 하퍼는 짚이 깔린 축사 바닥에 누워 있는 친구의 시신을 볼 수 있었다. 처음에 하퍼는 평소처럼 콜과 대화를 하려고 했다. 콜이 대답이 없자, 하퍼는 몸을 숙여 콜을 머리로 쿡 찔렀다. 몇 번 더 찔러보며 반응을 살피던 하퍼는 콜 옆에 주저앉아 제 머리와 목을 콜의 목에 묻었다. 몇 시간이나 계속해서 그렇게 누워 있었다.

하퍼는 결국 일어섰고, 생추어리 직원들은 콜의 시신을 옮겼다. 그 후 하퍼는 한동안 작은 연못가를 하루도 빠짐없이 찾았다. 콜과 함께 노닐던 곳이었다. 그리고 그곳에 앉아 있었다. 생추어리에서는 하퍼가 다른 오리 친구들을 사귈 수 있게 애썼으나 소용이 없었고, 이는 하퍼가 콜을 잃고 사람들을 심하게 경계하는 상황이었기 때문에 더욱 안타까운 일이었다. 누구라도 느낄 수 있을 만큼 하퍼는 심각한 우울증에 빠졌다. 두 달 후, 하퍼도 눈을 감았다.

콜과 하퍼는 이 책의 주제를 드러내는 상징으로 삼기에 모자람이 없다. 슬픔이 있는 곳에는, 사랑이 있었던 것이다.

토끼가
우울한 이유

지금껏 우리 가족은 구조된 토끼를 돌본 적이 두 번 있다. 한 마리는 털이 긴 앙고라토끼 수컷으로, 캐러멜색 털에 덩치가 컸다. 다른 한 마리는 털이 짧은 암컷이었는데, 오레오처럼 흰색과 검은색이 섞인 털에 몸집이 자그마했다. 참 독창적이게도 우리는 이 토끼들에게 각각 캐러멜과 오레오라는 이름을 붙여주었다.

캐러멜은 딸이 다니는 몬테소리 학교 교실에서 기르던 토끼였다. 학교에서 아이들은 자유롭게 돌아다니며 수업을 듣고, 마음껏 교실을 탐험했다. 그러나 토끼는 갇혀 있어야 했다. 우리 밖으로 나갈 수 있는 경우가 거의 없었고, 깡충거리며 움직일 공간이 절실히 필요했다. 그러다 학교 측의 배려로 우리 가족은 캐러멜을 입양해 그러한 공간을 선사할 수 있었다. 우리 집에서 캐러멜은 여덟 살이 될 때까지 살았고, 우리 가족과 함께 지내는 것을 정말 좋아했다. 고양이들도 함께 사는 환경을 견뎌야 했을 테지만 말이다(물론 고양이들도 토끼의 존재를 견뎌야 했다). 캐러멜이 죽은 후, 우리는 동물보호소에서 오레오를 데려왔다. 오레오도 수명이 다해 죽을 때까지 비슷하게 즐거운 삶을 살다 갔다고 생각한다.

이 두 토끼는 서로 만난 적이 없으므로 나는 토끼의 우정 혹은 토끼 간의 상호 작용이라고 할 만한 것을 목격할 기회가 없었다. 다만 캐러멜도 오레오도 애정 표현을 할 줄 아는 토끼들이었다. 우리가 안 보이면 찾아다니고, 코를 맞대기를 좋아했고, 쓰다듬는 손길에 느긋하게 몸을 맡기곤 했다. 가족들이 TV를 보면 캐러멜도 함께 봤다. 집 뒤편의 잔디밭에서부터 총총거리며 들어와 자신을 위해 깔아둔 작은 카펫 위에 편하게 누웠다. 오레오는 주로 소파 위로 껑충대며 올라와 내 바로 옆에 앉았다.

집 근처에 다른 토끼들도 살아서 가끔 엿보곤 하는데, 이름은 제러미와 질리다. 제러미는 테네시 레드 종으로, 내 친구이자 고양이 구조대원인 누알라 갈바리와 데이비드 저스티스 덕분에 동네 펫숍의 작은 우리에서 구조된 뒤 처음 집을 갖게 된 토끼였다. 이들의 집에는 고양이, 새를 비롯한 여러 동물이 있었고, 제러미는 애정 어린 보살핌을 받으며 무럭무럭 자랐다. 그런데 염소 머틀을 보며 저넬이 느꼈던 것처럼, 누알라와 데이비드도 제러미에게 같은 종 간의 교제가 필요하다고 생각했다. 그래서 곧 렉스 종 암컷 질리를 데려왔다. 여섯 살이라는 엄청난 나이 차이(토끼에게는 큰 차이다)에도 불구하고, 제레미와 질리는 빠르게 친해졌다. 두 토끼는 이제 침실 카펫 둘레를 돌고 또 돌며 경주를 벌이거나 폴짝 뛰어올라 공중에서 몸을 비틀며 논다. 조용하다 싶으면 서로 털을 손질해주고 있다. 밤에, 혹은 낮이라도 가끔 울타리 안에 들어가 있어야 하는 경우가 있는데, 이럴 때면 제러미와 질리는 공간이 충분한데도 서로 꼭 붙어 있다.

　민첩하고 활기가 넘쳐 알아채기 쉽지 않지만 질리는 현재 아홉 살이다. 제러미가 질리와 시간을 보내는 게 무척 행복해 보여서, 자연스레 질리가 먼저 죽으면(실제로 그럴 가능성이 크기도 하다) 제러미가 어떤 반응을 보일지 궁금해진다. 미셸 닐리 씨는 루시와 빈센트라는 자신의 반려 토끼들 이야기를 들려준다. 미셸 씨와 미셸 씨의 남편이 동물보호소에서 입양할 당시 빈센트는 상태가 말이 아니었다. 전 주인으로부터 유기된 수컷 토끼인 빈센트는 온몸이 옴과 진드기로 바글거리는 데다 누가 봐도 아사 직전이었다. 6개월 정도 미셸 씨는 빈센트만 길렀다. 빈센트는 무척이나 애정을 갈구하는 토끼여서 미셸 씨 부부의 팔이나 무릎에 아기처럼 안기는 것을 좋아했다. 두 사람이 마사지를 해줄 때는 기꺼이 30분, 아니 1시간이 지나도록 가만히 있었다.

　이어 미셸 씨 부부는 루시를 입양했다. 암컷인 루시는 자신의 두 남자 형제와 마찬가지로 귀 없이 태어났다. 토끼의 상징과도 같은 처진 귀가 있어야 할 자리에, 루시는 연골만 뽑내고 있었다. 루시는 소리를 전혀 들을 수 없었다. 그렇지만 다른 토끼들과 오랜 기간 같이 생활해왔기 때문에 사회적으로 행동하는 법을 알고 있었다. 빈센트는 그렇지 않았다. 미셸 씨는 두 토끼가 잘 지내도록 구슬리기 위해 처음 세 달은 매일 애를 썼다. 두 토끼가 서로 익숙해지기까지는 시간이 걸렸다. 빈센트는 털을 고르고 싶다는 신호는커녕 친하게 지내고 싶다는 신호를 보내는 방법도 몰랐다. 분명 처음에는 서로 즐겁게 장난을 치고 있었는데 부지불식간에 공격을 주고받는 상황으로 바뀌는 경우가 빈번했다. 루시에게 귀가 없는 것이 한 가지 이유로 작용했는지는 확실치 않다. 어쩌면 두 토끼 사이를 오가던 신호 중 일부는 루시의 예외적인 신체 구조 때문에 손상됐을지도 모른다. 루시의 토끼 같지 않은 겉모습이 빈센트의 반응에 어느 정도 영향을 미쳤을 수도 있다. 어떤 요인이 작용했든지 간에 루시와 빈센트가 첫눈에 반하지 않았다는 것만은 분명하다.

그러던 어느 날, 루시가 느닷없이 빈센트의 우리로 뛰어 들어가더니 그날 밤을 함께 보냈다. 다음 날 두 토끼가 함께 있는 모습을 본 미셸 씨는 극적인 변화가 일어났다는 사실을 깨달았다. 빈센트와 루시 사이에는 유대감이 자리 잡았다. 얼마나 깊은 유대감이었냐면, 빈센트는 거의 루시를 향한 사랑에 끙끙 앓는 것 같았다. 제러미와 질리가 그랬듯 빈센트와 루시도 아침부터 지칠 때까지 이리저리 뛰어다니며 놀고, 저녁이 되면 함께 잠을 잤다. "계단을 오를 때든 거실이나 발코니를 돌아다닐 때든, 두 토끼가 작은 탐험을 하며 돌아다닐 때 리더는 언제나 루시였어요." 미셸 씨가 말했다. "빈센트는 어디든 루시를 따라다녔어요. 언제나 루시 옆에 있고 싶어했으니까요. 빈센트와 루시가 같이 있는 모습을 보면, 빈센트가 세상에 토끼라곤 루시 하나밖에 없는 줄 아는 게 아닌가 싶을 정도였어요. 빈센트는 요사이 다른 토끼들의 존재도 알게 됐는데, 그 사실에 커다란 기쁨과 경이로움을 느끼고 있는 것 같아요."

슬프게도 빈센트와 루시는 겨우 여덟아홉 달밖에 함께 보낼수 없었다. 루시의 양쪽 외이도에 선천적 기형으로 인한 불치성 감염병이 찾아왔기 때문이다. 오랫동안 경험을 쌓은 수의사들이 모여 수술을 시도했지만, 루시는 결국 눈을 감았다. 미셸 씨는 말한다. "일주일 정도 빈센트는 슬픔에 휩싸여 루시가 있나 없나 온 집안을 샅샅이 훑고 다녔어요." 그 후, 빈센트는 루시가 돌아오지 않을 것이라는 사실을 이해하는 듯했다. 지금쯤 여러분도 충분히 예상할 수 있다시피 빈센트는 우울한 상태에 빠져들었다. 별로 먹지도 않았고 집에서 나오려고도 하지 않았다. 집 안에서 빈센트는 루시가 좋아했던 자리에 앉아 아무것도 하지 않고 지냈다. 루시와 놀 때의 생기 넘치던 모습은 온데간데없이 사라졌다.

미셸 씨는 빈센트도 떠날까 봐 두려워지기 시작했다. 그녀는 빈센트가 기운을 차리기를 바라며 새로운 토끼 애너벨을 입양했는데, 그럴 보람이 있는 일이었다. 빈센트는 애너벨을 만나자마자 식욕이 살아난 것은 물론 일상의 모든 활동에 대한 흥미를 되찾았다.

자, 처음에는 루시, 다음에는 애너벨로 이어지는 빈센트의 순차적 유대 관계는 몇 가지 의문점을 남긴다. 빈센트는 그저 혼자 있는 것을 좋아하지 않기 때문에 곁에 있어줄 다른 토끼가 필요했던 것일까? 빈센트에게 자신을 따뜻하게 안아주는 토끼가 루시인지 애너벨인지 혹은 다른 토끼인지는 중요했을까? 빈센트는 루시를 까맣게 잊은 것일까?

빈센트의 생각은 알 수 없으니, 빈센트가 애너벨을 만난 후 몇 달간 보인 모습들을 면밀히 살펴봄으로써 이러한 질문들에 대한 답을 찾는 수밖에 없다. 빈센트는 이전과 확연히 다르게 행동했다. 애너벨과 잠시만 떨어져도 불안해했다. 예를 들어, 애너벨이 낮잠을 자느라 우리 구석에 폭 파묻혀 있어 보이지 않으면 난리가 났다. 빈센트는 애너벨을 찾아 사방팔방 뛰어다니곤 했는데, 곧바로 발견하지 못하면 점점 더 괴로워했다. 미셸 씨는 말한다. "하는 수 없이 저희가 빈센트를 애너벨이 있는 곳으로 옮겨다주면, 단숨에 여유를 찾았어요." 미셸 씨에게는 빈센트가 루시를 잃은 것처럼 애너벨도 잃을까 봐 두려워하는 것처럼 보였다.

이 새로운 우정이 시작된 지 7개월 정도가 지나자 빈센트는 불안 행동을 멈췄다. 애너벨이 사라지지 않을 거라고 믿게 된 것인지, 루시를 잊은 것인지, 아니면 뭔가 다른 요인이 작용한 것인지는 아무도 알 수 없지만, 빈센트의 행동은 변화했다. 토끼가 새로 만난 친구와 금세 유대 관계를 형성한다고 해서 잃어버린 친구를 진정으로 애도하지 않는다고 단정해서는 안 된다. 우리 인간을 포함해 토끼보다 뇌가 큰 다른 포유동물들을 그런 식으로 판단하지 않듯이 말이다. 아니, 애초에 사고방식을 180도 바꿔보면 어떨까? 빈센트는 루시와 어울리며 깊은 만족감을 경험한 상태였기 때문에 애너벨이 왔을 때 그렇게 빨리 회복할 수 있었던 것은 아닐까? 애너벨의 모습과 체취에서 새로운 우정을 향한 희망을 감지했을지도 모른다. 한편, 미셸 씨는 빈센트가 애너벨과 대번에 친한 사이가 됐어도 루시만큼이나 깊은 우정을 나누는 것 같지는 않다고 생각한다. 만난 지 얼마 안 돼서부터 빈센트가 애너벨을 졸졸 따라다니기 시작하긴 했지만 말이다.

처음 연이 닿은 후, 미셸 씨와 나는 서로 이메일로 연락을 했다. 그런데 몇 주에 걸쳐 이메일을 주고받던 중 빈센트가 세상을 떠났다. 미셸 씨는 이번에는 다르게 대처했다. 빈센트의 시신을 애너벨에게 보여준 것이다. 애너벨은 빈센트의 미동 없는 몸을 핥기도 하고 냄새를 맡기도 했다. 그러다 염소 블론디가 죽었을 때 머틀이 그랬던 것처럼, 다른 곳으로 갔다 빈센트의 시신으로 돌아오기를 반복했다. 애너벨은 빈센트의 시신을 둘이 함께 지냈던 우리 밖으로 옮기려 했고, 그 차에 미셸 씨는 화장을 하기 위해 빈센트의 시신을 거뒀다.

빈센트가 몇 주가 넘는 긴 시간 동안 루시를 애도했던 것과 달리, 애너벨은 그만큼 슬퍼하는 것 같지는 않았다. 이렇듯 동물들의 관계는 다양하며, 상실을 겪은 동물이 반응하는 양상도 갖가지다.

하우스 래빗 소사이어티House Rabbit Society(HRS)는 캘리포니아에 본부를 두고 국제적으로 활동하는 동물 구조 단체다. HRS의 미션은 유기된 토끼를 구조하는 것과 더불어 토끼를 적절히 돌보고 관리할 수 있도록 사람들을 교육하는 것이다. HRS 웹사이트에는 '토끼의 유머 감각을 파헤쳐보자'나 '쌀쌀맞은 반려 토끼와 살아가는 법' 또는 '우리 집 토끼가 보내는 메시지 이해하기' 같은 링크가 가득하다. 이 전문가들은 토끼의 슬픔이라는 개념을 인정한다. 이들은 주저 없이 빈센트가 루시의 죽음을 애도했다고 결론지을 것이다.

　HRS에도 슬픔에 관한 이야기들이 실려 있는데, 이 이야기들 역시 동료의 죽음을 마주한 토끼가 매우 다양한 형태로 반응한다는 사실을 분명히 보여준다. 어떤 토끼들은 특이한 행동을 보이기도 한다. 한 우리에서 같이 생활했던 동료나 친한 친구가 숨을 거두는 순간, 높이 뛰면서 일종의 춤을 춘다는 것이다. 하지만 이런 행동에 대해 갑작스러운 에너지 방출이라는 것 말곤 별다른 설명을 찾아볼 수 없었다.

　말썽을 피우며 '반항'을 할 수도 있다. 네 살짜리 토끼 레프티는 디나를 잃은 뒤에도 평소와 다름없이 활발했다. 빈센트와는 차원이 달랐다. 레프티는 자기 '집사'들이 자는 침대 위로 뛰어올라 베갯잇을 물어뜯어 구멍을 냈다. 이러한 맥락에서 HRS는 고약한 행동을 하는 토끼에게는 새로운 토끼 친구를 소개하거나 좀 더 세심하고도 따뜻한 애정 표현을 하는 편이 좋다고 안내한다. 슬픔이 잘못된 행동으로 나타나는 것일 수도 있기 때문이다.

　조이 조이아 씨는 HRS를 통해 토끼 삼총사의 슬픔을 세상에 알렸다. 빈센트가 중심에서 처음에는 루시, 다음에는 애너벨과 교류하며 빈센트, 루시, 애너벨이 일종의 감정 삼각형을 이루었던 것처럼 트릭시, 트릭시의 연이은 동반자 조이와 매직도 감정 삼각형 관계였다. 트릭시 삼총사의 경우, 세 토끼 중 두 마리가 주인에게서 형편없는 대우를 받은 경험이 있었다. 세 마리 모두 HRS에서 토끼 임시 보호 자원봉사자로 활동 중인 조이아 씨가 구조한 토끼였다.

이야기는 조이로부터 시작된다. 원래 조이를 데리고 있던 사람은 조이를 제대로 돌보지 않았다. 조이는 심각한 감염성 질환에 노출되어 한쪽 시력을 완전히 잃었고, 다른 쪽 눈은 부분적으로 실명된 데다 끊임없이 진물이 흘러나왔다. 청각 장애와 호흡기 문제도 안고 있었다. 정서적으로는, 마음의 문을 거의 닫고 있었다. 조이는 특히 아픈 눈을 관리해야 하는 것을 싫어했고, 조이아 씨나 다른 사람들과 어울리는 것도 좋아하지 않았다. 조이를 안락사시키는 것이 손쉬운 방법이었을지 모르지만, HRS에는 그런 선택지가 없었다.

트릭시는 형편없는 환경에 처해 있었던 건 아니지만, 부정교합이 심해 앞니 제거 수술을 받아야 했다. 조이와 마찬가지로 트릭시도 사람들과 상호 작용을 하는 데 소극적이었다. 트릭시는 우연히 조이아 씨의 집에서 임시 보호 생활을 하게 됐고, 잠자리도 먼저 와 있던 조이 옆자리를 얻었다. 조이와 트릭시가 서로에게 관심을 보이자 조이아 씨는 반색하며 두 토끼를 함께 지낼 수 있는 좀 더 커다란 집으로 옮겨주었다. 이렇게 둘 사이에 놓인 가교는 더없이 완벽한 결과로 이어졌다. 트릭시는 조이를 헌신적으로 돌봤다. 조이의 아픈 눈을 부드럽게 핥아 깨끗이 닦아줬는데, 조이는 당연히 사람이 씻겨줄 때보다 좋아했다. 누가 봐도 두 토끼 사이에는 애정이 듬뿍 자리하고 있었다.

　　삼총사 중 세 번째로 조이아 씨네 집에 온 토끼 매직은 사람을 더 좋아했고, 다른 토끼들과는 아무것도 같이 하고 싶어하지 않았다. 매직은 5년간 어느 교실에서 지냈다. 언뜻 토끼에게 꽤 좋은 환경이었을 것 같지만, (우리가 몬테소리 학교에서 캐러멜을 데려올 때 알게 됐듯이) 기본적으로 선의를 갖고 학급 동물을 키우는 학교들조차 동물들에게 적절한 여건을 갖춰주는 데에는 한계가 있다. 매직이 지내던 우리는 너무 작아서 매직이 제대로 몸을 펴고 귀 청소도 할 수 없을 정도였다. 우리 바닥은 철망이었는데, 고양이나 강아지처럼 발바닥이 두껍지 않은 토끼로서는 견디기 힘든 조건이었다. 게다가 언제나 왁자지껄한 아이들이 우리를 둘러싸고 있으니 편히 휴식하는 것도 어려운 일이었다. 결국 매직은 우리에 손가락을 집어넣는 아이들을 맹렬히 공격하기 시작했다.

　　임시 보호를 받으러 왔을 때 매직은 귀에 감염 질환을 겪고 있었고, 어금니 상태가 나빠 음식을 제대로 먹을 수도 없었다. 발은 발톱 제거 수술의 후유증으로 신경이 손상돼 있었다. 귀와 어금니는 어렵지 않게 고칠 수 있었지만 신경 손상 문제는 해결이 어려워 매직은 잘 뛸 수 없었다. 매직은 점차 사람이 주변에 있어도 느긋해지더니, 안아주는 것을 아주 좋아하게 됐다. 하지만 다른 토끼들과 함께 있으면 방어적으로 행동했다. 트릭시와 조이가 같은 공간에 있었지만, 매직은 잠자리를 두툼하고 편안하게 꾸며둔 자기 집에서 줄곧 혼자 지냈다. 침대 둘레에는 다른 토끼들이 오지 못하게 장애물도 세워뒀다. 매직이 집 밖으로 나갈 생각을 하지 않았기 때문에 집에 자물쇠는 달려 있지 않았다.

조이와 트릭시의 우정은 2년 동안 이어졌다. 이후 조이가 살이 빠지기 시작하더니 건강이 나빠졌다. 발작을 일으키기도 했다. 조이아 씨와 남편은 수의사와 상의한 끝에 조이를 보내줄 때라는 데 동의했다. 조이는 안락사됐고, 동물병원에서 트릭시는 조이의 시신 곁에 잠시 머물 수 있었다.

조이아 씨와 함께 집에 돌아온 트릭시는 슬퍼하며 아무것도 먹지 않았다. "텅 빈 토끼 집에 혼자 누워 있는 모습이 정말 작고 애처로워 보였어요." 조이아 씨는 회상했다. 그런데 다음 날 아침, 조이아 씨는 예상치 못한 광경을 목격했다. 매직이 자신의 침대에서 내려와 있었고, 매직과 트릭시는 트릭시네 집 문을 사이에 두고 꼭 붙어 누워 있었다.

조이아 씨는 매직을 다시 침대에 올려놓은 다음(매직의 발을 보호하기 위해서였다) 통로를 열어 두 토끼의 공간을 연결해주었다. 트릭시는 이틀 동안 두 집 모두 제집처럼 오가더니 매직의 집으로 이사를 했다. 셋째 날이 되자 두 토끼는 자주 껴안고, 서로 몸단장을 해줬고, 트릭시는 왕성한 식욕을 되찾았다.

트릭시는 빈센트처럼 운이 좋은 토끼였다. 상실감에서 이렇게 쉽게 빠져나오지 못하는 토끼들도 있기 때문이다. 토끼도 다른 동물들처럼 슬픔에 사무쳐 우울증에 빠질 수 있다. 극단적인 경우에는 굶어 죽기도 한다.

슬픔에 대한 반응이 지독한 우울증으로 나타나는 생리에 대해 탐구하고 있을 때, 캐런 웨이저-스미스Karen Wager-Smith 박사가 자신이 애시나 마쿠Athina Markou 박사와 함께 쓴 우울증에 관한 신경생물학 논문 한 편을 보내주었다. 인간을 비롯해 다양한 동물을 대상으로 작성된 논문으로, 두 박사는 뇌의 역동성을 이해하면 강도 높은 증상과 비교적 짧은 지속 기간이 특징적인 급성 우울증에 내포된 적응성을 규명할 수 있을 것이라고 말한다. 스미스 박사와 마쿠 박사는 개인이 급성 우울증을 겪는 일련 과정을 상정한다. 계기는 대개 인생에서 견디기 어려운 스트레스를 유발하는 사건이다. 일자리를 잃었을 수도 있고, 원치 않은 이혼을 했을 수도 있다. 혹은 전투가 끊이지 않는 전장에 배치됐을 수도, 반려자를 사별했을 수도 있다. 우울증 환자의 75%가량이 이러한 종류의 커다란 스트레스 사건을 겪은 뒤 우울증 증상을 처음 경험한 것으로 나타났다.

이어 신경생리학적 차원에서 어떤 일이 벌어진다. 뇌의 역동성이라는 개념은 신체 조직이 유년기에 성장 및 적응을 거듭한 후 성년기에는 정적이며 고정적인 상태에 머물러 있을 것이라는 오래된 가정을 폐기할 때가 됐음을 시사한다. 사실 우리 뇌는 생리적 차원에서 항상 성장하고 적응한다. 누구나 주변에서 어떤 사건이 벌어지면(혹은 자신이 어떤 사건을 벌이고 나면) 그에 대응해 뭔가를 깨닫고, 평가하며, 나아갈 방향을 모색하는데, 이 과정에서 뇌가 재조직된다. 경험과 더불어 신경세포가 새로 생겨나기도 하고 죽기도 하는 것이다. 이렇게 신경 가지치기neural pruning가 일어난다는 말을 들으면 처음에는 부정적으로 느껴질 수 있다. 어쨌든 뇌조직이 손실된다는 것인데 달갑게 들릴 리 없다. 그런데 스미스 박사와 마쿠 박사가 상정한 다음 단계에 대해 알게 되면 생각이 달라질 것이다.

두 박사는 스트레스가 뇌에 여러 '미세 손상microdamage'을 일으키고, 이는 뇌의 특정 영역들에 있는 핵심적인 신경 연결망을 감소시킨다고 설명한다. 동물을 대상으로 표본 조사를 실시한 결과, 스트레스의 여파로 뇌의 두 영역, 즉 해마와 전전두엽 피질에서 시냅스 물질이 감소할 수 있는 것으로 나타났다. 해마는 기억과 감정을 담당하고, 전전두엽 피질은 계획 능력과 성격을 조절하는 핵심 부위다. 아무리 제한적인 수준이라 할지라도 이들 부위에 일단 손상을 입으면 동물들은 주변 세상에 대한 지각 능력에 영향을 받을 수밖에 없다. 최근 이루어지고 있는 뇌 영상 연구로 장기 우울증과 해마 부위 위축 사이의 인과성이 발견되기도 했다.

팔이나 다리에 외상을 입거나 내장 기관에 감염이 발생하면 우리 몸이 서둘러 대응하듯이, 우리 뇌 역시 스트레스에 손상되지 않기 위해 스스로 보호 활동에 나선다. 급성 우울증을 경험하는 과정 중 두 번째 단계는 뇌의 회복 작용으로, 미세 손상이 염증 반응을 일으킬 때 시작된다. 신체적 부상이나 질병으로부터 회복하는 과정에서 짧은 기간 부정적 결과가 수반되는 것처럼, 뇌가 스트레스로 충격을 받으면 피로와 졸음이 몰려오거나 식욕이 떨어질 수 있다. 뇌의 대처 방식에 따라 극심한 감정적 고통이 추가될 수도 있다. 스미스 박사와 마쿠 박사에 의하면, 뇌의 염증 반응은 때로 심리적 고통에 대한 일종의 과민증을 일으킬 수 있다.

이러한 과민증은 많은 경우 일정 기간 동안만 지속된다. 회복 메커니즘이 임무를 완수하고 나면 정신적 고통이 약화되기 시작하는 것이다. 그러나 안타깝게도 이 고통이 늘 사라지는 것은 아니다. 어떤 사람들에게는 스트레스 상황에 대처하기 위해 전개된 급성 우울증이 정신을 파괴하는 형태로 자리 잡기도 한다. 인간의 뇌처럼 복잡한 시스템은 유전 소질genetic predisposition에서부터 가족 패턴, 성격 특성, 대응 능력을 강화할 수 있는 자원에 대한 접근 가능성에 이르기까지 얽히고설킨 수많은 요인의 개입에 따라 굉장히 다양한 결과로 나타난다. 윌리엄 스타이런William Styron이 회고록《보이는 어둠Darkness Visible》을 통해 묘사한 것처럼, 어떤 까닭으로 정신적 고통에 대한 과민성이 굳어지면 우울증이 장기화되면서 "끊임없는 고통"에 시달릴 수도 있다.

지금까지 소개한 것은 스미스 박사와 마쿠 박사가 구축한 가설을 간추린 내용에 불과하다. 논문에는 두 박사가 제시한 연쇄 과정의 각 단계를 뒷받침하는 신경생물학적 증거가 실려 있다. 이들의 뇌 적응 모델은 생물학과 문화 모두에 뿌리를 두고 있기에 나와 같은 인류학자도 기쁘게 받아들일 수 있다. 생리적 요인이나 유전적 요인만큼이나 인간의 실제 경험도 반영되어 있는 것이다. 다시 말하지만, 뇌가 우리가 겪는 사건에 대한 우리 반응을 결정짓기만 하는 것이 아니다. 우리가 겪는 사건도 우리 뇌를 새로이 구성하며, 이는 우리 일생에 걸쳐 계속된다.

그렇다면 심한 스트레스 상황에서 지나치지 않은 우울 반응이 일어나는 것은 유익하다고 할 수 있다. 사람이든 다른 동물이든 어떤 사건으로 큰 충격을 받았을 때는 뇌가 잠시 작동을 멈추는 것이 도움이 될 수 있는데, 충격에서 정서적으로 회복할 시간을 가질 수 있기 때문이다. 스미스 박사가 쓴 내용을 인용하자면, 새롭게 연결된 신경들은 스트레스 사건을 극복하려 노력하는 개인이 "새로운 행동 전략"을 채택하도록 장려한다.

스미스 박사와 마쿠 박사의 모델은 심리학자 존 아처John Archer가《슬픔의 본질The Nature of Grief》을 통해 간략히 훑은 이전의 이론들에서 상당히 진전된 것이다. 아처 교수는 진화론적 관점에서 볼 때 슬픔은 동물의 생존 및 번식 능력을 위태롭게 만드는 부적응 현상일 수 있음을 지적한다. 슬픔 반응이란 분리 반응separation response의 악화된 형태일지도 모른다. 분리 반응은 서로에게 중요한 두 동물이 어떤 이유로 떨어졌을 때 일어나는 것으로 정신적 고통, 저항, 잃어버린 파트너를 재회하려는 행동 등을 동반한다. 하지만 그렇다면 재결합 기회가 커질 테니 적응 행동이라고 볼 수 있다. 슬픔 반응은 헤어진 파트너가 아직 돌아올 가능성이 있는 상황에서 분리된 한 쌍 중 한쪽이 너무 빨리 새로운 파트너를 찾아 나서지 않도록 잡아두기도 한다. 한편, 뚜렷한 유용성이 있다고 보기 어려운 경우도 있다. 이때 슬픔이란 그저 분리 반응, 넓게는 동물들 간의 긴밀한 유대감과 더불어 자연스럽게 생겨나는 몹시 복잡한 감정일지도 모르겠다.

아처 교수도 슬픔과 관련해 우울증 문제를 짚었지만, 스미스 박사와 마쿠 박사의 모델은 한발 나아가 왜 일부 동물이 친구나 파트너의 죽음을 맞닥뜨려 극심한 슬픔을 표출하는 것이 병적 현상이 아닌지를 좀 더 정확하게 설명한다. 스트레스로 뇌가 재조직된 동물은 수면과 섭식 경향이 바뀐 기간 동안 육체적 치유뿐 아니라 정신적 치유에 도움이 되는 방식으로 에너지를 아껴 사용했을 것이다. 몇몇 예에서 극도의 정신적 고통이라 해도 과언이 아닌 슬픔은 뇌 스트레스와 함께 찾아오는 '덤'이다. 스미스 박사는 이런 말도 했다. "슬픔은 진화된 행동 프로그램으로, 질병 행동sickness be-havior*과 유사합니다. 중대한 신경계 재조직 작업이 진행되는 동안 우리가 휴식기를 갖도록 독려하죠."

어쩌면, 사별 후 새로운 파트너와 짝을 이루면서 뇌 회복 과정이 가속화되어 더 빠르게 회복되는 것인지도 모른다. 토끼 빈센트와 트릭시를 비롯해 다른 동물들의 사례에서 새로운 사회적 자

---

* [옮긴이주] 계속되는 스트레스로 무기력, 식욕 부진, 집중력 저하, 피로감 등의 증상이 나타나는 것.

극이 무기력에서 벗어나는 데 도움이 된다는 것을 확인할 수 있었듯이 말이다. 하지만 나는 새로운 파트너를 얻는 것이 뇌의 회복을 자극하는 것은 아닐까 인과 관계를 추측해볼 따름이다. 스미스 박사와 마쿠 박사의 모델은 그 속에 담긴 세부사항 또는 주요 요지 그 자체로 옳고 그름이 증명될 수 있다. 과학의 방식은 우아하게도, 다단계적이고 복잡한 어떤 설명이 제안되면, 제안자와 다른 과학자들에 의해 반드시 실험을 거치도록 돼 있다. 그 과정에서 수많은 데이터가 모이는 것은 두말할 나위 없다.

분명 사람과 다른 동물들이 겪는 우울증의 모든 양상을 포괄하는 단 하나의 지배적인 설명은 없다. 그렇지만 스미스 박사와 마쿠 박사의 모델은 어떤 아이디어를 떠올리게 하는 묘미가 있다. 바로, 죽음과 애도는 모든 존재가 겪는 가장 큰 스트레스 사건 중 하나로 간주해도 무방하므로 말, 염소, 토끼, 고양이, 개, 코끼리, 침팬지, 그리고 사람이 느끼는 슬픔에 공통된 생물학적 근거가 있을지도 모른다는 아이디어다. 물론 모든 생명체의 뇌가 똑같이 반응하도록 설계돼 있다는 뜻에서 하는 이야기가 아니다. 그저 우리 포유동물들이 생명 활동, 그리고 삶의 경험들로부터 생명 활동에 영향을 받는 방식이 모종의 경향성을 띤다는 관념을 진지하게 상정하는 것일 따름이다. 이렇게 공통 플랫폼에 기초한다고는 해도 종 특이성 행동, 서로 다른 발달사, 개체별 성격 등이 복잡다단하게 작용하므로 그 결과는 종에 따라, 그리고 종 내에서도 천차만별일 것이다.

나는 동물이 느끼는 슬픔의 세계가 빙산이라면 토끼가 '빙산의 꼭대기'가 아닐까 생각한다. 토끼는 앞서 프롤로그에서 다룬 닭이나 염소처럼 우리가 비인간 동물의 슬픔을 논의할 때 머릿속에 가장 먼저 떠올리는 동물 중 하나가 아니다. 토끼는 다양한 종의 동물이 다른 개체의 죽음에 슬픔을 느낀다는 사실이 상식이 되는 미래를, 어쩌면 지금으로부터 그렇게 머지않은 미래를 우리에게 보여주고 있는 것일지도 모른다.

코끼리 뼈

코끼리가 슬퍼할 때 슬픔은 크고 주름진 회색 몸에서 물결치며 만져질 듯 흘러나온다. 코끼리 곁에 서면 공중에 떠다니는 슬픔이 정말로 느껴진다.

동물행동학자 마크 베코프는 세계 최고의 코끼리 과학자 중 한 명인 이언 더글러스-해밀턴Iain Douglas-Hamilton과 케냐 북부로 가 이 거대한 생명체를 처음 관찰하기 시작했을 때 깜짝 놀랐다. "코끼리들이 고개를 숙이고 있었다. 귀도 축 처졌고, 꼬리도 힘없이 늘어져 있었다. 하릴없이 서성대는 모습이 꼭 비탄에 잠겨 있는 것 같았다." 베코프는 코끼리들의 감정을 먼저 느꼈고, 그런 뒤에 해밀턴으로부터 그 코끼리 무리가 가모장matriarch[무리를 이끄는 우두머리 암컷]을 잃은 지 얼마 되지 않았다는 사실을 전해 들었다.

베코프와 해밀턴은 계속해서 차를 몰았고, 몇 킬로미터 떨어지지 않은 곳에서 두 번째 코끼리 무리를 마주쳤다. 이 무리의 모습은 확연히 달랐다. 여러모로 만족스러워 보였다. 고개도 반듯하고, 귀도 쫑긋하고, 꼬리도 곧았다. 그야말로 행복감을 발산하고 있었다.

슬픔을 풍기던 첫 번째 무리는 애도 중이었던 것이다. 우두머리가 사라져 다소 질서가 흐트러졌다거나 다른 어떤 문제로 잠시 혼란스러워하고 있던 것이 아니었다. 틀림없는 사실이라고 주장할 수도 있다. 과학자들은 깊은 유대로 똘똘 뭉친 코끼리 무리가 구성원을 잃고 애도 행위를 하는 사례를 무수히 많이 보고했다. 동물의 슬픔에 관한 연구가 아직 초기 단계에 머물러 있는 것을 참작하면, 코끼리를 대상으로 한 연구는 과학적 확실성에 상당히 근접해 있다. 그래서 코끼리는 야생동물이 어떻게 슬퍼하는지 이해하는 시금석이 되기도 한다.

해밀턴의 오랜 세월에 걸친 연구가 이 점을 증명한다. 해밀턴 연구팀은 케냐의 삼부루 국립 보호구역Samburu National Reserve에서 1997년부터 코끼리들을 관찰했다. 삼부루 국립 보호구역은 900마리의 코끼리에 대한 개별 식별 작업이 완료된 곳이다. (실로 대단한 위업이라고 할 수 있다. 나는 케냐 남부의 암보셀리 국립공원 Amboseli National Park에서 연구를 위해 100마리가 조금 넘는 개코원숭이를 구별해야 했는데, 이만저만 노력이 필요한 일이 아니었다) 1년 후, 이들의 연구에 GPS 장치가 도입되면서 직접적인 관찰에 더해 전파 추적 데이터를 활용할 수 있게 됐다.

다른 지역에서 서식하는 코끼리들과 마찬가지로 삼부루 코끼리들도 암컷과 새끼 코끼리가 긴밀한 집단생활을 한다. 혈연관계이거나 혈연관계가 아니어도 서로 잘 맞는 암컷들이 같이 살아가는데, 이들은 일정한 간격으로 작은 단위로 쪼개졌다가 다시 큰 무리를 이루기를 반복한다. 장성한 수컷 코끼리는 1년 중 대부분을 홀로 돌아다니며 생활하고, 번식기에만 가임기의 암컷 코끼리를 찾아 무리에 접촉한다.

2011년의 굉장한 발견에 미루어 판단하건대, 선사시대 코끼리들도 이와 똑같은 방식으로 무리를 지어 생활했다. 당시 아랍 에미리트의 드넓은 사막 지대에서 고대 코끼리들의 발자국 보행렬 trackway이 발견됐다. 어찌나 거대하고 길게 이어지는지 일부분은 하늘에서 관찰해야 했다. 언뜻 보기에 단순히 땅이 움푹 팬 것처럼 보이는 이 발자국들은 나이도 몸집도 다양한 코끼리 최소 열세 마리가 700만 년 전 함께 이동했다는 사실을 말해준다. 따로 걸어간 훨씬 큰 코끼리 한 마리도 있었다. 과학자들의 추측처럼, 이 코끼리가 독립적으로 살아간 성체 수컷 코끼리라면 이 고대 보행렬은 오늘날의 코끼리들이 어떤 식으로 사회 집단을 이루는지에 대한 청사진이라고 할 수 있다.

이중二重 보행렬 화석이 띠고 있는 기하학적 구조에서 우리는 많은 정보를 얻을 수 있다. 코끼리 열세 마리의 발자국이 서로 좁은 궤적을 그리고 있는 것은 이들이 일제히 움직였다는 사실을 시사한다. 따로 걸은 코끼리의 발자국은 열세 마리 코끼리 무리의 발자국을 가로질러 나 있는데, 이는 그 코끼리가 다른 코끼리들이 간 길을 횡단했다는 의미다. 발견을 이끈 고생물학자 파이살 비비 Faysal Bibi는 BBC와의 인터뷰에서 이 보행렬에 대해 지금을 살아가고 있는 코끼리들의 멸종된 조상이 어떤 사회적 습성을 지니고 있었는지를 보여주는 "아름다운 스냅숏"이라고 말했다.

암보셀리 국립공원에서 오랫동안 코끼리를 연구한 신시아 모스는 현대 코끼리들이 이루는 관계 체계를 동심원으로 묘사한다. 암컷과 그들의 새끼가 중심을 차지한다. 다음 원에는 자매나 할머니 같은 다른 암컷 친척들이 있다. 바깥 원에는 수컷들이 있는데, 독립해 나가려고 하는 젊은 수컷들이 안쪽에, 그리고 홀로 지내는 나이 든 수컷들이 마지막에 있다.

각기 다른 방향으로 이동하느라 흩어졌던 가족들이 다시 만나면 그야말로 기쁨의 무대가 펼쳐진다. 코끼리들은 귀를 펄럭거리고, 서로 엄니를 비비거나 코를 감으며 즐거워한다. 어마어마한 양의 소변을 분출하는가 하면 육중한 몸을 맞대고 빙빙 돌며 춤을 추기도 한다. 길게는 10분 정도 지속되는 이 시간 동안 음악이 빠질 수 없다. 코끼리들은 낮게 웅웅거리거나 크게 떠들고 우렁찬 나팔 소리를 낸다.

이제 기쁨의 이면, 즉 슬픔의 영역으로 들어가보겠다. 해밀턴 연구팀은 2003년에 퍼스트 레이디스라는 코끼리 가족의 모가장 엘리너를 중심으로 벌어진 놀라운 사건을 기록했다. 연구팀은 오랜 기간 동안 엘리너를 106회나 목격했기 때문에 잘 알고 있었다. 지금부터 이야기하려는 사건이 일어나기 약 5개월 반 전, 엘리너는 새끼를 낳았다. 새끼는 암컷이었고, 건강하게 태어났다. 엘리너와 가장 가까워 보이는 코끼리는 연구팀이 101회 목격한 마야로, 연구원들은 마야가 엘리너의 딸이 아닐까 추측했다.

10월 10일 이른 저녁, 엘리너가 부풀어 오른 코를 땅바닥에 질질 끄는 모습이 목격됐다. 한쪽 귀와 한쪽 다리는 멍이 든 것 같았다. 해밀턴과 다른 연구원들은 후에 보고하기를, "천천히 작은 걸음을 몇 번 떼는 듯하더니, 이내 바닥으로 무겁게 쓰러졌다"라고 썼다. 2분 후, 버추스 가족의 가모장 그레이스가 엘리너를 도우러 다가왔다. 그레이스는 자신의 코와 발로 엘리너의 몸을 살피더니, 엄니로 엘리너를 일으켜 세웠다. 그러나 엘리너는 힘에 부친 듯 그레이스가 걸어보라며 살짝 밀자마자 다시 쓰러졌다.

엘리너의 몸 상태가 심상치 않음을 깨달았는지 그레이스는 극심한 정신적 스트레스를 표출했다. 계속해서 울부짖으며 엄니로 엘리너를 밀었다. 가족들이 다른 곳으로 이동하는데도, 그레이스는 엘리너 곁에 적어도 1시간은 더 머물렀다. 이때 연구원들이 엘리너의 딸이라고 추정한 마야는 멀리 떨어져 있었기 때문에 엘리너가 쓰러졌다는 사실을 몰랐을 가능성이 높다. 엘리너는 다시 일어설 수 없었고, 다음 날 아침에 눈을 감았다.

연구팀은 GPS 추적을 통해 엘리너가 죽은 지 둘째 날, 마야가 엘리너 반경 10미터 이내로 들어왔다는 것을 알았다. 그런데 엘리너의 죽음에 예민한 반응을 보인 것은 하와이안 아일랜드라는 가족의 마우이라는 코끼리였다. 마우이는 코를 뻗어 냄새를 맡고 엘리너의 시신을 더듬더니 코를 자신의 입으로 가져가 맛을 봤다. 오른발을 쳐들고 유심히 살피더니, 왼발과 코로 엘리너를 쿡쿡 찔러보고 잡아당겼다. 전날 그레이스가 그랬던 것처럼 엘리너를 일으켜 세우려고 했던 것 같다. 그다음 마우이가 한 행동은 새로운 것이었다. 마우이는 엘리너의 시신을 바라보다가 앞뒤로 흔들기 시작했다. 이 행동들은 모두 8분 동안 계속됐다.

엘리너가 죽고 일주일 내내 코끼리들은 끊이지 않고 찾아와 엘리너의 시신을 살펴보고 감정을 드러냈다. 셋째 날 공원 관리인들은 엘리너의 엄니를 잘랐는데, 이는 상아 밀렵꾼들이 탐내지 못하도록 하려는 조치다. 이제 남은 것은 형체가 심하게 훼손된 코끼리의 시신이었다. 코가 찢기고 엄니가 있던 자리에는 벌어진 구멍이 있을 뿐이었다.

이날 그레이스가 또다시 찾아왔다. 이번에는 누워 있는 엘리너를 일으키려는 행동은 하지 않았다. 그저 옆에 조용히 서 있었다. 마야를 비롯해 엘리너 가족의 다른 구성원들도 가까이 왔다. 내가 해밀턴 연구팀의 보고서를 읽고 파악한 바로는 이 코끼리들은 자신들의 가모장의 시신을 건드리지 않았는데, 한 마리만이 예외였다. 엘리너의 어린 딸, 새로 태어난 코끼리는 자신의 어미에게 코를 비볐다. 이 코끼리는 다른 어린 코끼리들을 빨았다가 엄마의 시신으로 돌아갔다가 하는 등 혼란스러워 보였다.

-
-
。

결국 이 새끼 코끼리는 살아남지 못했다. 뒤이은 몇 주 동안 엘리너 무리에 있는 다른 어미 코끼리들의 젖을 빨려고 하는 모습이 목격되기는 했지만, 그중 어떤 코끼리도 이 새끼 코끼리에게 젖을 내주지 않았다. 그리고 새끼는 젖을 먹지 않고 살아남기에는 너무 어리고 약했다. 엘리너가 죽고 셋째 날, 새끼가 바라는 것이라고는 숨이 멎은 엄마 곁에 있는 것뿐인 듯했다. 한번은 엘리너 무리와 친족 관계가 아닌 비블리컬 타운스라는 가족이 와서 엘리너의 혈연인 퍼스트 레이디스 코끼리들을 밀어냈는데, 우세를 점하고 시신을 조사하고자 하는 욕구에서 나온 행동으로 보였다. 엘리너의 새끼만은 밀려나지 않았다. 엘리너와 관련이 없는 크고 위압적인 코끼리 무리 옆에서 새끼가 홀로 엄마 옆을 지키고 서 있는 사진이 남아 있다. 새끼의 뻣뻣한 자세와 약간 뻗친 코 때문인지 더욱 가슴 아픈 장면이다.

나흘에 걸쳐 퍼스트 레이디스 가족의 마야와 다른 구성원들은 엘리너의 시신과 다른 곳을 오가며 지냈다. 넷째 날이 되자 엘리너의 사체는 자칼, 하이에나, 독수리 같은 청소동물scavenger과 사자들의 먹잇감이 되기 시작했다. 엿새째 되던 날에는 스파이스 걸스 가족의 세이지라는 암컷 코끼리가 찾아왔다. 이제 엄니가 사라지고 사체는 뜯어 먹히기까지 한 상태인데도 엘리너는 다른 코끼리들의 반응을 불러일으켰다. 세이지는 3분 동안 쿵쿵대며 엘리너의 시신을 코로 어루만졌다.

엘리너가 죽은 후 일주일 동안 시신을 찾은 수컷은 한 마리도 없었다. 반응을 보인 코끼리는 오로지 암컷들이었는데, 이들이 꼭 엘리너와 혈연관계에 있는 건 아니었다. 엘리너의 가족을 포함해 다섯 가족이 시신에 뚜렷한 관심을 보였다. 해밀턴 연구팀은 죽음을 앞둔 개체나 죽은 개체에 관심을 드러내는 코끼리가 유전적으로 연결된 관계에 한정되지 않는다는 점을 중요하게 받아들였다. 연구팀은 다음과 같은 결론을 내렸다. "코끼리들 사이에는 고통과 죽음에 대한 일반화된 대응 양상이 존재한다."

엘리너의 죽음과 코끼리들의 반응에 대한 조사는 일주일에 걸쳐 이루어졌다. 그러나 코끼리들은 분명 그보다 훨씬 오랫동안 죽은 구성원을 기억할 것이다. 삼부루 국립 보호구역에서는 GPS 추적 데이터로 관찰 작업을 보완했다면, 암보셀리 국립공원에서는 코끼리의 반응을 파악하기 위해 고안한 실험으로써 코끼리가 죽은 구성원에게 어떻게 반응하는지에 대한 새로운 시각을 얻는다.

나는 암보셀리 코끼리 연구에 각별한 애정이 있다. 우선, 암보셀리에는 개체 식별된 코끼리가 2200마리나 있다. 삼부루 국립 보호구역에 식별된 코끼리가 900마리 있는 것이 놀라웠듯이, 900마리를 훨씬 웃도는 이 수치와 그 식별 작업을 했을 코끼리 연구자들의 노고를 생각하면 절로 감탄이 나온다. 또 암보셀리는 내가 개코원숭이를 관찰하며 14개월을 보낸 곳이기도 하고, 뒷마당으로 코끼리들이 육중한 몸을 이끌고 느릿느릿 걸어 들어오는 비길 데 없는 광경을 감상할 수 있었던 곳이기도 하다. 신시아 모스의 코끼리들(나는 이렇게 생각했다)은 암보셀리 국립공원 개코원숭이 프로젝트가 진행되고 있던 어도비 하우스[진흙과 짚을 섞어 지은 집]에 놀랄 만큼 가까이 다가오곤 했는데, 그곳이 바로 내가 지내는 장소였다. 밤이면 철망만 쳐진 채 뻥 뚫린 침실 창문으로 초목을 천천히 헤치며 거니는 코끼리들의 소리가 들려왔다. 낮 동안에는 탄자니아 국경 너머 멀리 보이는 눈 덮인 킬리만자로 산을 배경으로 코끼리 떼의 실루엣이 펼쳐졌다. 내 연구 영역은 영장류여서 암보셀리 코끼리들을 정식으로 조사한 적도 없지만, 이때 숙소나 초원에서 우연히 코끼리들을 마주쳤던 기억은 결코 잊을 수가 없다.

암보셀리 코끼리들이 사랑했던 코끼리가 죽으면 그들의 뼈를 어루만지기 위해 찾아간다는 발상은 아주 멋지게 다가왔다. 코끼리들이 영리하다는 점, 그리고 감정을 느끼는 존재라는 점을 하나로 묶어주기 때문이다. 나는 코끼리가 친척들의 뼈와 다른 코끼리들의 뼈를 구별할 수 있으며, 친척들의 뼈는 다르게 대우한다는 사실을 다른 사람들에게도 전했다. 이는 정확하지 않거나 코끼리 신화화에 불과한 것이 아니다. 수없이 회자되지만 낭설에 불과한 코끼리 무덤에 관한 이야기와는 차원이 다르다. (코끼리들은 죽음을 앞두고 특정한 곳을 찾아가지 않는다. 코끼리 무리는 물을 찾아 이동하다 물웅덩이 근처에서 집단 폐사하는 경우가 생각보다 많고, 슬프게도 밀렵꾼들에게 숨겨 코끼리들의 사체가 마치 묘지처럼 수북이 널브러지기도 하는데, 이런 사례들이 코끼리 무덤 이야기로 부풀려진 것 같다) 사실 코끼리들이 죽은 친척의 뼈를 찾아간다는 발상은 모스의 연구에서 나온 것이다.

《코끼리에 관한 추억Elephant Memories》에는 모스가 숨진 지

몇 주 된 코끼리 가모장의 턱뼈를 캠프로 가지고 온 이야기가 나온다. 3일 후, 그 가모장이 이끌었던 코끼리 가족이 캠프를 지나갔다. 이들은 턱뼈 냄새를 맡곤 이동 경로를 바꿔 턱뼈가 있는 쪽으로 왔다. 이들이 가모장의 턱뼈를 이리저리 살펴본 뒤 다시 출발할 때, 코끼리 한 마리가 뒤에 남았다. 죽은 가모장의 일곱 살 된 아들 코끼리였다. 이 코끼리는 계속해서 발과 코를 갖다 대며 턱뼈를 매만졌다. 모스는 이 코끼리가 어떤 식으로든 자신의 어미를 알아봤다고 확신했다.

또 다른 암보셀리 코끼리들이 자신들의 혈연인 가모장의 뼈에 반응하는 모습은 한 카메라에 잡히기도 했다. 작은 코끼리 무리가 땅에 흩어진 뼈를 둘러싼다. 몇 마리가 코로 뼈를 뒤집거나 주워 올리기 시작하더니 움푹 패거나 갈라진 곳, 구멍 같은 것들을 만져본다. 얼마나 상세히 탐구하는지 놀라울 정도다. 이 과정에서 일부는 어떤 소리를 내기도 한다. 그런 뒤 뼈를 땅 위에 되돌려놓고, 이번에는 뒷발로 뼈를 만져본다.

암보셀리 코끼리들이 이동 중에 색이 바랜 뼈를 마주치면 그냥 지나치지 않고 살펴보는 것은 흔한 일이다. 그런데 이 영상에 비친 뼈를 탐구하는 모습(그리고 다른 코끼리 과학자들이 묘사한 모습)은 내레이터의 해설처럼 슬픔과 동일시할 수 있는 것일까? 코끼리가 하얗게 변한 뼈 더미에 반응하는 강도는 죽은 코끼리와 얼마나 가까운 혈연관계였는지와 관련이 있을까? 모두 일리 있게 느껴진다. 우리는 이미 코끼리가 친척들 사이의 유대가 깊고, 기억력이 뛰어나며, 애도를 하는 동물이라는 사실을 알고 있으니 말이다. 코끼리가 사랑하는 이들이 죽은 지 얼마간 지난 후에도 그들의 뼈를 분간할 수 있으며, 경의를 표하기 위해 찾는다는 생각이 이상하게 다가오는가?

캐런 매콤Karen McComb, 루시 베이커Lucy Baker, 그리고 신시아 모스는 암보셀리 국립공원에서 이 질문들에 대한 답을 구하기 위해 실험에 나섰다. 이 실험은 과학이 작동하는 방식을 보여주는 아주 훌륭한 예이기도 하다. 세 과학자는 모스가 죽은 개체의 뼈에 대한 친척 코끼리의 반응을 우연히 관찰한 결과 얻게 된 막연한 관념을 엄밀히 조사하기 시작했다. 연구 과제는 다음과 같았다. '코끼리들은 다른 물체보다 동족의 뼈와 상아에 유난히 이끌리나? 코끼리들은 다른 덩치 큰 포유동물의 뼈보다 동족의 뼈에 더욱 관심을 보이나? 코끼리들은 다른 코끼리의 뼈보다 친척 코끼리의 뼈를 살피는 데 좀 더 열의를 보이나?' 실험 자료에 따르면 차례대로 '예', '예', '아니오'가 답으로 나왔다. 코끼리들은 다른 물체나 다른 동물의 뼈와 비교해 동족의 뼈에 큰 관심이 드러냈으나, 일반 코끼리보다 혈연으로 이어져 있는 코끼리의 뼈에 흥미를 느낀다는 증거는 나오지 않았다.

이들은 먼저 상아 하나, 나뭇조각 하나, 그리고 코끼리 뼈 하나를 여러 코끼리 가족에게 한 번에 한 가족씩 돌아가며 보여줬다. 각 실험군이 접하는 순서에 차이가 없도록 세 가지 물체의 위치는 왼쪽, 가운데, 오른쪽으로 주의 깊게 통제됐다. 코끼리들의 행동

반응은 녹화됐고, 연구원들은 개체마다 코나 발로 물체를 탐구하는 데 얼마나 긴 시간을 들이는지를 중점적으로 관찰하고 분석했다. 세 물체 중 코끼리들이 가장 흥미를 보인 것은 상아였다. 그다음이 뼈, 마지막이 나뭇조각이었다. 당연한 말이지만 뼈는 동물이 살아 있는 동안에는 보이지 않는다. 나는 상아가 제일 큰 관심을 불러일으킨 까닭이 어쩌면 상아의 상처가 났거나 홈이 패여 있거나 변색된 부분을 통해 동족의 어느 개체로부터 나온 것인지 손쉽게 알아차릴 수 있었기 때문은 아닐지 궁금했다. 연구원들도 상아와 살아 있는 코끼리의 연관성에 주목함으로써 이 가능성을 내비쳤다.

다음으로 코끼리 가족들에게 주어진 것은 코끼리, 물소, 코뿔소의 뼈였다. 코끼리들은 동족의 뼈를 뚜렷하게 선호했고, 다른 두 동물의 뼈에는 더 적거나 엇비슷한 관심을 나타냈다. 세 번째 연구는 지난 1년에서 5년 사이에 가모장을 잃은 세 가족을 대상으로 진행됐다. 이들 유족 코끼리들에게는 죽은 가모장들의 뼈를 보여줬다. 물론 세 개 중 한 개만 자기 가족 가모장의 뼈였다. 코끼리들은 자기 가모장의 뼈에 더 큰 관심을 보이지는 않았다.

그렇다면 모스가 보고한 사례 속에서 일곱 살 난 아들 코끼리가 어미 코끼리의 뼈를 어루만진 것은 어떤 의미였을까? 이 실험 결과는 어미 코끼리의 시신을 맴돌며 아들 코끼리가 표현한 듯 보이는 감정이나 사랑했던 개체가 죽으면 뼈를 어루만지며 애도하는 것이 코끼리들의 일반화된 습성일지 모른다는 착상을 부정하는 것일까? 나는 아니라고 생각한다. 과학자들이나 다른 사람들이 자신이 잘 아는 동물의 행동을 신중하게 해석해서 전하는 일화를 보면, 다들 어떤 행동을 실행하거나 감정을 표현하는 동물의 능력을 짚는다. 일부 코끼리들만이 사별한 친척이나 친구를 위해 애도한다 할지라도, 일부 코끼리들만이 죽은 친척의 뼈를 어루만진다 할지라도, 그 행동이 이 개별 코끼리들에게 진실하고 의미 있는 것은 틀림없다.

오늘날 동물행동학은 동물의 감정 문제에 있어 신뢰할 수 있는 관찰자가 주목한 사례에 대한 분석 자료와 대조 실험(암보셀리 연구원들이 보여준 것처럼 동물들이 서식하고 있는 현장이나 사육장에서 가능한 실험 방식이다)을 통해 도출되는 증거 사이를 오가고 있다. 두 출처는 보통 상호 보완적으로 작용한다. 보고된 사례들은 다소 드문 사례라 해도 동물들의 행동에 담긴 예상치 못한 가능성과 감정적 깊이에 대한 실마리를 제공한다. 한편, 대조 실험 결과는 우리가 이러한 가능성에 매혹돼 무분별한 추측을 쏟아내지 않도록 제동을 걸어준다. 매콤과 베이커, 모스의 실험은 코끼리(코끼리 종 전체)가 죽은 친척의 뼈를 인지하며, 다른 코끼리의 뼈보다 특별히 여긴다는 무모한 진술이 나오지 않도록 막고, 이는 결국 코끼리의 애도 방식에 대한 추측을 제약한다.

매콤의 연구는 코끼리들이 동족의 뼈에 깊은 흥미를 느낀다는 것을 보여준다. 이러한 경향성은 분명 코끼리들이 실제 일상에서도 친척의 뼈에(그리고 친척이 아닌 코끼리의 뼈에도) 끌리며, 교감한다는 것을 의미한다. 코끼리가 얼마나 쉽게 자기 혈연의 뼈를 알아보는지, 그 뼈로 대변되는 개체를 애도하는지는 수수께끼로 남아 있다.

한번은 암보셀리의 에코 가족이 몇 주 동안 앓다 죽은 젊은 암컷 코끼리의 사체를 발견했다. 이 가족이 사체를 살펴본 것은 특별한 일이 아니었지만, 곧 놀라운 일이 벌어졌다. 모스가 지켜보는 가운데 이 코끼리 가족은 다음과 같은 행동을 했다.

코끼리 몇 마리가 주변 땅을 발로 차 흙을 파내더니 죽은 코끼리 위를 덮기 시작했다. 다른 코끼리들은 나뭇가지와 종려나무 잎을 꺾어 와 올려놓았다. 그때 공원 관리원이 모는 비행기가 나타나더니 땅으로 내려서기 시작했다. 지상에 있는 다른 관리원들이 죽은 코끼리가 있는 지점을 파악하고 상아를 수거할 수 있도록 하기 위해서였다. 코끼리 가족은 놀라 달아났다. 만약 비행기의 방해가 없었다면, 이 가족은 시체를 거의 묻었을 것이다.

코끼리들이 매장에 가까운 행위를 하는 광경은 틀림없이 굉장했을 것이다. 이 코끼리 가족은 죽은 코끼리의 몸이 위해를 입지 않도록 보호하려 했던 것일까? 왜 긴 시간 코끼리 연구에 매진해 온 다른 과학자들은 (내가 아는 한) 이러한 행위를 보고하지 않았을까? 코끼리들이 시체를 묻으려 한 것이 일반적인 행동이라고는 볼 수 없다. 코끼리들의 일상적인 행동 양식을 놓치기에는 과학자들이 현장 연구에 쏟은 시간이 어마어마하기 때문이다. 하지만 모스가 코끼리에 얼마나 조예 깊은지를 참작하면 그녀의 보고를 무시할 수도 없다.

미국 테네시주 호엔발트에 있는 엘리펀트 생추어리Elephant Sanctuary의 코끼리들도 꽤 상세히 알려져 있는데, 이는 생추어리 직원들의 노력 덕분이다. 이들은 코끼리들의 과거사(대체로 동물원이나 엔터테인먼트 업계에서의 삶)에서부터 코끼리들이 새로운 삶에 적응해나가는 모습, 친구를 사귀는 경향, 자신의 개성을 드러내는 방식 같은 것들을 모두 기록했다. 직원들은 해박한 지식을 바탕으로 코끼리들을 다정하게 돌보며 그들이 보이는 행동을 세세한 부분까지 살폈고, 그 과정에서 목격한 것들을 생추어리 웹사이트에 게시해 코끼리를 사랑하는 많은 이들이 볼 수 있도록 했다. 코끼리별로 게시판이 따로 있었는데, 나는 그중에서도 티나의 이야기를 아주 좋아했다.

티나는 1970년 미국 오리건주 포틀랜드의 어느 동물원에서 태어나 두 살 때 캐나다 브리티시컬럼비아주의 게임 농장game farm*으로 팔려 갔다. 티나는 그곳 축사에서 14년 동안 혼자 지냈다. 곁에는 수지라는 이름의 세인트버나드 한 마리뿐이었다. 가끔 밤에 농장 주인집 아이들이 축사를 찾아와 시간을 보내다 가는 것

---

*   [옮긴이주] 방문객들이 동물을 사냥하거나 동물에게 먹이를 주고 관찰할 수 있는 형태로 운영되는 농장.

이 가장 즐거운 일이었다. 매일 매시간 고독을 견뎌야 했던 티나에게 14년이라는 세월은 얼마나 길었을까? 마침내 다른 코끼리 텀프가 농장에 들어왔다. 두 암컷 코끼리는 농장이 팔리고 밴쿠버 동물원으로 바뀐 후에도 계속 함께 있을 수 있었다. 다시 동물원 코끼리가 된 티나는 그렇게 2002년까지는 적어도 한 마리의 다른 코끼리와 같이 지냈다. 그해에 텀프가 미국의 다른 동물원으로 팔려 가면서 다시 혼자가 됐지만.

이 무렵 티나는 건강이 썩 좋지 않았다. 체중이 너무 많이 나갔고 발에도 문제가 생겼는데, 우리에 갇혀 사는 코끼리들이 자주 겪는 증상이다. 밴쿠버 동물원 직원들은 티나를 단순히 돌보기만 한 게 아니라 애정을 지니고 있었다. 이들은 마침내 티나를 동물원에서 심각한 육체적, 감정적 제약을 겪으며 살아가는 삶으로부터 해방시키기로 결정했다. 2003년 8월, 티나는 약 5000킬로미터 떨어진 미국 테네시주 생추어리로 이송됐다. 이곳에서 티나는 자신이 오랫동안 박탈당했던 것, 함께 살아가는 동종의 동반자들을 발견했다.

이 행복한 결과는 쉽게 얻어진 것이 아니었다. 사람 코치뿐 아니라 코끼리 코치까지 붙어 티나를 참을성 있게 달래고 어르는 과정이 필요했다. 어쨌든 티나는 한 번에 한 마리가 넘는 코끼리와 함께한 적이 없었다. 그런데 갑자기 쏟아져 들어오는 사회적 신호를 해석하고 복잡한 코끼리들 간의 관계를 다뤄야 하는 상황에 놓인 것이다. 2004년 초까지도 티나는 사회적 상호 관계를 맺는 데 주저함이 있었다. 축사에 코끼리가 한 마리 이상 들어오면 티나는 밖으로 빠져나가곤 했다.

1월 중순의 어느 날 밤, 먼저 타라가, 이어 제니가 티나가 있는 축사에 들어가더니 티나를 쓰다듬어줬다. 티나는 옆 축사로 갔다. 다른 축사로 옮겨 가긴 했어도 두 암컷 코끼리 근처에 있기를 선택한 것이었다. 제니가 곧장 티나가 들어간 축사에 들이닥쳤을 때, 티나는 자신의 공이나 건초 따위에 대해 독점욕을 드러냈지만 결국에는 긴장을 풀었다. 둘 사이에 이루어진 한 단계 진전이었다. 같은 달, 티나와 윙키 사이에 유대 관계가 싹텄다. 생추어리 직원들은 윙키가 티나와 비밀스러운 유대를 나누고 싶어한다는 것을 눈치챘다. 윙키는 생추어리의 코끼리 무리에 적응하는 데 2년이 넘게 걸렸다. 이제 이 암컷 코끼리는 티나의 애정을 갈구하는 듯했지만, 동시에 그 증거가 사람들 눈에 띄지 않게 숨겼다.

이러한 행동은 윙키가 살아온 삶을 생각하면 충분히 이해할 만한 것이었다. 미얀마 야생 출신인 윙키는 한 살 때 포획돼 미국의 동물원으로 이송됐다. 동물원 직원들은 윙키를 가혹하고 엄격하게 통제했다. 윙키가 동물원에서 체득할 수밖에 없었던 거친 태도를 버리기까지는 몇 년이 걸렸지만, 결국 불가능한 일은 아니었다. 윙키가 티나 곁으로 다가가 접촉하기 시작하자 생추어리 직원들은 윙키가 티나를 부드럽게 대할 수 있도록 격려해주었다.

3월이 되어서도 티나는 윙키와 만족스러운 관계를 이어갔고, 동시에 시시와도 특별한 관계를 맺기 시작했다. 윙키와 마찬가지로 시시도 한 살 때 야생에서 포획된 코끼리였는데, 태어난 곳이 태국이라는 점만 달랐다. 가족들에게서 떨어져 동물원에 갇히게 된 시시는 착잡하고 슬픈 일을 수차례 겪었다. 텍사스주의 한 동물원에 있을 때는 홍수에 휩쓸려 떠내려가고, 다른 동물원에서는 사육사로부터 육체적 학대를 당했다. 엘리펀트 생추어리에 온 시시는 이 모든 사건에도 불구하고 온화한 태도를 지니고 있었다. 정서적 안정을 위해서인지 시시는 어딜 가든 타이어 한 개를 가지고 다녔다. 그렇지만 시시는 다른 코끼리들과 함께 있는 것도 무척 좋아했다.

처음에 티나는 다정하다고 보기에는 무리가 있는 방식으로 시시를 밀고, 당기고, 찌르는 실수를 했다. 그렇지만 시시는 대단히 인내심 강한 코끼리였고, 4월이 됐을 때 두 코끼리는 서로에게 애정을 쏟게 됐다. 이 무렵 티나의 발 상태도 눈에 띄게 좋아지기 시작했다. 티나가 정신적으로 회복된 시기에 신체적으로도 회복된 것은 그리 놀라운 일이 아니다. 사람들도 몸과 마음의 치유가 동시에 일어나는 경험을 하곤 한다. 생추어리 직원들은 티나를 돕기 위해 이것저것 창의적인 방법들을 시도했다. 6월에는 심지어 맞춤 신발을 만들어주려고 티나의 앞발 주형을 뜨기도 했다. 아프지 않게 발이 보호된다면 티나도 풍성하게 가꾸어진 생추어리 내부를 탐방할 수 있을 거라는 판단에서였다. 직원들은 티나가 다른 코끼리들처럼 개울과 진흙, 그 밖에 코끼리에게 맞춰진 모든 작은 생태 환경들을 누릴 수 있기를 바랐다.

하지만 티나의 미래를 향한 이러한 희망들은 실현되지 못했다. 7월, 티나는 예기치 못한 죽음을 맞이했다. 티나는 운동 기능 저하와 식욕 감퇴 등의 가벼운 문제로 치료를 받고 있었지만 생명에 지장이 있는 상황으로까지 번진 적은 없었고, 전체적으로 건강한 상태였다. 그런데도 티나는 완전히 쓰러졌다. 생추어리 직원들이 받쳐줘도 근육을 쓸 수 없어 자신의 발로 서지 못했다. 그렇게 건초 더미 위에 누워 있던 티나는 끝내 숨을 거뒀다.

티나를 돌보던 직원들은 큰 충격을 받았고, 그날은 물론 꽤 오랫동안 티나를 잃은 슬픔에서 헤어나지 못했다. 그렇지만 내가 주목하고 싶은 것은 타라와 윙키, 그리고 시시의 반응이다. 티나의 시신을 가장 먼저 찾은 코끼리는 타라였다. 타라는 몇 년 후 벨라라는 강아지와의 끈끈한 유대를 바탕으로 미디어 스타가 된다. '타라와 벨라' 이야기는 알음알음 퍼지다가 미국 CBS 방송사의 〈선데이 모닝〉과 제니퍼 홀랜드Jennifer Holland의 책 《흔치 않은 우정Unlikely Friendships》을 통해 소개되면서 폭발적인 인기를 얻었다. 어쨌든 2004년의 타라는 코끼리 친구 티나를 막 잃은 참이었다. 그건 윙키와 시시도 마찬가지였고, 이 두 코끼리는 티나가 죽은 날 밤 내내, 다음 날이 되어서도 티나 곁을 지켰다. 둘은 생추어리 직원들이 아무리 먹이를 먹거나 물을 마시고 오라고, 아니면 산책이라도 좀 하다 오라고 해도 자리를 떠나지 않았다. 시시는 조용히 서 있었지만 윙키는 조금 달랐다. 윙키는 누가 봐도 심란해하고 있었고, 티나의 시신을 계속해서 쿡쿡 찔렀다.

이튿날 티나를 묻기 위해 생추어리 직원들이 모였다. 타라와 윙키는 무덤 가장자리에 서 있었다. 이어 시시가 합류했고, 세 코끼리는 그날 밤과 다음 날을 그곳에 머물렀다. 이번에도 애도를 하는 데 개체 간에 뚜렷한 차이가 있었다. 타라는 소리 내 울부짖었고 직원들이 자신을 돌봐주기를 바랐다. 시시는 묵묵히 시신을 지켰고, 윙키는 경직된 채 주변을 서성거렸다.

또 하루가 지나고, 시시는 생추어리의 다른 구역으로 이동하기 전에 어떤 선택을 내렸다. 지켜보던 모든 사람이 놀랄 수밖에 없었던 선택을. 시시는 자신이 아끼는 타이어, 자신의 둘도 없는 애착물을 티나의 무덤 위에 올려놓았다. 시시의 타이어는 며칠 동안 그곳에 놓여 있었다. 죽은 코끼리 티나를 추모하면서.

원숭이도 죽음을
슬퍼할까?

6

토크마카크, 즉 토크 원숭이들이 사는 곳은 섬나라 스리랑카에 있는 아름답기 그지없는 낙원이다. 푸른 나무가 끝없이 드리운 울창한 숲, 그 속에서 원숭이들은 길고 가는 실을 늘어뜨려 대롱거리고 있는 통통한 애벌레를 솜씨 좋은 손끝으로 잡아챈다. 이 숲에는 과일도 풍부하고 원숭이들이 즐기는 또 다른 별미인 수련이 점점이 핀 작은 호수도 있다.

이렇게 풍요로운 여건 속에서도 토크 원숭이들은 각종 위험에 직면해 있다. 집단 밖으로부터 오는 위험은 물론 내부에서 발생하는 위험도 있다. 동식물 연구가 데이비드 애튼버러David Attenborough는 다큐멘터리 〈영리한 원숭이들Clever Monkeys〉에서 서열이 낮은 원숭이가 감내해야 하는 고통 중 하나를 설명한다. 가령 서열이 높은 원숭이들은 호수 위 나뭇가지에 매달린 채 손을 뻗어 꽃을 딸 수 있는 반면, 서열이 낮은 원숭이들은 물속 깊이 들어가 뿌리나 구근을 채취해야 한다. 문제는 이 일을 하는 방법을 배우는 데 시간과 기술이 요구될뿐더러 호수에 도저히 무시할 수 없는 위험이 도사리고 있다는 사실이다. 이 호수는 거대 왕도마뱀의 서식지다.

원숭이들은 도마뱀의 위험성을 인지하고 있으므로 서열 낮은 원숭이들이 물에 들어갈 때 호숫가에 경비를 세운다. 경비 원숭이의 역할은 왕도마뱀이 출몰하면 소리를 질러 경고를 보내는 것이다. 경비 원숭이가 방심하지 않고 제 일을 착실히 한다면 나무랄 데 없는 전략이다. 하지만 문제의 날, 어린 축에 속하는 원숭이 한 마리가 호수에서 먹이를 찾고 있을 때 경비 원숭이는 꾸벅꾸벅 졸고 있었다. 다른 원숭이들이 왕도마뱀을 발견하고 소리치기 시작했을 때는 이미 늦은 시점이었다. 왕도마뱀이 죽은 원숭이를 입에 물고 도마뱀 특유의 어기적대는 걸음걸이로 느릿느릿 이동하는 모습이 카메라에 잡혔다. 누구도 쫓아가지 않았다. 같은 집단의 어떤 원숭이도 죽은 원숭이를 구하려는 시도조차 하지 않았다. 왕도마뱀은 원숭이 떼의 공격을 받지 않았고, 죽은 원숭이를 애도하는 원숭이는 한 마리도 눈에 띄지 않았다.

이후, 숨진 채 나무 아래 누워 있는 토크 원숭이가 또 한 마리 발견된다. 우두머리 자리를 놓고 수컷들 간에 벌어진 싸움의 패자였다. 조금 찌푸려진 얼굴에 입은 늘어져 있고, 사지는 뻣뻣하게 굳어 있다. 이 원숭이의 새끼를 비롯해 같은 무리 원숭이들이 가까이 다가가기 시작한다. 이내 원숭이 일고여덟 마리가 그를 둘러싼다. 몸을 숙여 냄새를 맡는 원숭이도 있고, 시신을 만지는 원숭이도 있다. 한 원숭이가 시신의 꼿꼿하게 굳은 손을 건드렸더니, 손이 바로 원래대로 휙 돌아간다. 조금 시간이 지나자 호기심을 보였던 원숭이들은 다른 곳으로 간다. 죽어버린 우두머리는 이렇게 나무 아래에 방치된다.

두 죽음 앞에서 원숭이들이 보인 반응은 야생동물들 사이에서는 흔한 장면일 수 있다. 어린 원숭이의 죽음은 급작스럽게 일어났고, 시신은 포식자에게 붙들려 현장에서 사라졌다. 살아남은 원숭이들이 이 사건에 대해 무엇을 생각하고 느꼈는지는 불분명하다. 라이벌에게 죽임을 당한 나이 든 우두머리의 경우, 집단의 대응 양상에 주목해볼 필요가 있다. 원숭이들은 죽은 원숭이를 시각이며 후각, 촉각으로 살펴봤다. 우리 인간 관찰자들은 시체를 둘러싼 원숭이들이 이례적인 상황이 벌어졌다는 것을 인지했음을 분명히 알 수 있다. 이들은 죽은 원숭이가 단순히 쉬는 중이거나 잠들었거나 아니면 상처를 입어 누워 있는 것이 아니라는 사실을 분명히 알았을 것이다. 그러나 그 어떤 슬픔의 기색도 엿보이지 않는다.

단단하게 결합된 영장류 집단의 구성원들은 야생을 살아가며 수많은 죽음을 경험한다. 영장류학자 진 알트만Jeanne Altmann이 지금은 고전이 된 자신의 저서《개코원숭이 어미와 새끼Baboon Mothers and Infants》를 통해 보고한 바에 따르면, 케냐 암보셀리 국립공원의 개코원숭이들은 생후 2년 이내 사망률이 30%에 육박한다. 2년을 넘기면 사망률이 급감하지만 이후 다시 높아지기 시작해 성년기에 해당하는 암컷의 사망률은 12% 정도다. 특정 기간에 특정 원숭이 집단을 조사한 결과에 지나지 않을지 몰라도, 통계학적 분석에 따르면 이는 오히려 야생동물 세계에서 보편적으로 발견되는 수치라고 할 수 있다.

그렇다면 집단생활을 하는 야생동물들에게 집단 구성원의 죽음은, 그것이 설혹 자식이나 친척, 가까운 동료의 죽음이라 해도 드문 일이라고는 할 수 없을 것이다. 슬픔과 애도를 진화론적 관점에서 생각하다 보면 다음과 같은 귀무가설null hypothesis이 떠오른다. '생존과 번식의 어려움에 직면한 야생동물들은 집단 구성원이 사망했을 때 슬픔을 표출하기 위해 시간과 에너지를 소비해서는 안 된다.' 이 가설을 조금 약하게 진술한다면 야생동물들은 생존을 위해 필요한 자원이 충분할 때만 슬픔에 시간과 에너지를 소비해야 한다는 이야기가 될 것이다.

만약 죽음이 특별한 감정적 반응을 불러일으키지 않는다면, 원숭이들에게서 관찰되는 슬픔의 부재는 자연 선택natural selection의 원리에 따른 에너지 절약 전략이라고 봐야 할까? 만약 그렇다면 살아남은 원숭이 중 일부는 어떤 감정을 느끼면서도 그저 무시하는 것일까? 아니면 아무런 감정도 느끼지 않는 것일까? 스트레스 생리학에 입각한 적극적 측정 없이 관찰만으로는 이 대안 가설들 간의 차이를 구별하기가 어렵다(적극적 측정을 통해 어떤 자료를 손에 넣을 수 있는지는 잠시 후에 살펴볼 것이다).

호수에서 왕도마뱀에게 잡아먹힌 어린 원숭이의 죽음을 애도하는 원숭이가 있다면, 아마 그 원숭이의 어미일 것이다. 토크 원숭이들의 모자 관계는 거의 모든 영장류가 그러하듯이 아주 가깝다. 연구에 따르면, 토크마카크의 가까운 친척인 레서스마카크(붉은털원숭이)는 어미와 새끼가 상호 대면 의사소통을 한다. 여기에는 입술로 쩝쩝 소리를 내고, 입을 맞추고, (무엇보다 중요하게는) 서로를 오래 응시하는 것 등이 포함된다.

우리 인간들에게도 영유아와 양육자가 마주 보는 것이 상호 유대를 발달시키는 데 얼마나 중요한 역할을 하는지 떠올려보자. 나는 딸 사라가 막 태어났을 무렵의 기억을 19년이 지난 지금까지도 생생하게 간직하고 있다. 사라가 태어난 지 딱 4주가 지난 토요일이었다. 나는 사라를 안은 채 집 앞 거리를 걷고 있었다. 새로 이사 온 이웃집에 인사차 방문하는 길이었다. 차가운 11월의 공기에 맞서 옷깃을 여미며 사라를 내려다보자, 사라는 곧장 나와 눈을 맞추며 활짝 웃었다. 이는 발달심리학자들이 사회적 미소라고 부르는 것으로, 신생아들이 반사적으로 입을 움직이는 것과 구별되는 의식적인 웃음이다. 지쳤지만 아기에게 푹 빠진 초보 엄마였던 나와 사라가 서로를 응시하던 순간, 사라가 내게 첫 번째 사회적 미소를 지은 순간이 의미하는 바는 뚜렷했다. 사라도 나를 사랑하고 있다는 것.

원숭이 어미와 새끼의 정서적 관계 전반을 연구한 이렇다 할 자료는 없다. 그렇지만 세대를 넘어 공유되는 얼굴 표정과 눈 맞춤이 영유아의 생존율을 높이며, 모자간에 위안과 기쁨의 감정이 흐르게 한다는 데는 이견이 없을 것이다. 갓 태어난 새끼 원숭이들은 어미의 배에 매달려 다닌다. 처음에 어미 원숭이는 새끼 원숭이에게 우주이자 세상 모든 따뜻함과 영양과 안전의 원천이다. 어미 원숭이는 새끼를 돌보는 데 자신의 전부를 쏟아붓는다. 어미 원숭이는 24시간 내내 새끼를 안고 다닌다(아비 원숭이나 형제 원숭이가 일을 분담하는 종도 있다). 어미 원숭이는 새끼를 어르고, 함께 놀아주고, 입술을 쩝쩝대며 애정을 표현하고, 눈을 맞추기 위해 새끼의 시선을 사로잡으려 노력한다.

사망률 통계 자료를 보면 많은 어미 원숭이가 갓 태어난 새끼를 잃는다는 것을 알 수 있다. 새끼가 죽으면 아무렇지 않게 시신을 내려놓거나, 바닥에 떨어진 시신을 내버려둔 채 하던 일을 하러 가는 어미 원숭이들도 있다. 이러한 포기 행위에는 그 어떤 가시적인 슬픔도 수반돼 있지 않은 듯하다. 그런데 숨진 새끼 원숭이를 계속해서 품고 다니는 어미 원숭이들도 있다. 이를 모성의 슬픔이 표출된 행동으로 봐야 할까?

토크마카크와 레서스마카크의 가까운 친척인 일본원숭이 집단을 20년이 넘는 긴 시간에 걸쳐 연구한 영장류학자 유키마루 스기야마Yukimaru Sugiyama와 그의 동료들은 어미 원숭이가 숨진 새끼 원숭이를 안고 다니는 현상을 지속적으로 관찰했다. 이 원숭이들은 일본 남부의 다카사키산 산중 경사면에 서식한다. 야생

동물 집단이 으레 그렇듯 일본원숭이 새끼도 태어난 지 얼마 안 돼 죽을 확률이 높다. 9년간 집중적으로 데이터를 수집한 결과, 일본 원숭이 새끼의 생후 1년 이내 사망률은 21.6%로 나타나기도 했다. 새끼의 사체를 품고 다니는 어미 원숭이는 24년 동안 계속해서 발견됐다. 같은 기간 태어난 새끼 원숭이는 6781마리였는데, 그중 157마리가 이 경우에 해당했다. 연구원들은 새끼의 사망 연령과 어미 원숭이가 새끼의 시신을 안고 다닌 기간 같은 요소들을 조사해 통계를 냈다. 죽은 지 일주일 안에 91%의 새끼 원숭이가 어미로부터 버려졌다. 어미 원숭이가 죽은 새끼를 품고 다닌 최장 기간은 17일로, 그사이 조그마한 시신은 부패해 벌레가 꼬이고 지독한 악취를 풍겼다. 다른 원숭이들 대부분은 그 어미 원숭이를 피했고, 어미 원숭이는 부패하는 시신에 흥미를 드러내는 나이 어린 원숭이들을 쫓아버렸다.

이 자료들을 바탕으로 스기야마를 비롯한 여러 저자가 제기한 핵심 질문은 다음과 같다. '어미 원숭이가 죽은 새끼를 품고 다니는 행위는 모성 감정의 존재를 시사하는가, 아니면 어미 원숭이가 새끼 원숭이의 죽음을 인지하지 못한다는 것을 나타내는가?' 이 경우 귀무가설을 세울 때는 야생동물들이 자신의 에너지를 계획적으로 운용해야 생존할 수 있다는 점이 반드시 고려돼야 할 것이다. 결국, 죽은 새끼를 끌고 다니는 어미 원숭이는 상당한 에너지를 소비할 수밖에 없다. 다카사키산을 살아가는 원숭이들은 매일같이 가파른 경사를 가로질러야 하는데, 죽은 새끼를 안고 이동하는 어미 원숭이는 한 손을 쓰지 못한다. 이는 어미 원숭이의 움직임과 수렵 활동에 분명 차질을 빚을 것이다. 그렇다면 대체 왜 죽은 새끼를 안고 다니는 걸까? 새끼 원숭이가 생후 30일 이내에 죽었을 때 어미 원숭이가 죽은 새끼를 품고 다닐 확률이 더 높다는 것은 어떤 의미일까? 특히 새로 태어난 원숭이가 하루 이상 생존했으나 며칠 만에 죽었을 때는 그럴 확률이 더 높았다. 스기야마 연구팀이 적시한 바와 같이, 이 양상은 아직 스스로 돌아다닐 능력이 없는 영아 원숭이가 어미 원숭이에게 매달려 다니며 주기적으로 젖을 빠는 시기와 때가 맞아떨어진다. 그러나 모든 새끼 원숭이 시신이 어미 원숭이의 보살핌을 받는 것은 아니다. 죽은 새끼의 크기나 몸무게, 나이 같은 것들이 시신을 데리고 다니려 하는 어미 원숭이의 생득적 반응을 촉발하는 것은 아닌 듯하다.

내 호기심을 끄는 부분은 아무래도 더 오래 살다 숨진 새끼 원숭이가 어미 원숭이와 감정적 유대를 나눈 시간이 길 텐데, 어미 원숭이가 알아갈 시간도 없다시피 일찍 죽은 영아 원숭이의 시신을 더 오랫동안 품고 다닌다는 점이다. 모든 자료를 종합해볼 때 이 원숭이들이 보여준 행동은 원숭이의 슬픔과 연결 짓기에 무리가 있는 것 같다.

에티오피아의 구아싸 지역에서 겔라다개코원숭이를 연구한 피터 패싱Peter Fashing과 동료들도 어미 원숭이가 새끼의 시신을 안고 다니는 행동에 주목했다. 몸집이 크고 털이 긴 겔라다개코원숭이들은 에티오피아 고원지대의 초원에서 살아간다. 이곳에서 죽은 새끼를 안고 다니는 모습이 목격된 어미 원숭이는 3년 반 동안 총 열네 마리였다. 불과 1시간 동안 안고 다닌 원숭이들이 있는가 하면 훨씬 오래 안고 다닌 원숭이들도 있었다. 대부분은 하루에서 나흘가량 안고 다녔으며, 유독 그 기간이 긴 암컷 세 마리가 있었다. 각각 13일, 16일, 48일이었다. 이렇게 길어진 사례에서 새끼들의 시신은 점차 미라처럼 변했고, 앞서 언급한 일본원숭이들처럼 좋지 않은 냄새를 풍기기 시작했다.

시신을 안고 다니기에 48일은 굉장히 긴 시간이다. 어미 원숭이는 굉장히 과단성 있는 결단을 내렸던 것이 분명하다. 이 원숭이는 새끼의 시신을 데리고 다니던 중에 번식기에 접어들었고, 한 손으로 시신을 움켜쥔 채 교미하는 모습이 목격되기도 했다. 적어도 이 사례에서는 새끼의 시신을 품고 다니다 유기하는 시점이 갑작스러운 수유 중단에 따른 호르몬 변화로 설명되지 않는다. 이 어미 원숭이는 수유 시기를 포함해 그 이후까지도 죽은 새끼 원숭이를 안고 다녔다.

어미 원숭이가 숨진 새끼를 품고 다니는 기간에 관한 문제도 흥미롭지만, 구아짜 원숭이 연구에서는 어미 원숭이가 아닌 다른 암컷 원숭이들이 숨진 새끼의 시신에 보인 관심도 눈에 띈다. 청년기 암컷 원숭이들이 같은 무리의 암컷 성체가 데리고 있는 새끼의 시신을 옮기고 돌보도록 허락받은 사례가 두 건 있다. 비교적 규모가 작은 겔라다개코원숭이 무리들은 낮 동안에는 개별적으로 먹이를 찾아다니지만, 밤에는 다시 만나 절벽 위에 밀집해 잠을 잔다. 패싱 연구팀이 관찰한 것 중 눈에 띄는 사례 한 가지는 어느 암 컷 원숭이가 다른 무리의 죽은 새끼를 안고 다닌 것이었다. 이 암 컷 원숭이는 새끼의 시신을 잘 단장해줬는데, 다른 청년기 암컷 한 마리에게도 새끼 원숭이를 만질 수 있게 해줬다.

나는 야생동물의 에너지 보존 가설을 염두에 두더라도 전반 적으로 식별할 수 있는 슬픔의 증거를 보여주는 어미 원숭이가 없 다는 데 놀랐다. 케냐에서 보낸 14개월 동안 내가 발견한 사실은, 암보셀리 개코원숭이들이 서로를 기민하게 살필 줄 하고, 영리하 고, 전략적으로 행동하며, 친구들과 동족을 지킬 준비가 돼 있다는 것이었다. 그렇지만 연구물들을 탐독하고 다른 영장류학자들과 이야기를 나눠 보니, 순전히 관찰만으로 원숭이가 슬픔을 느낀다 는 증거가 발견된 적은 거의 없다는 결론을 내릴 수밖에 없었다.

사실 패싱 연구팀이 쓴 보고서에 나오는 다음 내용을 보면서 도 원숭이들이 애도를 한다는 판단을 내리는 데는 신중에 신중을 기해야 한다는 생각이 들었다. 2010년 4월에 테슬라와 터속이라 는 겔라다개코원숭이 모녀가 죽음을 맞이했다. 어미인 테슬라는 기생충 감염에 따른 질병으로 쇠약해져 있었다. 테슬라가 병을 앓 는 동안 두 마리의 젊은 암컷 원숭이가 테슬라의 생후 7개월 된 딸 터속을 대신 안고 다니며 테슬라를 도왔다. 그러나 테슬라가 너무 아픈 나머지 무리가 잠을 자는 절벽에서 나설 수도 없게 되자, 무 리의 다른 원숭이들은 테슬라를 두고 먹이를 찾으러 갔다. 천천히, 테슬라와 터속은 잠자리에서 175미터가량 떨어진 지점으로 이동했다. 그날 밤 절벽으로 돌아온 무리에게 테슬라와 터속이 있는 위치는 눈에 띄지 않았을 것이다. 사라진 구성원이 있다고 해서 뚜렷한 우려를 드러내는 원숭이는 한 마리도 없었다. 테슬라와 터속을 찾아 나서는 원숭이도 없었다. 다음 날 아침, 연구팀은 죽어 있는 테슬라를 발견했다. 이제 혼자가 된 터속은 그날 내내 "몸을 뒤흔들고 애처롭게 울부짖으면서" 죽은 어미 곁에 있었다. 또다시 동이 텄고, 터속 역시 죽은 채로 발견됐다.

터속은 어미의 죽음으로 뭔가를 느꼈던 것 같다. 어미는 옆에 가만히 누워 아무런 반응이 없는 데다 무리의 보호망을 떠나 추위에 쫄딱 노출된 상태로 혼자 있는데, 어떻게 두려움을 느끼지 않을 수 있을까? 터속이 슬픔을 느꼈다면, 그것은 온전히 홀로 겪어야 했던 슬픔이다. 나는 이 사건들이 벌어졌을 때 구아싸에 있었던 영장류학자 중 한 명인 타일러 배리Tyler Barry에게 터속이 어떤 감정을 느꼈을 것 같은지 견해를 물었고, 그는 이렇게 대답했다. "누군가 터속이 울부짖고 몸을 흔들어댔다고 해서 슬픔을 느꼈다고 볼 수 있다고 주장한다면, 글쎄요. 저로서는 조금 받아들이기 어려운 주장이네요. 제가 볼 때 터속은 거의 이틀이나 모유를 먹지 못해서 탈수도 심하고 아사 직전이었을 거예요. 거기에 추위에 무방비하게 노출된 상황이 결정적으로 작용한 거죠. 아마 몸을 흔든 것도 추위 때문이었을 거고요."

배리는 테슬라와 터속이 무리가 잠을 자는 절벽에서 멀리 떨어져 있었기 때문에 무리의 어느 원숭이도 모녀의 고통을 눈치

채지 못했을 것이라고 못 박았다. "둘째 날 아침에 가보니 테슬라의 시신 쪽을 내려다보는 다른 수컷 무리가 있긴 했어요. 하지만 테슬라의 무리가 자는 곳은 너무 멀어서 아마 터속이 내는 소리도 들리지 않았을 거예요." 요컨대 시신을 보고 무슨 일인지 잠시 호기심을 보인 수컷 원숭이들(이들은 평소에 테슬라가 어울리던 원숭이들이 아니었다)은 있었지만, 애도를 할 만한 원숭이들은 너무 멀리에 있었다.

설혹 어미 원숭이가 죽은 새끼 원숭이의 시신을 안고 다니는 행동 또는 숨진 어미 원숭이의 시신을 홀로 지키는 새끼 원숭이의 행동에 슬픔이 수반돼 있다 하더라도, 관찰로는 알 수가 없다. 지금까지 살펴본 바로는 야생 원숭이들이 슬픔에 그렇게 큰 에너지를 쏟지 않을 것이라는 귀무가설을 받아들이는 수밖에 없는 것 같다.

영장류학자이자 세계 최고의 야생 원숭이 행동 전문가들로 통하는 도로시 L. 체니Dorothy L. Cheney와 로버트 M. 세이파스 Robert M. Seyfarth는 자신들의 저서《개코원숭이 형이상학Baboon Metaphysics》에 원숭이들에게서 가시적인 슬픔의 증거를 발견할 수 없다고 썼다. 이들 두 과학자에 따르면 어미 원숭이가 죽어가는 새끼를 대하는 태도를 보면 건강한 새끼를 대할 때와 전혀 다를 바가 없다고 한다. 체니와 세이파스는 이 관찰 결과를 보다 넓은 맥락에서 살펴봤다. 원숭이들은 아픈 구성원에게 음식을 나눠주지 않는다. 노쇠하거나 장애가 있는 구성원을 돕지도 않는다. "어미 개코원숭이들은 함께 개울을 건널 때, 또는 어떤 이유로 떨어져 있어야 할 때 자식이 느끼는 불안과 고통에 대해 놀라우리만치 무감각한 듯 보인다."

어미 원숭이들이 안고 다니는 게 죽어가는 새끼가 아니라 죽은 새끼일 때 다른 개코원숭이들은 관심을 나타냈다. 다른 종의 원숭이들처럼 말이다. 하지만 제한된 수준의 관심이었다. "무리 내 다른 구성원들의 마음속에서 새끼 원숭이가 차지하는 중요도는 죽음과 함께 빠르게 달라진다. 이들은 해당 개체를 새끼 원숭이로 취급하기를 멈춘다." 체니와 세이파스는 이렇게 썼다. 개코원숭이들은 시체를 샅샅이 살펴보면서도, 결코 새끼 원숭이가 살아 있었을 때처럼 그 개체를 향해 그르렁거리는 소리를 내지 않는다. 어미가 안고 있을 때 새끼의 시신을 억지로 보려고 하지도 않는다. 흥미로운 점은 어미 원숭이가 새끼의 시신을 내려놓고 다른 곳으로 가면 가까운 친척이나 수컷 동료들이 어미 원숭이가 돌아올 때까지 시신을 지킨다는 점이다. 만약 과학자들이 DNA 샘플을 채취하기 위해 새끼 원숭이의 시신에 접근하기라도 한다면 이 원숭이들은 가만있지 않을 것이다. 체니와 세이파스는 개코원숭이들의 반응이 슬픔이나 공감의 표현이 아니라 소유권, 즉 해당 새끼 원숭이가 특정 암컷 원숭이와 이들 원숭이 무리 전체에 한때 소속돼 있었고, 지금도 여전히 소속돼 있다는 관념을 중심으로 체계화된 것이라는 결론을 내린다.

직접적인 관찰에 생리학적 측정 방식을 보태면 어떨까? 체니와 세이파스는 보츠와나의 오카방고 삼각주에 있는 모레미 야생보호구역Moremi Game Reserve에서 장기간 개코원숭이 연구를 진행했다. 두 사람의 감독 아래 수행된 연구 중 하나는 원숭이의 슬픔에 관한 의문에 생화학적 통찰을 더해준다. 암보셀리 개코원숭이들과 마찬가지로 오카방고 개코원숭이들도 여러 수컷과 여러 암컷이 집단을 이뤄 살아가는 동시에 여성 친척들이 긴밀한 모계사회를 형성한다. 할머니, 엄마, 딸, 이모, 조카딸, 그리고 어린 아들과 남자 조카는 결속 관계를 이루고 가깝게 지내며 서로 단장을 해준다. 그러다 사춘기가 되면 수컷 원숭이들은 다른 무리로 옮겨 간다. 이러한 습성이 있어서 개코원숭이들은 어느 집단을 봐도 암컷들은 서로 혈연관계인 반면 수컷 성체들은 서로 모르는 사이인 경우가 대부분이다.

오카방고 개코원숭이 무리는 암보셀리 개코원숭이들처럼 포식자들 때문에 사망 확률이 높다. 2003년부터 2004년에 걸친 16개월 동안 죽음이 보고된 오카방고 개코원숭이는 스물여섯 마리였다. 이 중 세 마리를 제외하고 모두 건강했다. 열 마리는 연구원들이 원숭이가 포식자의 공격을 받는 장면이나 원숭이 시신의 형태를 직접 목격한 경우이고, 나머지 열세 마리는 포식자가 등장한 지점이나 원숭이들 사이에 퍼진 경고 신호에 미루어 포식자에게 죽임을 당한 것이라 추측된 경우다.

이러한 종류의 위험에 노출된 채 살아가는 것은 오카방고 개코원숭이들에게 스트레스를 일으키고, 그 스트레스는 신체 반응으로 나타난다. 앤 L. 엥Anne L. Engh이 이끄는 한 연구팀은 암컷 개코원숭이들의 배설물을 수집한 뒤, 체내를 돌다가 노폐물과 함께 몸을 빠져나가는 스트레스 호르몬의 하나인 글루코코르티코이드glucocorticoid(GC) 수치를 측정했다. 연구원들은 무리가 포식자의 습격을 받는 사건이 벌어진 뒤 4주에 걸쳐 조사한 결과 암컷 개코원숭이들의 GC 수치가 뚜렷하게 상승했다는 사실을 알아냈다. 누구나 직관적으로 수긍할 수 있는 결과다. 사자나 표범이 당신 가족이나 친구들을 스토킹하며 기회를 엿보다 결국 한 사람을 데려가 죽이기까지 한 과정 전체를 목격했다고 상상해보라. 당연히 우리 몸에서도 스트레스 호르몬이 폭발할 것이다.

연구팀은 더욱 깊이 파고들어 연구했고, 개코원숭이들 사이에서 슬픔의 존재를 의미하는 화학적 신호를 발견했다. 이들은 포식자의 습격으로 가까운 혈연을 잃은 암컷, 즉 '직접적인 피해를 입은 암컷' 스물두 마리의 GC 호르몬 수치를 그렇지 않은 암컷 원숭이들로 구성된 대조군의 GC 호르몬 수치와 비교했다. 상실을 겪은 암컷들은 GC 호르몬 수치가 훨씬 높게 타나났다. 엥과 동료들은 무리의 대다수 암컷 성체가 포식자의 공격을 목격했지만, '사별'을 당한 암컷들만이 특별히 높은 수준의 GC 호르몬 수치를 보인다는 점을 강조한다.

그런데 사별을 당한 암컷의 스트레스 수준이 높게 나타나는 것은 4주 동안만이다. 아마 이 암컷들이 곧 몸단장을 주고받는 파트너 수를 늘리고, 몸단장에 참여하는 횟수도 늘리기 때문으로 보인다. 원숭이에게 파트너로부터 몸단장을 받고, 또 몸단장을 해주는 것은 위생 관리 활동이기도 하지만 마음을 진정시킬 수 있는 사회적 활동이기도 하다. 엥 연구팀은 "사별한 암컷 원숭이들은 사회적 관계망을 확장함으로써 상실에 대처하려 한다"라고 기술했다. 원숭이와 인간을 단순히 비교하는 것은 무리가 있겠지만, 사랑하는 사람을 잃는 슬픔을 겪은 후 모임이나 교회, 직장에서 새로운 친구들을 사귀기 위해 노력하는 사람들이 자연스럽게 떠오른다.

나는 엥 연구팀이 과학 출판물에서 기꺼이 '사별'이라는 단어를 채택한 데에도 탄복했다. 이것은 내가 처음으로 발견한 원숭이의 슬픔을 가리키는 명료한 지표였고, 애도일지도 모르는 사회적 행동이라는 측면이 아니라 생리학적 측면에서 접근한 것이었다. 그런데 엥에게 오카방고 개코원숭이 암컷 중 슬픔의 징후를 나타낸 개체는 없었는지 묻자, 샅샅이 읽은 엥 연구팀 논문에서는 확인할 수 없었던 내용을 들을 수 있었다. 엥은 이례적으로 가까운 관계였던 두 마리의 개코원숭이, 실비아와 실비아의 다 자란 딸 시에라의 이야기를 들려줬다. "실비아와 시에라는 둘이서만 서로 몸단장을 해줬어요. 그리고 거의 모든 시간을 함께 보냈죠." 그러다 시에라가 사자에게 죽임을 당했다. 엥이 보기에 실비아는 우울해하는 것 같았다. 다른 개코원숭이들과 떨어져 앉았고, 사회적 상호작용을 하려는 의지가 없어 보였다. 이런 상태는 1~2주 동안 계속됐다. "실비아는 서열이 높고 사나운 편이었기 때문에, 다른 암컷들이 실비아에게 접근하지 않는 것은 이상한 일이 아니었어요. 하지만 실비아가 아예 누구와도 상호 작용을 하지 않으려는 데는 놀랐죠." 사실 엥이 GC 호르몬 연구를 하도록 이끈 것도 이러한 실비아의 행동이었다고 한다. 실비아는 딸과 긴밀한 관계였고, 죽음으로 더 이상 긴밀한 관계를 나눌 수 없게 되자 슬픔에 빠졌다. 원숭이들의 행동 양식을 증명하듯, 실비아의 변화된 행동은 몇 주 동안만 계속됐다. 이후에는 다른 암컷들과 교제하며 사회적 관계의 범위를 넓혔다.

애도 행위의 존재를 쫓기에 적당한 대상은 아무래도 마카크속 원숭이들이나 겔라다개코원숭이, 오카방고 개코원숭이들과 달리, 암수 한 쌍이 짝을 이루는 포유동물들일 것이다. 조류들 사이에서는 일부일처 관계가 일상적이지만 포유동물은 단 5%만이 암수가 한 쌍으로 결합을 한다. 이 5%의 예외에 속하는 초원 들쥐 prairie vole라는 설치류가 있다. 이 작은 동물들이 암수 한 쌍 결합 습성을 지니게 된 생물학적이고 정서적인 까닭을 살핀 과학적 연구 결과가 원숭이들의 슬픔에 관한 생각을 발전시키는 데에도 도움이 될 것 같다.

올리버 J. 보시Oliver J. Bosch 연구팀은 아무리 짧은 기간이더라도 짝과 별거하는 상황이 수컷 초원 들쥐들에게 어떤 영향을 미치는지 실험한 결과를 2008년에 발표했다. 조사 대상이 된 수컷은 모르는 암컷과 짝이 되거나, 젖을 뗀 후 (49일에서 79일에 이르는 기간) 한 번도 만난 적이 없는 수컷 형제와 짝이 됐다. 이들은 5일을 함께 지냈다. 그런 다음 이 중 절반은 서로 분리됐다.

이후에 조사 대상 수컷 들쥐들은 스트레스 검사를 받았다. 이 검사에는 물을 채운 수조에 들쥐를 빠뜨린 뒤 움직임을 관찰하는 강제 수영 실험forced swim test, 막대에 들쥐의 꼬리를 고정시켜 매단 뒤 관찰하는 꼬리 매달기 실험tail suspension test, 그리고 미로에 집어넣어 노출된 공간에 대한 들쥐의 내재적 두려움을 평가하는 고위 미로 실험elevated maze test이 포함됐으며, 모두 5분간 진행됐다. 이 중 두 실험에서 암컷 짝과 분리된 초원 들쥐 수컷들은 높은 '수동적 스트레스 대처passive stress coping' 수치를 보여줬는데, 이는 우울도가 높을 때 나타나는 반응이다. 강제 수영 테스트에서 이들은 헤엄치거나 몸부림치기보다 가만히 떠 있었다. 꼬리 매달기 실험에서도 소극적으로 매달려 있었다. 이러한 반응은 암컷 짝과 분리된 수컷에게 국한돼 나타났는데, 수컷 형제와 함께 지냈거나 혼자 지냈던 수컷 초원 들쥐들과 대조적인 것이었다. 수컷이 보이는 반응의 이 같은 한정성이 바로 이 실험에서 주목해야 하는 부분이다. 암수가 친밀하게 짝을 이루는 관계가 초원 들쥐들에게 정서적으로 가장 중요한 요소임을 보여주기 때문이다.

나아가 보시 연구팀은 부신피질 자극 호르몬 방출인자Corti-cotropin Releasing Factor(CRF)가 스트레스 반응을 매개한다는 사실을 발견했다. 이는 불안과 우울을 조장한다고 알려진 물질로, 암컷 짝으로부터 격리된 수컷 초원 들쥐들은 격리되기 전보다 CRF 수치가 높게 측정됐다. 스트레스 상황에 놓인 수컷들의 적응성을 높여준다는 긍정적 측면이 있을 듯싶지만, 이들이 느끼는 불안과 우울이 실제로 어떤 기능을 할 수 있는 것일까? 보시와 이 연구를 함께했던 래리 영Larry Young에게 질의한 결과, 실험 과정에서 CRF 수용체를 차단시킨 초원 들쥐들은 우울증 행동을 보이지 않았다고 한다. 영은 CRF 시스템의 활성화가 초원 들쥐들이 적응적 기능을 발휘하도록 돕는다고 보고 있었다. "짝으로부터 분리될 때 발생한 부정적 상태는 수컷이 짝에게 돌아가도록 추동하고, 짝과의 유대를 지키도록 하니까요."

나는 이 실험 자료들을 읽으면서 내 마음속에서 어떤 감정적 반응이 벌어지는지 느껴봤다. 5분, 수컷 초원 들쥐가 헤엄을 치거나 꼬리로 매달려 있도록 강제된 시간이다. 물론 5분은 영원이 아니다. 하지만 그렇더라도 내가 이 실험을 승인한 동물실험관리위원회 위원이었더라면 하고 바라게 된다. 계속해서 읽었다. CRF 수용체와 관련된 의문의 답을 찾는 과정에서 수많은 초원 들쥐의 머리가 잘렸다. 이 실험들에 동물실험 윤리 제도를 위배한 부분은 없었지만, 우리가 동물의 감정에 침습성 조사 방법으로 접근하는 것이 (행동 관찰 또는 배설물 분석 같은 방법과 비교해) 얼마나 많은 동물의 희생을 요구하는지 한참을 멈춰 떠올려볼 수밖에 없었다. 보시 연구팀은 이 초원 들쥐 실험이 행동학적 면에서나 생화학적 면에서 사별에 따른 인간의 감정 변화를 해명하는 데 도움이 될 것이라고 믿었다. 이 기대는 이루어질지 모른다. 그러나 초원 들쥐들은 아마도 짝이 세상을 떠날 때 자연스럽게 사별과 슬픔을 경험하게 될 텐데, 이 점이 의문으로 제기되지 않았던 것 같다.

다시 원숭이 이야기로 돌아가자. 인간의 가장 가까운 친척인 침팬지, 보노보, 고릴라, 오랑우탄 등 고등 유인원 중 어느 종도 새끼를 돌보기 위해 부부로 지내지 않는다. 앞서 언급한 것처럼 포유동물 사이에서는 이것이 일반적이다. 티티, 마모셋, 타마린 원숭이와 올빼미원숭이 같은 원숭이들, 그리고 소형 유인원이라 불리는 긴팔원숭이와 주머니긴팔원숭이 정도가 일부일처 사회다.

일부일처 습성을 지닌 원숭이들에 대해서도 아직 감정 연구가 활발히 이루어진 적이 없다. 남아메리카에 서식하는 티티원숭이들의 경우 한 수컷과 한 암컷이 평생을 함께한다. 과학자들이 실험실에서 티티원숭이 암수 한 쌍을 강제로 격리하자, 이들은 괴로운 듯 동요하는 모습을 보였으며 실제로 혈장 코르티솔[스트레스에 반응해 분비되는 호르몬] 수치도 높아졌다. 샐리 멘도사Sally Mendoza와 윌리엄 메이슨William Mason은 비교 연구를 위해 다람쥐원숭이 암컷과 수컷을 같은 방식으로 격리해보았지만, 이들은 티티원숭이들과 같은 행동이나 신체적 변화를 보이지 않았다. 아마도 다람쥐원숭이들은 티티원숭이들과 달리 일부일처 습성이 없기 때문일 것이다. 다시 말해, 티티원숭이들의 일부일처 결합은 생존과 재생산의 성공이 걸린 문제가 아니라 서로가 서로에게 의미 있는 존재이기 때문에 나타나는 현상이라는 것이다.

초원 들쥐를 보며 떠올랐던 의문점은 원숭이들을 보면서도 떠올랐다. 우리는 어떻게 해야 실험실에서 이들의 조장된 고통에 따른 행동 반응을 측정하고 혈액 화학 검사에 의존해 결과를 얻는 대신, 죽음으로 짝을 잃은 개체들이 어떤 경험을 하는지 더 많은 것을 알아내기 위해 노력하는 쪽으로 나아갈 수 있을까? 원숭이의 사망 전후가 남은 짝, 그리고 혈연관계에 있는 다른 원숭이들을 중심으로 촬영된 내용을 따로 모은 자료가 있으면 이 질문의 답을 찾는 데 도움이 될 것이다. 이 기록물들을 바탕으로 과학자들은 일부일처 원숭이 종과 일부일처가 아닌 원숭이 종, 또는 야생 원숭이와 동물원 및 실험실 원숭이의 행동 양식을 자세히 비교할 수 있을 것이다.

야생에 서식하는 일부일처 원숭이들의 삶에서 드물게 발생하는 일들은 아무래도 카메라에 담기가 어렵다. 연구원 캐런 베일스Karen Bales가 말하길, 이들은 보통 나무 위에서 살아가기 때문에 나무 사이를 건너다녀야 하는 여건상 어미 원숭이가 죽은 새끼를 안고 다니는 것도, 죽은 구성원 옆에 머무는 것도 한계가 있다고 한다. 포획된 원숭이들의 경우 이 같은 상황을 촬영하는 것이 상대적으로 쉽다. 우리에 있는 일부일처 원숭이 종 무리에서 짝과 사별한 원숭이가 발생하면 슬픔 반응을 관찰할 수 있지 않을까 하는 생각은 들지만, 이 가설은 전적인 검증이 필요하다.

마이애미에 있는 듀몬드 보호소DuMond Conservancy에서 올빼미원숭이 벳시와 피넛은 18년을 일부일처로 함께 지냈다. 페루 야생에서 태어난 피넛은 원래 미국의 한 연구소에 피실험 원숭이로 보내졌다가, 몇 년 후 심각한 질병을 앓으면서 듀몬드 보호소로 거처를 옮기게 됐다. 처음에 피넛은 다른 원숭이들과 어울리는 것을 주저했다. 그러다 벳시를 만났다. 영장류학자 시안 에번스 Sian Evans는 "피넛과 벳시는 올빼미원숭이 중에서도 특히 긴밀한 유대감을 나눴다. ⋯ 두 원숭이 사이에는 새끼도 몇 마리 있었는 데, 피넛은 늘 새끼들을 안고 다니며 헌신적으로 보살피는 아버지 였다"라고 썼다.

2012년에 피넛은 몸이 쇠약해지기 시작했다. 밤이면 벳시와 함께 곤충을 잡으러 다녔지만(올빼미원숭이는 유일한 야행성 원숭이다) 피넛의 움직임은 이미 전과 같은 상태가 아니었다. 결국 피넛은 병 에 걸리고 말았다. 치료하려는 시도가 실패로 돌아가자, 보호소 직 원들은 피넛이 남은 시간을 벳시와 함께 보낼 수 있도록 피넛을 우 리로 돌려보냈다. 항상 그래왔듯 벳시는 피넛을 세심하게 돌봤다. 벳시는 피넛이 죽는 순간까지 피넛을 안고 자신의 코를 피넛의 얼 굴에 문질렀다.

피넛이 죽자, 벳시의 행동은 곧바로 달라졌다. 벳시는 자신 을 돌봐주던 에번스를 찾더니 먼저 친근하게 굴기 시작했다. 처음 있는 일이었다. 에번스에 따르면 암컷 올빼미원숭이가 인간 여성 을 대할 때 대개 그렇듯, 과거에 벳시는 자신을 경쟁자로 여겼다고 한다. 하지만 피넛이 사라지자 행동에 큰 변화가 일어난 것이다. 피넛의 죽음으로 슬픔에 빠졌던 에번스는 벳시와 우정을 나누며 위로를 얻을 수 있었다. 벳시가 가졌던 것은 어떤 감정일까? 에번 스는 그 감정을 자신이 헤아릴 수는 없지만, 벳시의 반응을 '슬픔' 이라 부르기에는 거부감이 든다고 한다. 그래서 에번스는 그 대신 벳시가 짝을 잃은 상태가 되면서 유대감의 대상을 다른 종으로 바꾼 듯한 이 모습을 '상실에 따른 반응'이라고 칭했다.

자, 그렇다면 원숭이들은 죽음을 애도하나? 보통 하지 않는다. 적어도 우리가 알아차릴 수 있는 방식으로는 하지 않는다. 몇 주간 새끼의 시신을 품고 다니는 어미 원숭이들이나 18년 동안 함께한 짝을 잃은 올빼미원숭이 벳시의 사례처럼 우리가 동물을 의인화해서 보곤 하는 관점 때문에 원숭이들이 죽음을 슬퍼하는 것처럼 보이는 경우가 있다 하더라도, 이 결론에 영향을 주지는 않다. 그러나 앤 L. 엥이 소개한 개코원숭이 실비아의 이야기에서 드러나듯이 애도를 표현하는 원숭이들도 분명히 있다. 죽음을 맞닥뜨린 원숭이들의 행동 반응에 대한 생생한 기술이 동반된 통계학적 분석 및 생리학적 분석이 이루어진다면 보다 강력한 결론에 도달할 수 있을 것이다.

침팬지:
때때로 잔인한
것은 사실이다

침팬지 햄은 1961년 로켓에 실려 우주로 간 사상 최초의 '우주인 침팬지'다. 서아프리카 카메룬에서 포획된 뒤 미국으로 보내진 햄은 미국의 우주 프로그램을 위해 지구 표면 250킬로미터 상공을 시속 약 8000킬로미터 속도로 날았다. 햄이라는 이름은 홀로만 항공우주 의학 센터Holloman Aerospace Medical Center의 머리글자를 딴 것이었다. 머큐리 로켓 안에서 햄은 사전에 훈련받은 임무들을 수행했다. 불빛이 들어오면 그에 반응해 레버를 잡아당김으로써 우주여행이 영장류의 생각하는 능력에 손상을 입히지 않는다는 것을 증명했고, 인간을 지구 궤도로 보내는 길을 터주었다.

반세기 이상 전에는 유인원을 이 같은 스트레스 상황에 내모는 것에 대한 윤리적 우려가 거의 제기되지 않았다. 지금에 와서 보면, 특히 당시의 안전 기록을 돌아보면 아무런 망설임 없이 영장류를 우주로 쏘아 보낸 이 시대가 윤리적으로 무척 둔감했던 것으로 느껴진다. 1948년, 원숭이 알버트 1세가 로켓 안에서 질식사로 사망한다. 다음 해에는 알버트 2세가 낙하산을 타고 내려오는 과정에서 충격 외상으로 사망했다. 알버트 3세는 로켓이 약 10킬로미터 상공에서 폭발함에 따라 사망했고, 알버트 4세도 낙하산 오작동 문제로 사망했다.

계속해서 등장하는 이 똑같은 이름들에는 어딘가 소름끼치는 구석이 있다. 원숭이들은 차례차례 그들의 죽음을 향해 발사됐다. 한 마리 한 마리가 목숨을 위협받고, 결국엔 잃는다는 자각 없이. 실제로 침팬지 햄도 지구에 무사 귀환한 후에야 햄이라는 이름을 얻을 수 있었다. 햄을 우주로 보내는 프로그램을 이끄는 과학자들이 햄에게 지나친 애착을 가지는 것을 염려한 까닭이었다. 알버트 4인조의 죽음 이후로 원숭이들의 생존율은 높아졌다. 그렇지만 1958년까지도 로켓이 대서양 해상에 착수한 뒤 어디에 착수했는지를 찾지 못해 원숭이가 죽었다.

1961년 1월 31일 머큐리 계획*과 햄이 비행에 성공한 사실을 보도한 BBC 뉴스를 보면, 예상치 못한 결과가 날아들기는 했지만 들떠 있었던 그날의 분위기가 그대로 전해진다.

---

*   [옮긴이주] 1958년부터 1963년까지 5년에 걸쳐 진행된 미국의 유인 우주 비행 계획으로, 1961년 1월 햄을 태운 비행이 성공한 후 같은 해 4월, 러시아에서 세계 최초로 유인 우주 비행에 성공한다.

로켓이 예상보다 가파르게 상승하면서 플로리다 인근 대서양으로 예정돼 있던 착륙 지점을 벗어났습니다. 햄은 불안한 상황 속에서 3시간을 기다린 끝에 구조됐습니다. 수색에 동원된 헬리콥터들이 마침내 도착했을 때 로켓은 기울어져 가라앉고 있었습니다. 로켓에 구멍이 두 개나 뚫릴 만큼 강한 힘과 함께 착륙한 것으로 보입니다. 그렇지만 햄은 모든 어려움에 침착하게 대처했고, 로켓 밖으로 나올 때 사과 한 개와 오렌지 반쪽을 보상으로 받았습니다.

1961년이면 제인 구달이 이미 탄자니아에서 야생 침팬지 관찰을 시작한 때다. 그러나 세상은 아직 침팬지 가족들이 깊은 유대로 이어져 있다거나 침팬지들이 도구를 만들고 사용할 만큼 똑똑하다는 것, 사랑과 슬픔을 느낄 수 있는 감정 능력을 지녔다는 것을 알지 못했다. 지금 알려진 사실들을 바탕으로 돌이켜보면 다음과 같은 의문이 떠오른다. 햄은 정말로 모든 어려움에 침착하게 대처했을까? 어떤 일이 닥칠지 한 치 앞을 모르는 상황에서 극심한 열기를 견디며 아무도 없는 망망대해를 3시간 동안 표류하느라 공포에 질렸던 것은 아닐까? 공감이나 위로를 나눌 존재 하나 없이 홀로 로켓 속에 앉아 더없이 두려운 시간을 견뎌야 했을 햄을 떠올리면 마음이 괴롭다.

수년 뒤, 워싱턴 동물원에서 햄이 생물학자이자 유인원 사육사인 멜라니 본드Melanie Bond에게 보여준 반응은 마치 그녀에게 공감과 위로를 건네는 것 같았다. 햄은 우주 프로그램에서 은퇴한 후, 미국 수도 동물원의 하나밖에 없는 침팬지로서 장장 17년을 살았다. (다행히 말년에는 노스캐롤라이나 동물원에서 다른 침팬지들과 어울리며 흡족한 삶을 누릴 수 있었다) 멜라니는 그 뒤 수십 년에 걸쳐 워싱턴 동물원과 플로리다주에 있는 유인원 보호구역인 고등유인원센터Center for Great Apes를 오가며 고등 유인원을 돌보는 데 무수한 시간을 쏟게 된다. 특히 오랑우탄들과 깊은 교감을 나눈다. 그러나 1977년에 햄과 우연한 상호 작용을 나눈 그 순간, 멜라니는 워싱턴 동물원에서 일한 지 얼마 되지도 않은 참이었다.

워싱턴 동물원에서 멜라니가 처음 돈독한 관계를 맺은 유인원은 오랑우탄 아치였다. 멜라니는 아치의 정기 신체검사를 돕는 일을 하고 있었다. 어느 날, 아치는 여느 때와 같이 우리 안에서 신체검사를 받기 위해 움직임을 억류하는 약을 투여받았다. 그런데 검사 도중 아치가 숨을 멈춘다. 동물원의 수의사 미첼 부시는 아치를 살리기 위해 할 수 있는 모든 노력을 했다. 아치의 흉골에 금이 갈 정도로 혼신의 힘을 다해 45분 동안 심폐 소생술을 하기도 했다. 그러나 결국 그곳에 있던 모든 이들은 아치의 죽음을 받아들일 수밖에 없었다.

멜라니는 유인원들의 우리가 줄지어 있는 곳을 지나쳤다. 유인원들의 눈에 멜라니의 모습이 또렷하게 들어오는 통로였다. 멜라니는 자신이 아치를 잃은 슬픔으로 조용히 울고 있었다고 기억했다. 슬픔을 주체하지 못해 소리 내 운 것이 아니라, 그저 눈물이 끝없이 흘러내렸을 뿐이라고 말이다. 멜라니는 햄이 자신을 바라보는 것을 알아차리곤 큰 소리로 말을 걸었다. "그래, 햄. 나 지금 너무너무 슬프다." 햄은 천천히 자신의 두꺼운 손가락을 철창 사이로 내밀더니 멜라니의 볼을 타고 흐르는 눈물 한 방울을 부드럽게 훔쳤다. 그러더니 눈물의 냄새를 맡아보고 맛을 봤다. "그 순간 공감을 받았다고 느꼈어요. '내 마음을 이해하는 누군가'라는 느낌을 받았죠."

회의론자들은 뭐라고 할까? 멜라니가 위로를 받고 싶은 자신의 마음을 침팬지의 행동에 투영했다고 할까? 아무리 회의론자들이라 해도 햄이 똑똑한 유인원이었으며, 멜라니의 울음에 호기심을 가졌다는 점은 인정할 것이다. 하지만 햄이 위와 같이 행동한 까닭은 호기심이지, 멜라니의 마음 상태에 감응했다거나 친구에게 위로를 건네려는 욕구가 일어서 그런 것은 아니라고 주장할 것이다. 침팬지에게 이러한 감응력과 욕구가 있다고 보는 시각은 인간과 유인원의 감정적 유사성을 찾고자 하는 희망 사항에서 나온 것일 뿐이라고 일축하면서.

회의론자들의 주장을 뒷받침하기라도 하듯, 야생 침팬지를 조명한 영상 작품들에는 햄이 보여준 것과 같은 상냥함이 반영된 장면은 거의 나오지 않는다. 구달의 연구 거점이었던 탄자니아 곰비 지역에서 촬영된 상징적인 야생 침팬지 사진이 한 장 있다. 침팬지 한 마리가 단백질 간식을 거둬들이려고 제 손으로 다듬은 듯한 막대 도구를 흰개미 언덕에 집어넣는 사진이다. 그렇지만 카메라를 든 사람들은 침팬지들이 흥분하고 격앙되어 공격성을 분출하는 순간을 포착하는 데 훨씬 더 이끌리는 것 같다. 예일대학 인류학자 데이비드 와츠David Watts가 촬영하고 해설을 붙인 한 공격 사례와 같이, 이러한 기록물들은 침팬지의 잔인성에 대한 보고로 이어진다. 와츠는 우간다의 키발레 국립공원Kibale National Park에 서식하는 은고고 침팬지 집단에서 벌어진 사건을 관찰했다. 와츠가 촬영한 내용의 핵심 장면은 한 무리의 수컷 침팬지들이 그라펠리라는 수컷을 에워싸더니 발로 차고 물어뜯기 시작하는 것이다. 이들이 잔뜩 웅크리고 있는 한 마리의 수컷에게 사정없이 달려들어 어찌나 심한 부상을 안겼는지, 그라펠리는 3일 뒤에 죽고 만다.

수컷 침팬지 무리의 조직적 공격 행위는 가히 충격적으로 비치며, 침팬지 종 전체에 폭력적이라는 꼬리표를 붙이는 것이 마땅하다는 생각이 들게 한다. 다른 침팬지 집단들에서도 비슷한 유형의 공격 행위가 여러 차례 목격됐고, 이 행위들은 예컨대 침팬지들이 콜로부스 원숭이를 잡아먹을 때처럼 사냥 행동을 할 때와는 현저히 다른 것이었다. 케냐에서는 온종일 수풀을 헤치며 개코원숭이 뒤를 쫓고 나서 숙소로 돌아오면, 철망만 쳐진 침실 창문으로 사자들의 포효 소리가 들려오곤 했다. 그러면 나는 사바나 초원의 얼룩말, 영양, 누 같은 동물들이 사자 앞에 속수무책으로 내던져져 있다는 생각에 시달렸다. 사자들은 '나의 개코원숭이들'도 잡아먹었다. 그렇지만 어슬렁거리는 황갈색 몸체가 나타나면 누군가 득

달같이 경고 신호를 날렸고, 원숭이들은 달아날 수 있다는 희망을 안고 부리나케 높은 나무 위로 흩어졌다. 모든 원숭이가 늘 성공하는 것은 아니지만, 그래도 원숭이들에게는 나무 위로 도망친다는 수단이 있다. 초식동물들에게는 없다. 이들은 잘 달리지만 숨지 못한다. 나무에 오를 수도, 굴을 팔 수도, 물속에 들어갈 수도 없다.

그렇다고 해서 얼룩말을 쓰러뜨린 사자나 토끼를 낚아챈 여우가 폭력적인 동물이라는 오명을 쓰게 되지는 않는다. 하지만 와츠의 카메라에 담긴 은고고 침팬지들은 어떤가? 이 침팬지들은 일을 꾸몄고, 악을 쓰고 마구잡이로 날뛰며 다른 침팬지에게 끔찍한 결말을 초래했다. 더군다나 그라펠리는 가해자들과 동종일 뿐 아니라 같은 무리에 속해 있었다.

와츠는 집단 구타에 가담하기를 거부한 수컷들 중 한 마리가 보인 공감 반응을 담았다. 그 수컷은 가능한 한 그라펠리 근처에 머물렀다. 그러나 대다수 수컷은 그러한 자비를 베풀지 않았다. 워싱턴 동물원에서 햄이 자신의 인간 친구를 위해 보인 친절 같은 것은 전혀 찾아볼 수 없었다. 햄의 경우는 카메룬의 고향에서 납치당한 뒤 침팬지의 본성이 몽땅 빠져나가버렸던 것일까? 처음에는 우주 프로그램을 위한 실험동물로, 나중에는 동물원 방문객을 위한 오락거리로, 인간의 요구를 이리 맞춰주고 저리 맞춰주느라 야생 침팬지의 모습은 거의 남지 않게 됐던 것일까?

앞서 잠시 묘사한 것과 같은 침팬지의 공격적인 모습은 분명 그 특성이 전부인 것처럼 압도적으로 다가온다. 하지만 야생 침팬지에게 그런 면만 있는 것은 아니다. 햄과 훨씬 가깝게 느껴지는 다른 모습도 있다. 야생에서든 동물원 우리에서든 침팬지들이 슬픔을 표현하는 모습도 목격된다. 이에 따라 무엇이 침팬지들에게 '자연스러운' 행동인지 전체적인 그림을 그리기가 복잡해졌다. 동물 세계의 슬픔을 보여주는 가장 유명한 사례는 1972년으로 거슬러 올라간다. 바로 자신의 어미 침팬지 플로가 죽자 살아갈 의지를 잃은 어린 침팬지 플린트의 이야기다.

곰비 국립공원Gombe Stream National Park의 플린트는 더 이상 새끼 침팬지라고 할 수 없는 나이가 돼서도 어미 침팬지의 전적인 보살핌을 받았다. 동생 플레임(플로가 마지막으로 낳은 자식이었다)이 죽자, 나이 든 플로는 플린트를 자기 삶의 정서적 중심으로 삼았다. 구달 박사가 《인간의 그늘에서Shadow of Man》에 쓴 것처럼, 수유를 하지 않는 것만 빼면(플로는 젖이 마른 상태였으므로) "플린트는 다시 플로의 아기가 되었다. 플로는 플린트에게 음식을 나눠줬고, 플린트를 등에 태우거나 심지어 배에 매달고 다니기도 했다. 끊임없이 몸단장을 해주고, 새끼였을 적처럼 밤에는 옆에 두고 재웠다." 이러한 행동 양상은 플린트가 여섯 살이 넘도록 이어졌고, 이후에도 이례적으로 긴밀한 모자 관계가 지속됐다. 플로는 플린트가 여덟 살이던 때 죽었다. 하지만 플린트는 어미의 죽음에 대처할 준비가 돼 있지 않았다. 구달 박사가 이후에 쓴 《창을 통해 Through a Window》를 보면 플린트가 겪은 상실의 깊이를 엿볼 수 있다. "살아 있는 플린트를 마지막으로 봤을 때, 플린트는 눈이 움푹 들어간 데다 몹시 수척한 얼굴이었다. 플로가 죽은 곳 근처의 초목에서 활기라고는 찾아볼 수 없는 상태로 옹송그리고 있었다. … 멀지 않은 거리를 한 걸음 한 걸음 힘겹게 걸어 플린트가 마지막으로 향한 장소는 플로의 시신이 놓여 있던 바로 그 자리였다." 플로가 죽은 지 3주 만에 플린트도 죽었는데, 구달 박사는 그 원인을 우울증과 그에 따른 면역 체계 약화라고 단호하게 말했다.

반대 상황이 벌어지면, 즉 자연의 순리에 반해 사랑하는 새끼가 어미 침팬지보다 먼저 죽는다면 어미 또한 그 상실을 통감할 것이다. 야생 원숭이 어미들이 그렇듯 침팬지 어미 중에도 죽은 새끼의 시신을 안고 다니는 이들이 있다. 그리고 때때로 야생 원숭이 어미들처럼, 제 손에 놓인 새끼의 시신이 부패하고 있는데도 끌어안고 다니기를 멈출 수 없는 것처럼 보이기도 한다.

침팬지들은 어미와 새끼 사이의 정서적 유대가 강한 편이다. 야생을 살아가는 고등 유인원 새끼들은 생후 4년 혹은 그 이상 어미의 젖을 먹고, 어미의 등을 타고 다닌다. 이 새끼들이 죽어도, 어미 침팬지들은 죽은 새끼를 계속 안고 다니기도 한다. 새끼를 떠나보내지 못하는 것이다. 2003년 서아프리카 기니 보수 지역의 침팬지 군락에서 호흡기 전염병이 유행했다. 세 살이 채 안 된 새끼 침팬지 지마토와 베네도 이때 죽음을 맞이했다. 이들의 어미 자이레와 부아부아는 새끼의 시신을 각각 68일, 19일 동안 안고 다녔다. 68일이나 새끼의 시신에 헌신한 자이레의 이야기는 정말이지 믿기지 않을 정도로 놀라웠다. 여름 내내 그 작은 시신을 짊어지고 다녔을 자이레를 생각해보라. 미국 독립 기념일(7월 4일)에서 노동절(9월 첫째 주 월요일)에 이르는 기간과 맞먹고도 조금 더 길다.

그리고 부아부아가 베네의 시신을 19일 동안 데리고 다닌 시기는 자이레가 지마토의 시신을 데리고 다닌 시기와 겹친다. 숲에서 마주친 두 어미 침팬지는 서로의 눈을 들여다보며 상실의 아픔을 나눴을까? 이 어미 침팬지들은 새끼가 살아 있던 때를 떠올리며 꼭 끌어안고 젖을 먹이던 때를 추억했을까? 그러나 이처럼 감상적인 생각이 냉혹한 현실을 덮을 수는 없다. 영장류학자 도라 비로Dora Biro 연구팀의 보고에 따르면 자이레와 부아부아는 참혹한 광경과 끔찍한 냄새를 감당해야 했을 것이다. 앞 장에서 다룬 새끼 원숭이들의 시신과 마찬가지로 지마토와 베네의 시신 또한 서서히 미라가 됐다. 털이 빠지고, 팔다리와 다른 신체 부위들이 가죽처럼 변했다. "계속해서 안고 다녔기 때문에 새끼의 시신은 마모될 수밖에 없었다. 자이레가 지마토의 시신을 포기할 때쯤이면 지마토의 두개골 골격이 대부분 파괴돼 얼굴 생김새를 거의 알아볼 수 없는 상태였다."

자이레와 부아부아는 새끼의 시신에 들러붙는 파리를 쫓고, 심지어 털을 골라주기까지 했다. 가끔은 어린 침팬지와 젊은 침팬지들이 지마토와 베네의 시신을 즐겁게 데리고 다니도록 넘겨주기도 했다. 이 말은 두 어미 침팬지가 새끼가 죽은 줄 몰랐기 때문에 계속해서 새끼의 시신을 품고 다녔다는 뜻일까? 그렇지는 않은 것 같다. 이를 뒷받침하는 일례로, 두 어미가 쓰는 기술은 침팬지들이 살아 있는 새끼를 안고 다닐 때 쓰는 기술과 크게 달랐다. 또 침팬지들은 복잡한 추론과 단계적이며 전략적인 사고를 바탕으로 도구를 이용해 수렵 채집 생활의 어려움을 해결하고 동료들을 솜씨 좋게 이끌어 사회적 과제도 해결한다. 침팬지들이 죽음을 조금이라도 이해하고 있다고 증명하기란 불가능한 일이지만, 내가 보기에 어미 침팬지들이 죽은 새끼, 즉 숨을 쉬지 않고, 반응이 없고, 부패하고 있는 새끼 침팬지가 살아 있다고 판단할지 모른다는 것도 마찬가지로 증명 불가능한 이야기다.

물론, 자이레와 부아부아는 암컷이다. 앞서 침팬지들의 폭력성을 설명할 때 언급한 은고고 침팬지 무리의 그라펠리 집단 구타 사건은 수컷 침팬지들이 일으킨 것이었다. 그렇다면 야생 수컷 침팬지들이 플린트처럼 어린 침팬지가 보인 행동 이상으로 죽음에 민감하게 반응하는 모습이 발견된 곳은 없을까? 우리에 갇혀 있던 햄이 표현했던 것과 같은 상냥함이 담긴 반응 말이다.

영장류의 죽음을 다룬 첫 과학 보고서를 보면 제임스 R. 앤더슨James R. Anderson이 1989년 서아프리카 코트디부아르에서 목격한 사건이 나온다.

타이 숲에서 어린 암컷 침팬지 한 마리가 표범의 공격을 받고 숨지자 수컷 침팬지들 사이에서 시끄럽게 울부짖는 소리와 위협적인 행동이 터져 나왔다. 시신을 끌어다 조금 떨어진 곳으로 옮긴 뒤였다. … 시신과 접촉하려는 침팬지들이 적지 않았는데,

털을 단장해주거나 시신을 부드럽게 흔들어보는 침팬지들도 있었다. 한 가지 흥미로운 점은 새끼 침팬지들은 시신에 다가가지 못하도록 통제됐다는 사실이다. 몇 시간쯤 지나자 시신은 다시 버려졌다.

간단히 말해, 앤더슨의 요약은 정확하다. 그러나 뉘앙스가 빠져 있다. 사실 그날 타이 숲에서 어떤 일이 벌어졌는지 이해하는 데 더욱 필요한 요소는 뉘앙스일 것이다. 앤더슨의 선택적인 보고는 6장에서 언급했던 상황과 다르지 않다. 나는 사별을 겪은 암컷 개코원숭이들이 다른 개체들과 달리 스트레스 호르몬이 급증한다고 보고한 앤 L. 엥 연구팀의 논문을 인용했었다. 통계적 결과에 전념한 나머지 이 논문에는 개코원숭이들의 슬픔을 관찰한 서술들은 포함돼 있지 않았다. 그렇지만 논문의 기원은 엥이 포식자에게 딸을 잃은 어미 개코원숭이를 보고 슬픔의 징후를 읽은 것이었다. 엥의 논문과 앤더슨의 논문을 비롯해, 같은 분야 전문가들의 평가(동료 평가)를 거쳐야 발표될 수 있는 과학 문헌들에서는 대개 묘사적 서술보다 통계적 결과와 건조한 요약이 선호된다. 그러나 동물이 느끼는 슬픔의 지형은 묘사적 세부 내용에서 그 모습을 드러낼 것이다.

영장류학자 크리스토프 보시Christophe Boesch와 헤드위지 보시-아커만Hedwige Boesch-Achermann이 쓴 《타이 숲의 침팬지들The Chimpanzees of Tai Forest》은 정확히 이 세부 사항들을 담고 있다. 앤더슨이 간략히 제시한 사례가 처음부터 끝까지 상세하게 실려 있는 것이다. 그리고 이 이야기는 수컷 성체 침팬지들도 동료의 죽음을 걱정과 동정의 마음으로 받아들일 수 있다는 사실을 강하게 암시한다. 타이 국립공원의 현장 조사 보조원 그레고아 노혼은 숲에서 죽어 있는 티나를 발견했다. 복부에 내장이 튀어나온 채였다. 부검 결과 티나는 표범이 두 번째 목뼈를 물었을 때 사망한 것으로 밝혀졌다. 티나는 4개월 전 어미를 잃은 상황이었다. 이후로 열 살인 티나와 다섯 살 된 남동생 타잔은 무리의 우두머리 수컷인 브루투스와 함께 다녔다. 보시와 보시-아커만은 자신들이 관찰한 타잔의 행동에 미루어 볼 때, 타잔이 브루투스의 양자가 되고 싶어한다는 결론에 이르렀다. 때때로 브루투스의 둥지nest[침팬지는 나뭇가지 등으로 둥지를 만들어 그 위에서 잔다]에서 함께 잠을 자기도 했다. 그러나 보시와 보시-아커만은 티나의 시신을 발견한 뒤에야 비로소 티나, 타잔, 브루투스 3인조가 얼마나 끈끈한 유대 관계를 맺고 있었는지 진정으로 깨달을 수 있었다.

두 과학자는 암컷 여섯 마리와 수컷 여섯 마리로 이루어진 침팬지 무리가 티나의 시신을 둘러싸고 침묵을 지키며 앉아 있는 장면을 목격했다. 시간이 지나자 몇몇 수컷 침팬지가 극도의 흥분을 표출하는 듯한 몸짓을 하며 시신 주위를 맴돌았다. 티나를 건드리기도 했다. 이는 80분에 걸쳐 계속됐고, 수컷 침팬지 율리시스와 마코, 그리고 브루투스는 그중 거의 1시간 동안 티나의 털을 다듬어주었다. 티나가 살아 있을 때는 율리시스와 마코가 티나의 몸을 단장해주는 모습이 목격된 적이 없었다. 무리의 다른 수컷 침팬지들도 잠깐이지만 시신의 털을 다듬어주었다. 자, 침팬지들이 할 것이라고 예상치 못한 새로운 행동이다. 티나가 왜 가만히 누워 있는지 그 수수께끼를 풀려는 듯 티나의 몸을 가볍게 흔들어보는 침팬지들도 있었다.

나머지 침팬지들은 티나의 시신 근처에서 차분히 놀았다. 침팬지들이 죽은 동료를 옆에 두고 노는 것이 이상한 선택처럼 보일 수도 있다. 그렇지만 우리가 상갓집을 방문하거나 추도식에 참석한 때를 떠올려보면, 한 번도 농담을 나누거나 웃지 않고 긴 시간을 보내다 오는 사람이 몇이나 될까? 재미있는 말을 주고받으려는 욕구는 아마도 지금은 세상을 떠나고 없는 이와 함께했던 행복한 시간을 기억하는 자연스러운 수단으로써, 또는 감정적으로 힘든 시간을 겪느라 생기는 긴장된 에너지를 방출할 수단으로써 떠오르는 것이다. 보시와 보시-아커만은 이 침팬지들에게는 티나의 비참한 죽음으로 발생한 긴장된 분위기를 떨칠 필요가 있었고, 티나의 시신 가까이에서 놀이를 하거나 심지어 웃는 것이 그 방도였을 것이라고 봤다.

티나의 시신이 발견된 지 2시간 30분이 지난 시점에, 타잔이 자신의 누이에게 다가갔다. 이 무렵 다른 어린 침팬지들은 모두 브루투스를 보고 달아나고 없었는데, 브루투스는 일종의 문지기 역할을 하고 있었다. 보시와 보시-아커만은 이렇게 기록했다. "타잔이 다가가더니 시신의 여러 부위를 조심스럽게 냄새 맡아보았다.

이윽고 티나의 생식기도 살펴보았다. 타잔은 티나의 시신을 조사하도록 허락받은 유일한 새끼 침팬지였다." 타잔은 티나의 시신을 매만지고 손질한 뒤, 티나의 손을 잡아당겼다. 그동안 브루투스는 모녀 침팬지인 세레스와 신드라가 접근하지 못하도록 쫓아내고 있었다.

타잔이 다른 어린 침팬지들, 나아가 일부 어른 침팬지들과 달리 자신의 누이와 단둘이 시간을 보낸 것은 어쩌다 보니 벌어진 일이 아니었다. 브루투스가 사려 깊은 방식으로 둘을 위한 자리를 만들어준 결과였다. 브루투스는 상당히 영리한 침팬지로 타이 침팬지 공동체에서 핵심 역할을 맡고 있었고, 특히 사냥꾼으로서 없어서는 안 되는 존재였다. 타이 숲의 수컷 침팬지들은 협력해서 원숭이를 사냥한다. 이들이 울창한 숲에서 원숭이 포획에 성공하기 위한 '수'를 체득하는 데는 수년이 걸리는데, 이는 다른 무엇보다도 수컷 여러 마리가 전략적으로 함께 움직이는 방식으로 사냥하기 때문이다. 침팬지들은 '각자도생'을 추구하며 좋은 결과가 나오기를 바라기보다 구체적이고 의도적인 단계에 따라 서로 도우며 사냥을 한다. 타이 침팬지들이 사냥 기술에 통달하기까지는 20년이 걸리며, 가장 복잡한 기술까지 습득하려면 거기서 10년이 더 걸린다.

그리고 브루투스는 스타 사냥꾼이었다. 보시와 보시-아커만이 책에서 강조했다시피 관찰 기간 내내 타이 침팬지 공동체는 브루투스가 잡아다주는 고기로 포식을 했다. 브루투스의 빼어난 인지 능력을 바탕으로 한 사냥 솜씨는 다른 어떤 수컷도 따라갈 수 없었고, 특히 '이중 예측 사냥'이라 불린 사냥 기술은 가히 독보적이었다. 사냥에 나선 브루투스는 사냥감인 원숭이가 곧 보일 움직임뿐 아니라 동료 침팬지 사냥꾼들의 움직임까지 예측했다. 움직임을 예측한다는 것은 다른 이들의 심적 상태를 짐작할 수 있다는 이야기다. 전문 과학 용어로 말하자면 브루투스는 마음 이론theory of mind을 지니고 있었다. 즉 브루투스의 행동 밑바탕에는 다른 지적 생명체들이 자신과 다른 식으로 느끼고 행동할 수 있다는 자각이 어느 정도 깔려 있었다.

　나는 이러한 능력들이 티나가 죽은 날 최대한으로 발휘됐던 것이라고 본다. 브루투스는 타이 숲의 모든 어린 침팬지 중 타잔만이 자기 누나의 시신을 조사하고 시신 곁에서 애도할 시간이 필요한 존재라는 점을 인식했다. 어미 침팬지 플로의 시신을 옆에 두고 홀로 슬퍼해야 했던 플린트와 달리, 타잔은 누이 침팬지의 죽음을 사회적 공동체의 한 구성원으로서 애도했다. 공동체의 우두머리 수컷이 타잔과 티나의 관계를 알고 있었기 때문이다. 얼마나 많은 유인원이 시신을 둘러싸고 모였는지를 고려하면, 타이 침팬지 공동체가 티나의 죽음에 보인 반응은 일종의 '경야wake'*라고도 할 수 있지 않을까 조심스럽게 생각해본다.

---

* 　[옮긴이주] 장사를 앞두고 가족과 친지가 모여 죽은 이의 곁을 밤새워 지키는 일로, 음식을 먹거나 죽은 이의 이야기를 나누는 제례가 동반되기도 한다.

침팬지들은 총 6시간 15분 동안 티나의 곁을 지켰다. 브루투스도 4시간 50분을 티나와 함께 있었고, 7분 정도만 다른 침팬지들의 행동에 개입했다. 마침내 침팬지들은 티나의 시신을 떠났다. 이틀 후, 표범 한 마리가 사체의 일부를 먹어 치웠다. 이렇게 티나는 다른 동물의 일부가 됐고, 자연 속으로 다시 사라졌다. 달리 말해, 티나는 계속 자연 세계의 일부로 남아 있는 것이다. 우리에게는 이로부터 몇 주, 몇 달이 흘러도 타잔과 브루투스, 그리고 공동체의 다른 구성원들이 티나를 잊지 않았을지, 이따금 떠올렸을지에 관한 궁금증이 남는다.

영국의 리액션북스에서 출간하는 '애니멀Animal'이라는 굉장히 멋진 시리즈 중 한 권인《유인원Ape》을 보면, 존 소런슨John Sorenson은 우리의 가장 가까운 친척에 대한 우리 반응을 구성하는 여러 요인이 사뭇 이상한 조합을 이루고 있다는 점을 짚는다. "우리는 다른 영장류들과 우리의 근접성을 부인하기 위해 수많은 노력을 기울이면서도, 그들과 우리의 유사성, 그들과 우리를 가르는 경계를 넘어설 가능성에 매혹당하는 것이 사실이다." 영화나 동물원에서 침팬지, 보노보, 고릴라, 오랑우탄을 마주칠 때, 우리는 사람과 거의 비슷하지만 완전히 닮지는 않은 그들이 우리를 쳐다보는 눈을 본다. 우리는 영화나 TV 프로그램, 광고에 옷을 걸치고 찻잔으로 차를 마시는 침팬지들이 나오면 보통 깔깔대며 웃는다. 말쑥한 양복을 입고 현대적으로 꾸며진 사무실에서 일을 처리하는 침팬지가 등장하기도 한다. 이 장면들을 보면 뭔가가 약간 어굿나 있다. 어딘가 일상생활의 규칙이 깨져 있는 것이다. 소런슨은 이렇게 말한다. "혼돈을 목격하면서 우리는 우리가 상황과 우리 자신에 대한 통제를 유지하지 못할 때 어떤 일이 벌어질 수 있는지, 안전하게 관리된 방식으로 확인하는 것이다."

요점은 우리가 언제나 상황과 우리 자신을 통제하고 있는 것은 아니라는 점이다. 어떤 의미에서 보면 시대가 변하고 있다. 통제 불능의 침팬지가 등장하는 장면을 재밌어하며 웃는 사람은 적어지고, 영장류를 비윤리적으로 대우하는 엔터테인먼트 산업에 항의하는 사람은 많아졌다. 그러나 이렇게 훌륭한 변화의 바람이 불고 있다고 해서 유인원이 벌이는 혼돈스러운 촌극이 지속적으로 인기를 끄는 까닭이 달라지지는 않는다. 소런슨이 암시하듯 우리는 아마도 혼돈의 경계에 서 있다는 감각, 우리 자신의 야생적 충동을 인정할 수밖에 없다는 감각 때문에 다른 영장류들에게 매혹되는 것이다. 영장류학자 프란스 드 발Frans de Waal은 동정심과 잔인성을 동등하게 지닌 우리 종의 야누스적 성향에 대해 말한다. 그에 따르면 우리는 조상으로부터 둘로 나뉜 본성을 물려받았다. 우리는 난폭하며 쉽게 흥분하는 침팬지, 그리고 그보다 훨씬 온순하며 평화의 중재자로 여겨지는 보노보 둘 다와 같은 조상으로부터 갈라져 나왔다. 하지만 나는 이 프레임을 옮겨, 침팬지와 침팬지 간의 개체 변이individual variation에 초점을 맞춰보는 것은 어떨까 싶다. 우리에 갇혀 있던 햄이 멜라니의 슬픔에 공감하는 반응을 보였던 것처럼, 우리 인간들도 선의로 빛이 난다. 그런 한편, 인간은 와츠가 촬영한 야생 침팬지들처럼 폭력성을 분출해 다른 이들에게 커다란 고통과 슬픔을 안기기도 한다. 때로 그 규모는 집단 학살에까지 이른다.

나는 사람들이 이렇게 충돌을 벌이는 까닭이 그것이 유전적으로 상속받은 행동 양식이기 때문이라고, 인간 본성에 고정적으로 내재한 특성이기 때문이라고는 생각지 않는다. 시간을 거슬러 오르며 세계 곳곳의 인간 군상을 탐구해온 인류학자들의 연구 결과는 우리 인간의 본성을 단 한 가지로 규정할 수 없다는 사실을 설득력 있게 보여준다. 우리의 진화적 유산은 유전적 요인의 영향을 받는 동시에 우리 외부에서 벌어지는 일에 따라 유연하게 느끼고, 생각하고, 행동하며 살아가는 것이다. 우리는 요람에서 무덤까지 거미줄처럼 이어지는 경험에 대응하며 우리 본성을 구축한다. 인간과 비슷하지만 덜 정교한 침팬지들의 다양한 행동과 삶의 경험에 대한 반응성은 모든 침팬지를 아우르는 하나의 본성이란 없다는 사실을 증명한다(물론 보노보나 고릴라, 오랑우탄도 마찬가지다).

어떤 침팬지들은 같은 무리의 침팬지를 잔인하게 공격해서 죽인다. 또 어떤 침팬지들은 다른 침팬지의 죽음을 애도한다. 애도할 일을 겪은 침팬지에게 연민을 표현하기도 한다. 집단적 폭력 행위에 참여한 수컷 침팬지가 애도도 할 수 있다는 사례가 발견된대도 놀랄 일은 아니다. 침팬지의 폭력성이 현실이듯, 침팬지의 슬픔 또한 현실이므로.

새들의 사랑

매년 3월, 황새 한 마리가 남아프리카에서 크로아티아의 작은 마을로 자그마치 1만 3000킬로미터를 날아온다. 로단이라는 이름이 붙여진 이 새는 놀라우리만치 한결같은 때에 도착한다. 해마다 같은 날, 거의 같은 시각에 마을로 내려오는 것이다. 로단이 이 여정을 시작한 지 다섯 번째 되는 해인 2010년에는 평소보다 2시간 일찍 모습을 드러내 자신의 귀환을 기다리며 모여 있던 사람들에게 놀라움을 안기기도 했다.

하지만 로단이 사람들을 만나기 위해 이 먼 거리를 날아오는 것은 아니다. 로단은 자신의 짝 말레나를 만나기 위해 오는 것이다. 말레나는 몇 해 전 한 사냥꾼에게 총상을 입어 로단과 함께 계절을 따라 이동할 수 없게 됐다. 다행히 친절한 어느 마을 주민이 말레나를 돌봐주기 시작했고, 매년 이 부부가 다시 만날 때면 얼마나 행복한 모습인지를 세상에 알렸다. 로단과 말레나는 금슬이 좋아 둘 사이에서 적어도 32마리의 새끼가 부화했다. 물론 새끼들에게 나는 법을 가르친 것은 로단이다. 남반구가 끌어당기는 힘이 커지면 어린 황새들은 로단을 따라 남아프리카로 간다.

마을의 한 건물 지붕 위에서 이 황새 부부가 몸단장을 하거나 교미를 하는 모습이 담긴 영상이 있다. 매년 짝과 새끼들이 떠나고 홀로 남아야 하는 말레나는 어떤 심정일까? 말레나는 높은 하늘로 솟아올라 지구 저편까지 날아가던 때를 떠올리고, 그리워할까? 다른 황새가 말레나밖에 없는 것도 아닌데 로단이 말레나에게만 마음을 고집하는 이유는 무엇일까? 노벨상 수상 동물행동학자 콘라트 로렌츠Konrad Lorenz가 새끼 거위들과 지내며 발견한 유명한 이론처럼, 말레나가 로단에게 애착 행동을 추구할 성체로 각인되기라도 한 것일까? 아니면, 말레나와 로단은 어느 한쪽이 죽으면 다른 한쪽은 슬픔을 피할 길 없는 새들의 사랑을 보여주는 사례인 걸까?

새들의 유대 관계에는 묘한 구석이 있다. 때로는 빗나가기도 한다. 페트라는 독일 뮌스터에 있는 한 호수의 한 마리밖에 없는 흑조다. 그런데 페트라가 유대를 형성한 대상은 백조가 아닌 백조 모양의 하얀 플라스틱 페달 보트였다. 이 보트는 페트라의 정서적 안정과 행복에 절대적으로 필요했다. 그래서 페트라가 동물원으로 보내질 때 보트도 같이 보내야 했다. 베른트 하인리히Bernd Heinrich는 《둥지 트는 계절The Nesting Season》에 페트라의 일화를 소개하면서 새들이 애착을 형성하는 데는 본능이 상당히 큰 작용을 한다고 말한다. 하인리히에 따르면, 로단이나 말레나 같은 황새들은 서로보다 둥지를 대상으로 애착을 발달시키는 경향이 있다. 황새의 생태가 이러하다면 어느 해에 크로아티아로 돌아온 로단은 자기 둥지에 낯선 암컷 황새가 있는 것을 발견하더라도 그 암컷의 털을 다듬어주고 교미를 할지도 모를 일이다. 그리고 충실하게도 다음 해에도 그 황새에게 돌아오는 것이다.

그렇다면 이성 황새이기만 하면 아무 황새라도 다 좋은 것일까? 로단을 가리켜 '일편단심 순애보의 주인공'이라고 썼던 신문 기자는 지나친 호평을 했던 것일까? 사람들은 기꺼이 이런 이야기들에 매료된다. 황새에 한한 것도 아니다. 유명한 자연 다큐멘터리 〈펭귄: 위대한 모험March of the Penguins〉이 개봉했을 당시 영화관은 펭귄 부모가 솜털이 보송보송한 새끼를 함께 기르는 따스한 장면을 감상하며 흡족한 마음을 느끼고 싶은 사람들로 인산인해를 이뤘다. 왜 우리는 누구랄 것 없이 전반적으로 날개 달린 동물들의 충직함에 관한 이야기, 즉 새들의 사랑 이야기에 끌리는 것일까? 그리고 왜 그 사랑이 단지 본능에 따른 것이 아니라 진정한 감정을 바탕으로 이루어진 것이기를 바라는 걸까? 새의 유대를 향한 열렬한 관심은 우리 종과 일부일처제의 걱정스럽고도 불안한 관계 때문일까?

내 책의 첫 독자이자 최고의 독자는 바로 나의 남편 찰스 호그다. 결혼 23년 차인 나는 지금도 남편과 며칠 떨어져 있다가 다시 만날 때면 바다 건너 먼 곳에 갔다가 돌아온 로단을 보는 말레나만큼이나 기쁘다고 분명히 말할 수 있다. 하지만 그냥 우리 부부가 그렇다는 이야기다. 일부일처제가 우리 인간 종에게 자연스러운 상태였던 적이 없다는 증거는 착실히 쌓여왔다. 여성과 남성 한 쌍을 중심으로 구성된 핵가족은 우리에게 진화적 과거의 일부라고 할 수 있는 증거가 없으며, 심지어 현대 사회에서도 이러한 형태의 핵가족은 전체적으로 소수에 불과하다. 호모 사피엔스에게 장기간 한 파트너와만 지내는 상태는 비교적 드문 일이다. 왜 이 상태가 문화적으로나 감정적으로 많은 사람에게 이상理想으로 여겨지는가는 흥미로운 질문이 아닐 수 없다.

우리는 서로에게 충실한 새 부부를 이상으로 여기는 것일까? 우리 자신의 관계도 그렇기를 바라면서 말이다. 생물학자 데이비드 바라시David Barash는 한 칼럼에 이렇게 썼다. "노라 에프론이 칼 번스타인과의 결혼 생활을 투영해 현실적으로 각본을 쓴 영화 〈하트번Heartburn〉이 있다. 이 작품을 보면 주인공이 남편에 대해 툴툴거리자 아버지가 이렇게 대꾸한다. '네가 바라는 게 일부일처제면 백조랑 결혼을 했어야지!'" 그러나 새 부부의 결속은 우리 기대만큼 단단하고 아름답지 않은 것으로 밝혀졌다. 바라시는 근거 없는 통념을 무너뜨릴 기회에 신이 났다는 것을 감추지 않으며 사실 백조는 일부일처 동물이 아니고, 다른 많은 새 또한 일부일처로 지내지 않는다고 설명한다. 찌르레기를 대상으로 한 어느 조사에서는 정관 절제 수술을 받은 수컷들과 짝을 이룬 암컷들이 계속해서 수정란을 낳기도 했다. 여러 DNA 연구에 따르면 '일부일처'를 행한다고 여겨져온 많은 조류가 실제로는 우리가 흔히 바람을 피운다고 부르는 행동을 한다. 과학자들은 이를 짝 외 교미 Extra-Pair Copulation, 약어로 EPC라고 부른다. 이 조류학 데이터들은 굉장히 탄탄해서 다른 종에도 적용할 수 있을 정도다. 그렇다면 로단과 말레나의 이야기에 눈시울을 적시는 것은 사뭇 어리석은 일인 걸까?

로단과 말레나의 앞날에 어떤 일이 닥칠지 생각하다 보면 떠오르는 의문들도 있다. 필연적으로 언젠가는 로단이 말레나의 둥지에 나타나지 않을 것이다. 다른 곳으로 날아가든, 너무 노쇠해서 돌아올 수 없든, 죽음을 맞이하든, 다양한 이유가 있을 수 있다. 반대로 로단은 돌아오더라도 말레나가 죽고 없을 수도 있다. 혹은 말레나 곁에 다른 수컷 황새가 있을 수도 있다. 퇴짜를 맞거나 혼자 남게 된 황새는 상실을 슬퍼할까, 아니면 아무 일도 없었다는 듯 다른 파트너를 찾아갈까?

자, 일부일처 문제와 관련해 우리가 생각해보고 넘어가야 할 사실이 한 가지 있다. 바라시와 같이 통념을 깨려는 이들이 그저 다른 통념의 씨앗을 뿌릴 따름이라는 것이다. 바로, 새들이 자신의 짝을 몹시 사랑한다고 믿는 것은 조금 순진하고 바보 같은 생각이라는 통념이다. 하지만 오랜 세월 짝으로 지내온 새들이 정말로 서로에게 아무것도 느낄 수 없을까? 말레나를 돌보는 주민은 두 황새가 다시 만날 때 감정의 교류가 일어나는 것을 느꼈다고 말한다.

설령 긴 시간이 흐르는 동안 짝 외 교미가 있었더라도 원래 짝을 향해 애정을 쏟지 못하게 되는 것은 아니다. 실제로 과학자들은 사회적 일부일처제와 성적 일부일처제를 구별한다. 상대에게 성적으로 충실하지 않으나 계속해서 짝으로 지내는 동물들을 사회적 일부일처 동물이라고 본다. 이렇게 기술적으로 나누는 것은 일리 있지만, 새들의 삶에서 감정이라는 요소를 배제한다. 이 도식을 조류의 짝 외 교미에 상응하는 인간의 간통 행위에 대한 우리의 관념과 비교해보자.

페넬로페는 호메로스의 서사시에 나오는 신실한 사랑의 표본이다. 오디세우스가 무려 20년 동안 집에 돌아오지 않는데도 결코 다른 이를 만나지 않았다. 페넬로페는 외로움에 괴로워하면서도 몸과 마음을 지킨다. 한편, 오디세우스는 배우자로서의 신의 같은 것을 지키지 않았다. 유혹자 키르케와 있었던 일을 생각해보라. 호메로스가 혹 대중 심리학pop-psychology의 유행과 함께 정숙한 여성과 바람둥이 남성이라는 스테레오타입이 널리 퍼진 현대 사회를 예측하고서 긴 시간 신의를 지키는 여성과 바람을 피우는 남성의 이야기를 쓴 것은 아닐까 하는 우스갯소리를 해본다. 아무튼 오디세우스가 부정을 저질렀음에도 페넬로페를 향한 그의 사랑을 의심하는 사람은 아무도 없다. 일부일처제를 향한 갖은 이상에도 불구하고, 배타적인 성적 유대가 끝장났다고 해서 깊은 사랑도 끝장나는 것은 아니라는 점을 우리가 인식하고 있기 때문이다.

황새 이야기와 고대 그리스 서사시를 무리하게 연결 짓는 것처럼 보일 수 있지만, 하인리히가 새들에게 '사랑'이나 '슬픔'이 있다고 누가 뭐라 하든 흔들림 없이 말한 것을 생각하면 그렇지도 않다. 하인리히는 아이다호주에 사는 루스 올리리라는 중년 여성의 이야기도 전한다. 루스는 캐나다기러기 여러 마리와 무척 친밀한 정서적 유대를 나눴다. 그중 팅커 벨이라는 이름을 가진 한 마리는 2년간 루스 곁에서 지냈는데, 밤에는 루스의 침대에서 잠들 정도였다. 그러다 어느 순간 팅커 벨은 자신의 짝과 함께 날아가버렸고, 루스는 다시는 팅커 벨을 만나지 못할 거라고 생각했다. 하지만 다음 해에 캐나다기러기 새끼 한 마리를 데리고 정원을 돌보고 있던 루스 앞에 팅커 벨이 짝과 함께 홀연히 나타났다.

팅커 벨의 짝인 수컷 기러기는 사람과 접촉하기를 망설였다. 반면 팅커 벨은 루스의 무릎 위로 올라서더니 루스가 집 안으로 들어갈 때도 당연하다는 듯이 따라 들어갔고, 이 방 저 방 기웃거렸다. 그러다 침실에 이르러서는 이불을 침대 밖으로 잡아당겼는데, 아마도 둥지를 만들기에 가장 좋은 장소라 평가한 듯했다. 거실에서는 책꽂이로 가 어느 비디오카세트를 끌어내더니 텔레비전을 똑바로 쳐다보았다. 예전에 팅커 벨과 루스가 함께 보곤 했던 비디오였다. 하인리히는 이렇게 썼다. "루스는 팅커 벨이 단번에 찾은 〈아름다운 비행Fly Away Home〉을 꺼내 비디오카세트 플레이어에 꽂았다. 팅커 벨은 소파 위로 훌쩍 뛰어오르더니, 전에 자주 보았던 그 영화를 반 이상 시청했다." 저녁이 되자 팅커 벨은 하늘로 날아올라 자신의 짝과 재회했다. 그렇게 패턴이 만들어졌다. 이 기러기 한 쌍은 아침이면 루스의 집에 나타났고, 팅커 벨이 루스와 함께 하루를 보내고 나면 저녁에 다시 만나 어딘가로 날아갔다. 그러던 어느 날, 수컷이 보이지 않았다. 팅커 벨은 3일 동안 주변 일대를 날아다니며 자신의 짝을 찾고 또 찾았다. 그 후 팅커 벨은 부리를 날개 밑에 넣고 앉아서는 먹기를 거부했다. 몸이 너무 약해져서 휘청거리기에 이르렀다.

이 기간 동안 루스의 집에는 새끼 캐나다기러기가 줄곧 머물고 있었다. 루스는 팅커 벨이 짝을 잃은 것이 확실해지자, 이 새끼 기러기와 어울리게 했다. 두 기러기는 함께 헤엄을 치고 먹이를 먹었다. 밤이면 루스의 침대에서 함께 잠들었다. 팅커 벨은 서서히 슬픔에서 벗어나 예전 모습을 되찾았고, 마침내 야생 캐나다기러기 떼에 다시 합류할 수 있었다. 루스는 팅커 벨이 회복한 것이 새끼 기러기와 함께 시간을 보내며 얻은 치료 효과 덕분이라고 말한다. 흥미롭게도 친자매 카슨을 잃고 슬픔에 빠졌던 고양이 윌라의 사례와 흡사하다는 것을 알 수 있다. 윌라도 집에 어린 고양이가 들어와 함께 지내게 되고 나서야 기운을 차릴 수 있었다.

하인리히의 책은 새들의 사랑 이야기로 가득하다. 그러나 애정에 대한 갈망이 조류의 유전자에 새겨져 있어 수컷 기러기와 암컷 기러기가 서로 구애할 수 있는 거리에 있기만 하면 곧장 매혹되는 것은 아니다. 어떤 교미는 형식적으로 벌어지기도 하며, 번식 충동은 (적어도 사람이 보기에) 애정이라고는 전혀 없는 것 같은 상황에서도 작동한다.

대조적으로 말레나와 로단이 서로를 대한 방식은 결과적으로 그들 자신의 공통 목표인 번식에 더 가까워지기는 했으나, 그것이 성공적인 짝짓기를 위해 필수적인 방식은 아니었다. 자손을 생산하려는 욕구는 고정불변하며 짝짓기의 결과는 필연적이다. 하지만 어떤 새 두 마리가 애정을 나누는 것은 다른 일이다.

더군다나 오랜 기간 짝으로 지내온 두 새의 사랑은 어떻게 봐야 할까? 이 관계는 기쁨과 고통으로 점철된 상충 관계라고 할 수 있을 것이다. 사랑은 많은 것을 얻게 하지만, 많은 것을 잃게도 한다. 해가 가고 또 가다 보면 비록 얼마 동안에 불과할지라도 한쪽이 홀로 돼야 하기 때문이다.

황새, 백조, 기러기 같은 새들이 우리 마음속에서 일부일처와 연결돼 있다면, 까마귀류의 상징적 울림은 좀 더 복잡한 양상을 띤다. 까마귀와 큰까마귀는 미스터리와 모순의 새다. 그들은 계략을, 속임수를, 죽음을, 파멸을 상징한다. 하지만 동시에 창조력을, 치유를, 예언을, 죽음에 내재한 변형의 힘을 상징한다.

이렇게 죽음은 까마귀류가 지닌 양면적 상징 권력 체계상 어둠으로도, 빛으로도 통한다. 인간은 어떻게 이렇게 상반된 의미를 한 종류의 새에 부여하게 된 것일까? 하인리히는 자신의 책 《까마귀의 마음Mind of the Raven》에서 이 대조적인 테마들이 인류 역사의 각기 다른 단계에 등장한 것이라고 말한다. 큰까마귀는 우리 인간 종이 사냥으로 생존하던 때에 숭배 대상이었다고 한다. 그 시절에는 큰까마귀들이 날아간 곳, 큰까마귀들이 내려앉아 포식을 즐긴 곳을 찾아가면 커다란 짐승을 찾을 수 있었고, 그 고기로 인간도 삶을 지탱할 수 있었기 때문이다. 후에 인간이 정착해서 가축을 길들이기 시작하자 죽음에 관한 큰까마귀의 상징성이 변화했다. 이제 큰까마귀는 도둑이 됐다. 인간의 삶을 지탱하는 고기를 훔치는 도둑이었다.

몇몇 사회에서는 큰까마귀가 짐승의 사체를 먹을 뿐 아니라 직접 죽인다고도 믿었다(그중 일부는 지금까지도 그렇다고 믿는다). 하인리히는 사람들이 이렇게 생각하게 된 것이 무리는 아니라고 말한다. 죽어가는 송아지의 눈을 파내는 큰까마귀의 모습은 누가 봐도 큰까마귀가 송아지를 죽였다고 생각하기에 충분하기 때문이다. 1985년 옐로스톤 국립공원Yellowstone National Park에서는 진흙에 빠져 꼼짝 못 하고 죽어가는 들소에게서 두 눈을 파내는 큰까마귀들이 목격되기도 했다. 아직 콧김을 거세게 내뿜고 있는 들소였다. 이것이 큰까마귀가 짐승의 사체를 먹는 방식이다. 게다가 송아지나 들소의 고기를 먹을 때만 이런 것도 아니다. 인간 또한 새의 먹이가 될 수 있다. 역사적 기록에 의하면 큰 전투가 벌어진 후 들판에 시체가 널려 있을 때 큰까마귀들이 곧잘 날아왔다고 한다. 물론 이런 종류의 행동으로 인해 큰까마귀들이 잔인하다는 평판은 더욱 공고해져만 갔다.

들소나 사람의 죽음은 작은 새의 탓으로 돌리기에 상상이 지나친 감이 있을지 모르지만, 큰까마귀가 자신보다 작은 동물을 혹독하게 공격한 사례들도 기록돼 있다. 북극에서 있었던 일로,

큰까마귀 한 쌍이 협력해 얼음판 위에서 쉬고 있는 새끼 물개들을 죽였다. 한 마리가 먼저 새끼 물개가 있는 얼음 구멍 근처에 잽싸게 내려앉았다. 곧바로 다른 한 마리가 새끼 물개를 구멍 쪽으로 본다. 그러면 먼저 앉아 있던 큰까마귀가 새끼 물개가 죽을 때까지 머리를 쪼아대는 식이었다. 이러한 관찰 기록이 쌓인 결과 영어권에서 큰까마귀들의 사회 집단을 '몰인정한 큰까마귀 떼an unkindness of ravens'라고 부르는 것일까? 그래도 까마귀에게 붙은 '살인자 까마귀 떼a murder of crows'라는 표현보다는 덜 가혹한 것 같다.

하인리히의 견해에 따르면 목축이 시작됨에 따라 죽음과 연계된 큰까마귀의 상징성에는 파멸의 색채가 깃들었다. 그렇지만 인류학에서는 사냥과 목축을 단순히 연대순으로 차례차례 등장한 것이라고 보기보다, 인간이 저마다 주어진 환경 여건에 대응해 생존 활동을 하는 과정에서 역동적이고 중첩적으로 나타난 것이라고 본다. 이렇게 본다면 이질적인 문화 전통들이 큰까마귀가 복잡한 상징성을 갖게 된 주요 원인일 것이다. 큰까마귀와 관련된 구전 전통이 이 집단에서도 발생하고, 타 지역의 다른 집단에서도 또 다른 유형으로 발생한 것이다.

존 마즐루프John Marzluff와 토니 에인절Tony Angell은《까마귀, 큰까마귀와 함께In the Company of Crows and Ravens》에 까마귀류를 바라보는 아메리카 토착 민족들의 풍부한 관점을 실었다. 태평양 연안 북서부 지역 토착 부족들에게 큰까마귀는 창조자, 광대, 장난꾸러기, 변신술사, 트릭스터*다. 까마귀가 칠흑같이 검은 빛깔을 갖게 된 기원을 설명하는 이야기가 전해지는 부족들도 있다. 라코타 수우Lakota sioux 족에 따르면 까마귀는 처음에 흰색이었다. 물소 가면을 쓴 라코타인 사냥꾼이 우두머리 까마귀를 잡았는데, 이 까마귀가 다른 까마귀들에게 곧 사냥꾼이 닥칠 것이라는 경고를 보내자 그에 대한 보복으로 모닥불에 던져넣었다. 우두머리 까마귀는 가까스로 빠져나왔으나 불에 검게 그을리고 말았다. 아코마Acoma 원주민들도 까마귀가 새까매진 것을 불과 연관 짓지만 이유는 다르다. 이들에게 전해지는 이야기에 따르면 까마귀는 세상을 창조한 후, 불타는 세상을 구원했다. 두 날개를 물에 적신 다음 화염에 휩싸인 세상을 식혔는데 이때 검게 변했다는 것이다.

이렇듯 복잡한 상징성을 갖게 된 저변에는 까마귀류가 믿을 수 없을 만큼 영리하고 사회적인 동물이라는 사실이 자리해 있다. 영장류학자로서 나는 까마귀들이 침팬지와 인지적, 행동적 유사성을 지녔다는 데 기인해 '깃털 달린 유인원'이라고 불리는 것이 아주 흡족하다. 까마귀들의 울음소리는 단순히 공포나 흥분의 표현이 아니라 포식자, 가족들, 가용한 자원에 관한 특정 메시지를 전달하는 기능을 한다. 마즐루프와 에인절에 따르면 까마귀들이 신기하게도 겉깃털의 배열에 변화를 줌으로써 표현하는 '언어'(까

---

*   [옮긴이주] 문화인류학에서 신화나 민담에 나오는 도덕과 관습을 거부하고 사회 질서를 어지럽히는 존재를 이르는 말.

1
8
6

마귀들 간 의사소통의 핵심 수단이다)를 읽다 보면 우리가 까마귀들의 감정 상태를 알아내는 것도 어렵지 않다고 한다.

까마귀류의 사회 집단은 공동 학습이 벌어지는 의사소통의 장이다. 개별 개체가 식별된 상태의 집단으로, 문제가 있으면 서로 머리를 맞대 지능적으로 해결한다. 가끔 까마귀들은 정보를 공유하려는 분명한 목적을 갖고 모이는 것처럼 보일 때도 있다. 워싱턴 대학교 미식축구 경기장 옆의 어느 주차장에서는 매일 아침 회동을 갖는 까마귀들을 볼 수 있다. 까마귀 떼가 잇달아 내려앉는다. 마즐루프와 에인절은 이 까마귀들이 울부짖으며 만들어내는 귀청이 터질 듯한 불협화음에 주목했다. 하지만 조류 전문가인 이들에게조차 무슨 일이 벌어지는 것인지는 의문이었다. 이 주차장 의식은 40년 동안 계속됐으며, 적어도 4대代에 걸친 까마귀들이 참여하고 있다고 한다. 처음에는 실용적인 측면에서 적당한 장소였는데(바로 옆에 쓰레기장이 있어 조금만 뒤지면 먹을거리를 찾을 수 있었다) 지금은 근방을 모두 살펴도 먹을 것이 전혀 없다. 특별히 따뜻한 곳도 아니고, 까마귀 집단의 보금자리에서 가까운 것도 아니다. 왜 이 까마귀들은 여전히 이 장소에서 모이는 걸까? 바로 자신의 부모들, 그리고 조부모들이 한 일이기 때문이다. 지금은 하나의 의식이자 지역 전통으로 자리 잡은 것이다. 마즐루프와 에인절은 이렇게 썼다. "이 까마귀들은 아침마다 만나 최신 소식과 소문을 접하고, 그날 있을 일들에 대비하고, 아직 깨지 못한 잠을 떨쳐내는 것이다." 요컨대 까마귀들이 내린 문화적 선택이다.

그렇다면 까마귀와 큰까마귀가 죽음과 긴밀하다고 이야기하는 인간의 신화 및 전설에서 자주 등장하는 테마를 까마귀류의 사회적 성향과 지능을 참작해 과학적 관점에서 검토해보는 것도 가능할 것이다. 깃털 달린 유인원들에 대해 우리가 아는 바를 모두 모아보면 이 새들이 동료가 죽었을 때 어떠한 감정을 느끼고 또 표현할 수 있을 것이라는 추측이 나온다. 까마귀들은 정말로 슬퍼할까? 마즐루프와 에인절은 가끔 까마귀들에게서 목격되곤 하는 특이한 사건에 대해서도 실었다. 수백, 나아가 수천 마리에 이르는 까마귀 떼가 한자리에 모여 15분가량 시끄럽게 깍깍댄다. 그러고 나면 침묵하는 시간이 이어지고, 이 시간이 끝나면 한꺼번에 떠난다. 죽은 까마귀 한 마리만이 그곳에 남아 있다. 대체 어떻게 봐야 하는 일일까?

　　까마귀들은 과거 자신들의 동료가 인간이나 다른 포식자에게 잡힌 적이 있는 곳을 포함해 위험하다고 인식된 장소는 피하는 경향이 있다. 죽은 까마귀가 다른 까마귀들과 함께 있을 때 죽임을 당한 것이라면 이 기묘한 침묵에는 살아남은 까마귀들이 미래에 피해야 할 장소를 마음에 새기는 과정이 포함돼 있을 것이다. 그렇지만 까마귀들만의 장례식 같은, 좀 더 감정에서 비롯된 행위가 동반된 것이라고 볼 수는 없을까?

　　이 질문에 대한 답을 찾는 데 도움이 되는 대조 실험이 있다. 마즐루프와 에인절은 자신들의 연구 구역에 죽은 까마귀를 놓아두면 그곳 까마귀들로부터 까마귀 특유의 소란-침묵-해산 과정을 이끌어낼 수 있을 거라 추론했다. 이 가설을 실험에 옮긴 결과, 예상했던 반응이 나타나지는 않았지만 이들은 충분히 의미 있는 관찰을 할 수 있었다. 까마귀 사체 몇 구가 나타나자 채 몇 분 지나지 않아 그곳에 있던 까마귀들이 집합 신호를 보내기 시작했다. 주변 지역에 있는 까마귀들을 불러들이는 것이었다. 열 마리가 넘는 까마귀가 죽은 까마귀들 위를 빙빙 돌며 울부짖었다. 연구 구역에 서식하는 까마귀 몇 마리가 땅으로 내려가 시체를 자세히 살폈다. 아마도 죽은 까마귀들이 자신들이 아는 까마귀들인지 아닌지 확인하는 듯했다. 30분 정도 지나자 모든 절차가 끝났다. 침묵 시간은 뒤따르지 않았고, 장례식이라 묘사할 만한 일도 전혀 벌어지지 않았다.

5장에서 다룬 코끼리 연구와 유사한 점이 눈에 띈다. 신시아 모스는 케냐에서 죽은 혈연의 뼈에 관심이 기우는 듯한 코끼리들의 행동을 보고했다. 특히 일곱 살 된 수컷 코끼리가 같은 무리의 어느 코끼리보다도 오랜 시간 어미 코끼리의 턱뼈를 어루만지는 장면을 목격했다. 살아 있을 때 사랑했던 개체의 뼈에 더욱 관심을 보이는 것이라고 한다면, 이러한 관심은 코끼리의 애도 여부를 판별하는 하나의 척도가 될 수 있었다. 따라서 모스와 두 동료는 마즐루프와 에인절이 한 것과 똑같은 결정을 내렸다. 즉 동물들로부터 받은 인상을 추적하기 위한 실험에 착수했다. 실험 결과, 코끼리들이 다른 무리 가모장의 뼈보다 자기 무리 가모장의 뼈를 더 좋아하지는 않는 것으로 나타났다.

실험 자료와 합치하지 않는다는 이유로 감정을 표출하는 어린 코끼리가 직접 목격된 일화를 무시할 수 없었던 것처럼, 나는 죽음에 대한 까마귀들의 반응 방식에 감정적으로 중요한 뭔가가 내포돼 있을 것이라는 생각을 떨칠 수가 없다. 마즐루프와 에인절도 이 생각을 무시하지 않았다. 두 사람이 함께 출간한 《까마귀의 선물Gifts of the Crow》 중 한 장의 제목은 까마귀들의 '열정, 분노, 그리고 슬픔'이다. 이 장에는 시애틀의 어느 골프장에서 까마귀 한 마리가 골프공에 맞자 어떤 일이 일어났는지 실려 있다. 물론 사고로 벌어진 일이었다. 하늘을 날던 까마귀가 곤두박질치는 광경을 걱정스레 바라보던 사람들은 곧바로 다른 까마귀가 도와주러 나타난 것을 목격하고 깜짝 놀랐다. 이 까마귀는 공에 맞은 까마귀의 날개를 잡아당기며 내내 울부짖었다. 얼마 지나지 않아 까마귀 다섯 마리가 더 나타났다. "곧 세 마리가 협력해 죽은 듯 보이는 까마귀를 쪼고 당기기 시작했다. 양옆에서 날개를 지탱해 일으켜 세우려는 것 같았다." 사람들은 공에 맞은 까마귀가 살지 못할 거라 생각했고, 경기를 재개했다. 그러다 두 홀을 막 지났을 때 골프를 치고 있던 다른 이들로부터 공에 맞은 까마귀가 살아서 날아갔다는 소식을 들었다.

이 일화에서 까마귀들이 다친 동료를 향해 연민을 표현한 것은 분명해 보인다. 그렇지만 까마귀들은 다친 동료를 죽일 때도 있다. 이따금 다친 상황도 아닌 것 같은데 무리 지어 괴롭히고 죽이기도 한다. 까마귀류는 복잡한 새다. 까마귀들이 모인다고 할

-
о
о

때 어떤 결과가 나타날지는 전혀 예측할 수 없다. 그렇지만 조금 전 살펴본 동료를 돕는 까마귀의 행동은 까마귀류 새들의 사랑과 슬픔에 대해 우리가 깊이 생각해볼 수 있는 발판이 되기에 충분한 것 같다. 마즐루프와 에인절은 까마귀와 큰까마귀가 자기 종의 시신 곁으로 날아드는 것이 "정례적" 속성을 띤다고 강조한다. 또 이러한 행동은 자신들의 동료가 죽은 이유를 확인하고자 하는 적응적 반응일 수 있다고 한다(이유를 알면 죽은 동료와 같은 운명을 피할 가능성이 커질 것이다). 어느 까마귀의 죽음으로 변화된 위계질서 속에서 자신의 새로운 위치를 가늠하는 데 도움을 얻으려는 것일 수도 있다.

두 사람은 이렇게 썼다. "우리는 까마귀가 짝이나 혈연의 죽음을 슬퍼한다고 추측한다." 이 복잡한 생명체, 깃털 달린 유인원에 대해 이야기한 것들을 모아보면 나 역시 그렇게 추측하지 않을 수 없다.

감정의 바다:
돌고래, 고래,
거북

그리스 해안의 암브라키코스 만, 물속에서 한 어미가 새끼를 되살리기 위해 쉬지 않고 움직였다. 작은 몸을 수면 위로 들어 올렸다가 다시 물속에 밀어넣기를 계속해서 반복했다.

어미는 큰돌고래로, 새끼는 태어나자마자 죽은 상태였다. 이를 목격한 것은 테티스조사연구소의 해양 조사선에 올라 있던 과학자들이었다. 2007년의 어느 이틀 동안, 이들은 주둥이와 가슴지느러미로 새끼를 얼싸안으며 울부짖는 어미 돌고래의 "절박한 행동"을 하염없이 지켜보지 않을 수 없었다. 어미 돌고래는 새끼가 죽었다는 사실을 받아들일 수 없는 것 같았다. 어미가 속한 무리에는 150마리 정도의 돌고래가 있었는데, 이따금 이 어미를 보러 다가오긴 했으나 방해하거나 오래 머무르지는 않았다. 그 물속에 함께 있는 것은 어미와 죽은 새끼뿐이었다.

연구원들이 어미 돌고래를 걱정하는 것도 당연했다. 이틀 동안 이 어미 돌고래가 먹이를 먹는 모습이 관찰된 것은 채 4시간이 안 됐다. 돌고래는 신진대사율이 높은 동물이다. 그렇게 새끼만 쳐다보고 있다가는 건강이 위험해질 수도 있었다. 그러는 동안 새끼의 몸은 이미 썩기 시작했다. 원숭이나 유인원의 새끼에 비해 해양 포유동물의 새끼는 숨진 후에 더욱 빠르게 부패한다. 이미 어미 돌고래가 만지는 자리마다 죽은 새끼의 몸에서 피부와 조직이 떨어져 나가고 있었다.

이 돌고래 어미를 목격한 과학자들이 쓴 보고서의 한 구절에는 당시 그들이 느낀 연민의 감정이 담겨 있다.

배에 타고 있던 연구원들은 과학적 조사(새끼의 부검 등)를 위해 새끼를 어미로부터 떼어내기를 꺼려했다. 이들의 결정은 고도로 진화한 동물을 향한 존중과, 이미 너무나도 깊은 고통을 겪고 있을 어미 돌고래를 향한 예우에서 비롯된 것이었다.

이 과학자들은 자신들이 목도한 것이 무엇인지 알았다. 그것은 모성의 슬픔이었다.

원숭이 어미와 유인원 어미가 그렇듯, 돌고래 어미들도 죽은 새끼의 시신을 끼고 다니기도 한다. 위의 그리스 돌고래 사례에서는 그렇지 않았지만, 가끔 어미 돌고래가 속한 사회적 집단은 어미 돌고래의 이러한 행동을 맹렬히 거들기도 한다. 이 주제를 다룬 초기 보고서(1994년에 발표됐다)에는 텍사스 해안의 큰돌고래들이 등장한다. 어부 몇 사람이 이미 죽은 듯한 작은 돌고래가 해변으로 밀려 올라가는 것을 막기 위해 어미로 짐작되는 돌고래가 애쓰고 있는 모습을 발견했다. 성체 돌고래 여러 마리가 모자를 에워싸고 시계 방향으로 움직이고 있었다. 이들은 어부들이 가까이 다가가자 꼬리로 물을 때리기 시작했다. 어미의 행동은 2시간 동안 계속됐고, 다음 날 다시 목격됐다(두 사례의 모자는 같은 모자라고 추정됐다).

같은 보고서에는 텍사스 해양 포유동물 스트랜딩 네트워크 자원봉사자들이 성체 돌고래가 죽은 새끼를 물속으로 밀어넣는 모습을 발견한 다른 일화도 실려 있다. 자원봉사자들이 탄 배가 접근하자 성체 돌고래는 헤엄쳐 멀리 이동했고, 다른 지점에서 다시 수면 위로 올라왔다. 다른 돌고래들이 근처에 많이 있었는데도 말이다. 이들은 엔진을 끄고 조용히 다가가 가까스로 죽은 새끼를 건져 보트에 올렸다. 그러자 어미 돌고래가 보트를 향해 미친 듯이 달려들었다.

이때 자원봉사자들이 개입하지 않고 어미 돌고래가 슬픔을 충분히 겪도록 내버려뒀더라면 어땠을까. 그렇지만 현실을 생각하면 마냥 감상적일 수만은 없다는 것을 안다. 더 이상 새끼를 도울 방도가 없음에도 새끼를 밀어넣는 행동을 계속하다가는 어미 돌고래가 몸에 비축된 에너지를 위험한 수준까지 소모했을지도 모른다. 심지어 텍사스주에서 두 번째로 관찰된 이 어미 돌고래는 앞서 관찰된 돌고래와 같은 돌고래일 가능성도 있었다. 앞선 관찰로부터 겨우 7일 후에 20킬로미터 정도 떨어진 곳에서 관찰된 일이었기 때문이다. 어부가 발견했던 바로 그 어미 돌고래를 자원봉사자들이 발견한 것은 아니었을까? 어미 돌고래는 그렇게 오랫동안 애쓰며 버틸 수 있었을까? 두 번째로 목격됐을 때 새끼 돌고래의 겉모습이 더욱 좋지 않았다는 사실까지 감안하면 역시 가능성이 있는 것 같다.

2001년에 카나리아 제도 인근 바다에서 고래를 탐사하기 위해 6일에 걸쳐 항해 중이던 과학자들은 뱀머리돌고래를 발견하게 됐다. 이제는 우리에게도 생경하게 들리지 않는 방식으로 죽은 새끼를 밀치고 있는 어미 돌고래인 것 같았다. 그런데 이번에는 이 어미 돌고래에게 호위가 있었다. 파비안 리터Fabian Ritter는 학술지 《해양 포유동물 과학》에 이렇게 보고했다. "성체 돌고래 두 마리가 서로 조금의 어긋남도 없는 모습으로 헤엄을 치고 있었다. 어미 돌고래보다 약간 앞에서 쉼 없이 어미 돌고래를 보호하고 지키는 모습이었다." 다른 돌고래들도 어미 돌고래나 호위 돌고래들과 접촉했다. 다음 날에도 비슷한 행동이 목격됐고, 이후 4일에 걸쳐 과학자들은 네 차례 관측에 나섰는데 그중 세 차례 호위들이 자리에 있는 것을 확인했다. 한편, 새끼의 시신은 부패하기 시작했다. 5일째가 됐을 때 어미 돌고래는 이전보다 오랫동안 새끼를 홀로 두고 다른 데로 갔지만, 갈매기가 접근하자 다른 돌고래들이 새끼를 지켰다. 나아가 흥미롭게도 호위 돌고래들이 새끼의 시신을 떠받치는 일에 더욱 직접적으로 참여하기 시작했다. 등에 새끼의 시신을 인 듯한 형상으로 헤엄을 치는 모습도 보였다.

과학 문헌은 으레 건조하고, 꾸밈없고, 감정이 배제된 표현들로 기술된다. 하지만 어미 돌고래가 아닌 다른 성체 돌고래들이 죽은 새끼에게 관여했다는 사실은 돌고래들이 느끼는 슬픔의 전체적인 윤곽을 파악하는 데 특별한 의미가 있다. 과학자들은 개별 개체를 촬영한 사진을 바탕으로 이 일에 어떤 식으로든 참여한 열아홉 마리의 돌고래를 가려냈다. 이전의 관측 기록에 따르면, 이중 열다섯 마리는 사회적 결속이 강한 어느 단일 단위에 속해 있었다. 게다가 이 기간에 돌고래들의 이동 속도는 이전에 관측한 어느때보다도 느렸다. 6일이 흘렀음에도 돌고래들은 원래 장소로부터 거의 이동하지 않은 것이나 다름없었다. 리터는 돌고래 집단이 새끼의 죽음으로 발생한 예외적 상황에 맞춰 행동을 조정했다고 결론지었다.

돌고래들은 빈틈없는 의사소통 능력을 바탕으로 서로 긴밀히 공조하며 새끼의 죽음에 대처했다. 돌고래 새끼의 죽음이 돌고래 집단에 영향을 미친다는 것을 여실히 보여준 사례라고 할 수 있다. 이 사례가 돌고래들이 집단적으로 슬퍼할 수 있다는 점도 증명해준다고 주장하는 것은 아무래도 무리가 있겠다. 그렇지만 이 논리의 사슬은 약하지 않다. 어미 돌고래가 슬픔을 드러낸 점, 그리고 돌고래 떼가 결속이 끈끈한 사회적 집단이라는 점을 고려하면, 어미가 아닌 다른 돌고래들도 새끼의 죽음에 슬픔을 드러내는 것이 충분히 가능한 이야기이기 때문이다.

돌고래는 사교적 동물이어서 자기 무리 내의 동료들과 활발하게 놀이를 하고, 때로는 고래들과도 어울린다. 하와이 해역에서 큰돌고래와 혹등고래가 함께 노는 모습이 찍힌 멋진 사진이 있다. 한 번은 마우이섬 근처에서, 또 한 번은 카우아이섬 근처에서 포착된 것이었다. 두 경우 모두에서 돌고래들은 고래 머리에 자기 몸을 걸쳤다. 그러면 고래들은 몸을 세웠고, 돌고래들은 고래 등을 타고 미끄러졌다. 고래들의 행동은 전혀 공격적으로 보이지 않았으며, 돌고래들은 '미끄럼' 놀이를 하려고 고래들에게 완벽하게 협동하는 모습이었다.

돌고래는 함께 놀던 고래가 세상을 떠나면 슬퍼할까? 그리고 그 반대도 성립할까? 장기간의 우정과 상관없이 단지 잠깐 어울려 놀며 교류한 상대라면 애도의 대상이 되기에 모자람이 있을 듯싶다. 고래와 돌고래들은 언제든 터놓고 어우러질 준비가 돼 있는 성격이라 그저 기회가 생기면 평소 자기 종 내의 개체들과 노는 방식으로 다른 종과도 노는 것일지도 모른다. 감정에 뿌리를 내리고 있는 것이 확실한 돌고래들의 광범위한 행동 레퍼토리를 참작하면 역시 돌고래들이 슬픔을 공유한다는 추정이 굉장히 그럴듯하게 느껴진다.

고래들 사이의 애도는 해양 포유류학자들이 우려하고 있는, 그리고 혼란스러워하고 있는 '집단 스트랜딩stranding'* 현상과 관련해 벌어질 수도 있다. 1998년 2월, 호주 태즈메이니아 해안에서 세 차례의 스트랜딩으로 향유고래 115마리가 뭍으로 올라왔다. 이 고래들은 서로 다른 세 집단 출신으로 대부분 암컷이었으며(암수 감별이 된 112마리 중 97마리), 한 살 미만에서 예순네 살에 이르기까지 연령이 다양했다. 캐런 에번스Karen Evans 연구팀은《해양 포유동물 과학》을 통해 이 향유고래들의 사체를 연구해 얻은 귀중한 생리학적 자료를 상세히 보고했다. 나는 스물다섯 살에서 쉰두 살 사이의 임신한 암컷 고래들도 있다는 내용을 보고 깜짝 놀랐다. 고래가 이렇게 고령에 번식할 수 있다고는 생각지 못했기 때문이다.

세 차례의 좌초 중 한 사례에서 연구팀은 고래들의 행동을 자세히 관찰할 수 있었다. 처음에 고래 35마리가 단단히 뭉쳐 넓은 바다에서부터 파도가 부서지는 해역까지 다가왔다. 그때 한 고래가 무리에서 이탈해 "미친 듯이" 헤엄치기 시작했다. 그리고 조용한 바다에 소용돌이를 일으키며 해안을 따라 평행하게 움직인 끝에 뭍으로 좌초했다. 두 마리씩 또는 세 마리씩 다른 고래들도 첫번째 고래를 따라 파도가 치는 곳까지 들어왔고, 거기서부터는 파도에 몸을 맡겨 해변에 이르렀다(마지막에 좌초한 고래 두 마리는 이 패턴과 달리 동료 고래들을 지나 해변의 다른 지점에 능동적으로 올랐다).

향유고래는 암컷 성체와 새끼들이 열 마리에서 서른 마리가

---

*   [옮긴이주] '좌초'라는 뜻으로, 마치 배가 좌초하듯 해양동물이 스스로 육지로 나오는 일. 대개 죽음으로 이어진다.

량 일시적인 집합체를 구성한다. 여기에서 작은 규모의 영구적 하위 집단들이 떨어져 나갔다가 다시 합류하기도 하면서 살아간다. 에번스 연구팀은 논문에서 이 친족 집합체와 좌초를 하는 '이유' 사이의 관련성을 제시하지는 않았다. 그러나 언론과의 인터뷰에서 향유고래들이 좌초한 것은 아마도 일종의 감정 전염emotional contagion 때문일 것이라고 언급했다. 정신적 괴로움이나 부상 등을 이기지 못해 고래 한 마리 혹은 여러 마리가 좌초를 하면, 친족 구성원들이 그 개체만 버리고 떠나기를 거부하여 뒤따른다는 것이다.

향유고래가 좌초하는 까닭에 관한 이 흥미로운 설명은 다른 고래 종들에게서 관찰된 좌초 현상에도 잘 들어맞는다. 뉴질랜드의 고래 보호 활동 NGO 오르카 리서치 트러스트를 설립한 잉그리드 비세르Ingrid Visser 박사에 따르면, 거두고래들이 좌초하면 다른 거두고래들도 무슨 일이 생긴 것인지 알아보러 온다고 한다. 그리고 구조 대원들이 쫓아내려 들면 자못 완강하게 군다고 한다. 비세르는 과학 전문지 《뉴 사이언티스트》를 통해 이렇게 말했다. "가까이 오지 못하게, 그냥 지나쳐 가도록 나름의 조치를 한대도 이 고래들은 기를 쓰고 죽은 고래에게 다가가려 할 것이다. 죽음을 이해하고 있는지는 모르겠지만, 이들의 행동에 비추어 볼 때 슬퍼하는 것만은 분명한 것 같다."

돌고래들도 떼를 지어 적지 않은 수가 좌초한다. 과학자들은 이 현상을 설명할 수 있는 단 하나의 원인은 없다는 데 대체로 동의한 상태다. 2012년 1월 1일부터 3월 7일 사이에는 무려 189마리의 돌고래가 매사추세츠주 코드곶 해변에 좌초하기도 했다. 연평균치인 38마리를 훨씬 웃도는 수였다. 코드곶의 갈고리 지형이 돌고래들을 얕은 물에 가둘 수 있다는 점이 한 요인으로 거론됐다. 그러나 코드곶의 생김새가 하루아침에 그렇게 바뀐 것도 아니므로 특정 해에 급증한 좌초 수치를 해명하기에는 무리가 있다. 코드곶이 아닌 다른 해안에서 발생하는 좌초 현상들을 설명할 수도 없다. 현재는 군사용 음파 탐지기의 영향으로 돌고래들이 방향 감각을 잃기 때문이라는 주장을 포함해 여러 의견이 분분한 상황이다. 요컨대 해양 포유동물이 떼 지어 좌초하는 원인은 아직 규명되지 않았다. 집단적 유대, 나아가 집단적 애도라는 관념이 고래와 돌고래들이 좌초한 일부 사례를 해명하는 데 보탬이 될 수는 있지만, 이 요인들은 충격적인 미스터리에 대한 부분적 해답으로밖에 기능하지 못한다.

지금까지 고래목 동물들만 다뤘지만, 애도를 하는가 하는 문제는 포유류가 아닌 동물들에게도 적용해봐야 한다. 바다거북은 파충류로, 굉장히 멋진 동물이다. 바다거북은 우리 대부분에게 더욱 익숙한 육지 거북들의 어딘가 어색한 걸음걸이와는 완전히 다른 모습으로 우아하게 헤엄친다. 하와이의 오아후섬에는 터틀 비치Turtle Beach라고 불리는 해변이 있다. 멸종 위기에 처한 바다거북이 심심찮게 찾아드는 곳이기 때문이다. 몇 년 전, 그곳 주민과 여행객들은 한 거북을 알게 된 뒤 허니 걸이라는 별명을 붙여주고 무척 아꼈다. 어느 날, 허니 걸은 해변에서 사람 손에 무참히 살해된 채 발견됐고, 큰 슬픔이 뒤따랐다. 주민들은 허니 걸이 나온 큼직한 사진과 함께 해변에 추모 장소를 마련했다. 그런데 거북을 사랑하는 사람들의 발길이 끊이지 않는 가운데 예상치 못한 방문객이 있었다. 커다란 수컷 바다거북 한 마리가 물 밖으로 나와 사진이 있는 쪽으로 곧장 다가오더니, 이윽고 모래사장에 붙박인 듯 멈춰 섰다. 머리는 허니 걸의 사진을 향해 있었다. 목격자들은 자신들의 오감을 총동원해 판단컨대 이 바다거북이 몇 시간 동안이나 허니 걸의 사진을 바라보고 있었다고 말했다.

　이 수컷 거북은 자신의 짝을 잃고 슬퍼했던 것일까? 지금까지 우리는 어떻게 하면 야생동물의 감정을 포착할 수 있을지 그 방도를 검토해왔다. 파충류까지 끌어들이면 답을 찾는 일이 공연히 더 복잡해지는 것은 아닐까? 어쨌든 거북은 우리 영장류는 물론 그 어떤 포유동물과 비교해도 진화적으로 한참 떨어져 있는 동물로, 심리학자 앤서니 로즈Anthony Rose의 표현을 빌리자면, 우리에게 뜨거운 피가 흐른다면 거북에게는 차가운 등딱지가 있다. 거북이 슬픔에 빠진다고 가정하는 것은 (TV 뉴스 방송에서 허니 걸의 짝일지 모르는 거북을 두고 그렇게 보도한 것처럼) 본능에 따라 움직이는 종에게 이치에 맞지 않게 낭만적인 관념을 부여하는 것은 아닐까?

　우리는 이 수컷 거북이 모래사장에서 허니 걸을 애도한 것인지 아닌지, 심지어 사진의 이미지가 허니 걸이라는 사실을 알았는지 몰랐는지조차 확신할 수 없다. 단서들을 모아볼 때 수컷 거북의 마음속에서 어떤 감흥이, 터틀 비치에 새로 생긴 공간에 대한 흥미 이상의 감흥이 일었다는 것을 넌지시 느낄 수 있을 따름이다. 거북이 허니 걸을 추모하는 곳까지 흔들림 없이 기어온 것이나 허니 걸의 사진 앞에 고요히 서 있었던 것은 주목할 만하다. 이 수컷 거북은 사진과 비슷한 크기로 만들어진 허니 걸의 모래 조각상, 또는 허니 걸과 상관이 없는 새롭고 큰 물체를 봤어도 똑같이 행동했을까? 오아후섬으로 날아가 대조 실험을 하기 전에는 확실히 알 수 없다. 그러나 허니 걸의 추모 공간에 수컷 거북이 대체 왜 왔다 갔든, 나는 그 거북이 기본적인 생존 활동의 영역을 넘어 자신의 선택에 따라 행동한 것이라고 확신한다.

　육지 거북이나 바다거북과 관련된 내 경험은 이렇게 이국적인 해변과는 조금 거리가 있다. 나는 차도를 느릿느릿 기어가는 거북을 정기적으로 마주친다. 당연히 이 거북들은 자신을 밝은 빛과 함께 산산이 부서뜨릴 로드킬의 위험이 임박해 있다는 사실을 모른다. 솔직히 거북을 구조하는 것은 여간 만만찮은 일이 아니다. 작고 붙임성 있는 거북들은 들어서 재빠르게 길가로 옮기면 되지만, 커다랗고 자칫하면 발끈하는 거북들은 등딱지 뒤쪽을 잡고 앞발로 걷도록 밀어주어야 한다(홱 돌아보는 고개에 손을 물리지 않도록 조심하면서 말이다). 한번은 여름날 고속도로를 달리다 서둘러 갓길에 차를 세웠다. 위엄 넘치는 어느 악어거북이 치르고 있는 한 편의 대서사시와 같은 투쟁의 현장에 뛰어들기 위해서였다. 일촉즉발의 위기 상황이었다. 나는 포식 동물처럼 질주하는 차들 한복판에 있는 거북을 안고 나와, 풀밭에 내려놓았다. 그런 다음 안전한 쪽으로 갈 수 있도록 방향을 잡아주었다. 그러나 거북은 방향을 돌려 또다시 수많은 차가 달리는 도로로 들어가려고 했다. 아마도 도로 반대편의 물가를 찾아가는 듯했다. 그렇다면 '본능'에 따라 움직이는 것일 테고, 그래서 그런지 다시 돌려놓으려 해도 완강히 저항했다. 결국, 나는 거북을 번쩍 들어 올린 뒤, 악취가 나는 통에 절대 가까이 가고 싶지 않은 길가 도랑으로 뛰어들고 나서야(깨끗한 운동화와 자존심을 바쳤을 뿐이다. 지나가는 차량의 운전자들이 모두 입을 떡 벌리고 나를 쳐다봤다) 마침내 위험이 닿지 않는 곳에 거북을 내려놓을 수 있었다. 거북은 본성이 자족적이고 체계적이고 극기적인 동물이다. 거북들의 세계에 '먹고, 움직이고, 짝짓기하라'가 나온다면 아마 가장 많이 팔리는 책과 영화가 되지 않을까? 나는 한때 이렇게 여겼었다. 그러나 허니 걸 사례에서 제기된 의문점을 살피고 나니 이제는 모든 거북에게 통하는 '하나의 천성'이 있다는 가정에 엄밀성이 부족하다고 느끼게 됐다. 계속 더 알아가는 중이지만 육지에 사는 거북이든 바다에 사는 거북이든, 거북은 종과 크기가 다양할 뿐 아니라 본능을 뛰어넘는 방식으로 행동한다.

곤경에 처한 동료를 돕기 위해 나서는 거북들을 떠올려보라. 이번에도 동물들의 귀엽고 재미있는 모습이나 예상치 못한 행동을 촬영하고 공유하는 문화가 성행하는 덕에 소개할 수 있는 사례다. 이 영상에서는 거북 한 마리가 옆으로 비스듬히 누워 있는데, 아무리 팔다리를 허우적대도 원래대로 몸을 다시 뒤집을 수가 없다. 그때 다른 거북이 다가온다. 거북 B는 상황을 파악하려는 듯 자신의 머리를 거북 A의 몸에 바싹 들이민다. 그러더니 부드럽게 거북 A를 밀기 시작한다. 처음에는 소용없는 것처럼 보이지만, 거북 B는 목표를 향해 계속해서 정확한 노력을 쏟는다. 그러다 마침내 거북 A가 땅바닥을 향해 넘어가기 직전이 되자, 거북 A는 자기 팔다리를 돌려서 힘을 보탠다. 거북 A가 네 발 자세를 되찾자 두 거북은 천천히 함께 걸어간다. 이 영상과 같이 출처를 알 수 없는 영상을 보는 시청자들은(나를 포함해서) 애초부터 속아 넘어간 채 보는 것일지도 모른다. 유튜브에 중독된 세상에서 자극적인 영상으로 인기를 끌고 싶은 사람이 거북 A를 뒤집어놓았을 가능성은 없을까? 그렇다면 윤리 문제는 없을까? 영상을 찍은 사람은 거북 A를 좀 더 일찍, 그러니까 거북 B가 나타나기 전에 도와줬어야 하는 것이 아닐까? 이렇게 이 영상을 둘러싼 상황은 미심쩍지만, 거북 B가 보여준 독창적이고 성공적인 문제 해결 행동만은 놀랍다.

프롤로그에서 염소와 닭 이야기를 통해 말했듯, 주변 동물들에 대해 무엇을 알아차릴 수 있는가는 우리의 기대에 상당히 좌우된다. 우리는 기르던 거북이 죽어도 남은 한 마리가 슬퍼지지는 않는지 살펴볼 생각을 하지 않을 수도 있다. 아예 거북의 행동을 자세히 관찰한다는 개념 자체가 없을 수도 있다. 그러나 전제를 갖고 동물들을 대하면 여러 기회를 놓치게 된다. 벌린 클링켄보그Verlyn Klinkenborg의 소설《티머시, 가련한 거북이에 관한 기록 Timothy, or Notes of an Abject Reptile》주인공인 거북 티머시가 이 사실을 잘 일깨워준다. 티머시는 터키에서 코를 찌르는 소금 냄새가 진동하는 가운데 태어나 배에 실려 영국으로 보내졌다. 클링켄보그가 티머시를 통해 독자들에게 말하고자 하는 바는, 인간이 우리 스스로 생각하는 것만큼 다른 동물들을 이해하고 있지 못하다는 사실이다.

　티머시는 자신만의 독특한 감성으로 18세기 영국의 겨울을 견뎌내는 호모 사피엔스들에 대한 민족지학적 관점을 내놓는다. "잉글랜드 셀본의 인간들은 겨우내 깨어 있다. 땅 위에서 먹고 또 먹는다. … 불 가까이에 옹기종기 모여 있다. 잿더미에 부채질을 한다. 불꽃을 지킨다. 절대 침묵을 오래 견디지 못한다. 하룻밤 이상은 못 견딘다." 인간이 살아가는 모습을 깊이 생각해본 티머시는 부러워할 게 별로 없다는 결론에 이른다. "인간이 아닌 존재는 거의 볼 수 없다. 항상 자기 종끼리 분리돼 있으려고 한다. 분리된 우주. 특별한 영토. 자신들의 동물성의 흔적을 거북해한다." 무엇보다도 티머시는 자연 세계를 측정하고, 엄격하게 분류하고, 하나하나 명명하려 드는 인간의 욕구에, 거기에 더해 확고한 앎에 도달했다는 자부심까지 내비치는 인간의 모습에 당혹스러움을 느낀다. 길버트 화이트Gilbert White(18세기 영국의 박물학자로, 거북에 관한 글을 여러 편 썼다)가 남긴 메모와 표현들을 보면 티머시를 '그he'라고 칭하고 있다.[*] 화이트는 티머시가 수컷이 아니라는 어떠한 증거도

---

[*]　[옮긴이주]《티머시, 가련한 거북이에 관한 기록》은 길버트 화이트가 자신이

보지 못했으므로 지레 티머시가 수컷이라는 결론을 내렸다. "소리쟁이속 여러해살이풀 아래에 묻힌 알도, 포도나무 발치에 숨겨둔 알도 없다. 잔디밭을 봐도 없다. 몸단장도 하지 않고, 유혹적인 부분도 없다. … 그래서 화이트 씨는 늘 내가 수컷이라고 여겼다." 티머시는 이렇게 평한다.

클링켄보그의 이야기를 보면 티머시는 수컷이 아니다. 그리고 자신이 암컷이라는 점과 자신이 세상을 살아가는 방식을 통해 독자들에게 놀라움을 안긴다. 내가 이 소설에 끌린 까닭은 여기에 동물행동학이 그 어느 때보다 절실히 깨닫기 시작한 사실이 완벽하게 들어 있기 때문이다. 바로, 우리가 기대에 얽매이지 않은 새로운 시각과 사고로 동물의 행동을 바라보아야 한다는 것이다.

1994년에 동물행동학자 고든 버가트Gordon Burghardt는 워싱턴 동물원에 들렀다가 피그페이스라는 나일 자라(아프리카 자라)가 사는 우리 앞에서 걸음을 멈췄다. 당시 피그페이스는 동물원에서 홀로 지낸 지 50년째였다(이 숫자를 보고 나는 그 의미를 충분히 헤아리기 위해 잠시 읽기를 멈춰야 했다. 50년 동안 갇혀 살았다니). 버가트는 이전에도 피그페이스를 본 적이 있었지만, 그때는 흠칫 놀라 자세히 살펴볼 수밖에 없었다. 피그페이스가 농구공을 가지고 놀고 있었기 때문이다. 피그페이스는 코로 공을 날린 뒤 엄청난 기세로 물

실제로 키웠던 거북 티머시에 관해 남긴 기록을 바탕으로 클링켄보그가 티머시의 시점에서 쓴 소설이다.

살을 가르며 공을 쫓아갔다. 버가트는 거북이 놀고 있는 이 찰나의 모습을 목격한 후 새로운 관점을 가지고 파충류의 행동 레퍼토리에 접근하게 됐다.

21세기인 지금도 우리가 피그페이스와 같은 종류의 동물들을 대하는 태도는 양극을 오간다. 하와이 앞바다에 나타난 수컷 거북이 자신의 짝 허니 걸을 애도했다고 생각하는 한편, 소설 속 길버트 화이트 씨처럼 거북들은 '먹고, 움직이고, 짝짓기하라'라는 모토를 순회하는 삶을 산다는 추정에 갇힌 채 거북들을 바라보기도 한다. 허니 걸 이야기가 거북에게 슬픔이라는 감정이 있음을 증명해준다고 생각하지는 않는다. 그렇지만 피그페이스가 노는 모습을 보고 버가트의 생각이 변화했듯이, 우리에게 어떤 깨달음을 주기에는 충분하다. 거북의 슬픔을 기대하지도 않으면서 거북의 슬픔을 발견하리라 희망해서는 안 된다는 깨달음이다.

경계는 없다:
종을 초월하는
슬픔

큰 귀에 코가 흔들흔들하는 회색 동물이 집채만 한 몸을 이끌고 널따란 들판을 거닌다. 옆에서는 작고 하얀 동물이 신이 나서 총 총댄다. 타라와 벨라는 이렇게 산책을 즐겼다. 날마다, 나란히, 이 둘은 테네시주 엘리펀트 생추어리의 넓은 부지를 돌아다녔다. 심 지어 수영도 함께했다. 강아지 벨라가 코끼리 친구 타라를 얼마 나 신뢰하는지는 자신의 배를 타라가 거대한 발로 쓰다듬게 놔두 는 모습에서 확연히 드러났다.

　　타라는 생추어리 직원들의 격려를 받아서가 아니라 스스로 떠돌이 개 벨라와 유대감을 쌓았다. 둘은 8년 동안이나 단짝 친 구였다. TV와 인터넷 덕분에 둘의 모습이 담긴 영상은 세계적인 화제가 되기도 했다. 덩치도, 습성도, 성격도 전혀 다른 두 동물 이 오랫동안 우정을 나누고 있다는 이야기는 많은 사람에게 행복감을 선사했다. 타라와 벨라는 개개의 의지만 모인다면 서로의 차이가 아무리 극과 극을 달리더라도 모든 것을 넘어 우정을 이룰 수 있다는 사실을 우리에게 상기시킨다.

2011년 어느 날, 벨라는 야생동물의 습격을 받았다. 이 동물들이 몇 마리인지는 몰라도 코요테인 것만은 거의 확실했고, 벨라를 죽인 뒤에 떠났다. 정황 증거밖에 없었지만 두 가지 추정이 가능했다. '벨라의 시신을 처음 발견한 것은 타라로, 타라는 죽은 친구를 둘이 행복한 시간을 보냈던 축사 근처로 데려갔다.' 생추어리 직원 누구도 타라가 벨라를 발견하는 모습이나 벨라를 옮기는 모습을 보지 못했으니 여기서 이 추정들이 진실이라고 단언할 수는 없지만, 알려진 사실들은 다음과 같다. 2011년 10월 24일에 타라와 벨라는 함께 있는 모습이 목격됐다. 다음 날 아침, 그리고 그날 하루 종일, 벨라는 어디서도 보이지 않았다. 생추어리 직원들은 벨라를 찾기 위해 수색을 시작했지만 아무런 성과를 얻지 못한 채 다음 날에도 수색을 계속했다. 벨라가 이렇게 오랜 시간 보이지 않았던 적은 없었기 때문에 직원들은 최악의 상황을 떠올리며 걱정하기 시작했다.

걱정은 현실로 드러났다. 벨라는 축사 근처에서 죽은 채로 발견됐다. 벨라 주변에 다른 야생동물이 다녀갔거나 격전이 벌어진 흔적은 없었다. 벨라가 어떻게 그곳까지 갔는지는 수수께끼로 남아 있다. 벨라가 공격 당한 현장으로부터 자신에게 위안이 되는 장소인 축사로 가고 싶어했을 수는 있지만, 아마도 부상이 너무 심해서 혼자 그 거리를 이동하기란 어려웠을 것이다. 그때 생추어리 직원이 타라의 코 아랫부분에서 핏자국을 찾았고, 이로써 타라가 벨라를 축사 쪽으로 데려왔다는 결론이 나왔다. 아니면 타라가 축사로 가고 있는 벨라를 발견하거나 벨라의 시신이 누워 있던 장소에서 죽기 직전의 벨라를 발견하고는 자신의 코로 벨라를 돕고 아픔을 덜어주려 했던 것일지도 모른다.

어찌 됐든 타라는 직원들이 벨라에게 데려가도 곁에 머물고 싶어하는 기색이 없었다. 그날 늦은 시각, 직원들이 벨라를 땅에 묻었지만 타라는 그쪽으로 오지도 않았다. 나중에 생추어리에서는 이틀간 타라와 벨라에게 벌어진 일을 웹사이트에 실었다.

> 타라는 벨라의 장례식에 참석하지 않았다. 타라는 무덤으로부터 90미터 정도 떨어진, 그리 멀지 않은 나무 몇 그루 뒤에 있었다. 하지만 끝내 오지는 않았다. 타라는 이미 작별 인사를 한 게 분명했다. 이 장례식은 사람들에게 필요한 행사였던 것이다. …
> 다음 날 직원들은 타라가 한밤중에, 아니면 새벽에 벨라의 무덤을 방문했다는 사실을 알아차리곤 가슴 아파했다. 벨라의 무덤 근처에 오래되지 않은 코끼리 배설물과 곧장 벨라의 무덤으로 향한 듯한 코끼리 발자국이 있었던 것이다.

처음에 이 마지막 문장에 대한 내 반응은 회의적이었다. 벨라의 무덤을 방문한 것이 어느 코끼리라고 어떻게 특정할 수 있을까? 그러다 생추어리 직원들로부터 더 상세한 이야기를 들었다. 타라가 무덤 바로 옆에 있는 모습이 목격되지는 않았지만, 근처에 있는 모습은 목격됐다. 다른 코끼리들은 근처에서도 목격되지 않았다. 게다가 숙련된 사육사들은 배설물과 발자국만으로도 어느 코끼리인지 식별할 수 있다고 한다. 이러한 사항들을 취합한 결과, 생추어리 직원들은 벨라의 무덤에 다녀간 코끼리가 타라라고 결론지은 것이었다.

타라와 벨라가 오랜 우정을 나누며 서로 얼마나 큰 기쁨을 얻었는지는 의문의 여지가 없다. 홀로 남게 된 동물이 어떤 슬픔 반응을 나타낼지 충분히 예측할 수 있는 상황이라고 할 수 있다. 그런데 생추어리 보고서에는 짚고 넘어갈 만한 내용이 한 가지 더 있다. 벨라가 실종된 후, 아직 죽은 벨라가 발견되기 전에 타라를 돌보던 이들은 타라가 이미 실의와 슬픔에 빠져 있었다고 여겼다. 사료도 덜 먹고, 평소와 다른 행동을 보였기 때문에. 시기상 타라는 이때 벨라의 죽음이 아니라 벨라의 '부재' 때문에 기분이 뒤숭숭했던 것 같다. 앞서 다른 장에서도 이 차이에 대해 고심한 적이 있지만, 동물의 전면적인 애도 반응과 친구가 어디에 있는지 몰라서 나타내는 정서적 반응은 어떻게 구별할 수 있을까?

동물원에 사는 코끼리, 고릴라, 침팬지들에게는 수년을 함께 지낸 친한 친구가 어느 날 그냥 사라지고 없는 일이… 그렇게 특별한 일은 아닐 것이다. 친구는 대형 상자에 실려 다른 동물원으로 보내졌을지도 모른다. 그러나 사육사에게는 이 사실을 설명해

줄 방도가 없다. 가만히 생각해보면, 가정집에서 때때로 벌어지는 일과도 크게 다르지 않다. 반려동물이 동물병원에서 죽음을 맞이하는 사이 다른 반려동물은 영문도 모른 채 집에 남겨져 있다. 아무리 생추어리에서라고 해도 통찰력이 뛰어난 관찰자라야 코끼리가 당장 함께 놀 친구가 없어서 그리워하는 것인지 상실감을 느끼고 슬퍼하는 것인지 구별할 수 있다. 타라의 경우 울적한 마음에서 시작된 감정이 어느 순간 더없는 애도로 발전했던 것 같다. 타라를 담당한 직원들은 벨라가 죽은 지 몇 주가 흐른 뒤에도 타라가 계속해서 한 번씩 벨라의 무덤을 찾았다고 말했다.

타라와 벨라 사이의 깊은 감정 교류는 지난 몇 년 사이 종을 뛰어넘은 동물들의 우정이 대중에게 인기 있는 주제가 된 까닭을 이해하는 실마리가 된다. 타라와 벨라는 둘의 다정하고 친밀한 모습이 영상에 담겨 인터넷에 퍼지면서 이러한 대중 현상이 나타나는 데 한몫했다. 그러다 2011년 내셔널 지오그래픽 소사이어티 소속 제니퍼 홀랜드가《흔치 않은 우정》을 펴냈고, 곧 베스트셀러 목록에 올랐다. 이 책에는 타라와 벨라를 비롯해 썰매견과 북극곰, 뱀과 햄스터 등 마흔일곱 가지 우정에 관한 이야기가 담겨 있었다. 홀랜드는 이전에 벨라가 병에 걸렸을 때 타라가 자리를 떠나지 않고 지킨 일화를 소개했다. 타라는 벨라가 몸져누워 치료를 받고 있는 건물 밖에서 근심 어린 기색으로 몇 날 며칠을 기다렸다. 마침내 둘이 다시 만났을 때는 각자 자기 종의 습성에 꼭 맞게 기쁨을 표현했다. 벨라는 온몸을 흔들고 바닥을 굴렀다. 타라는 우렁찬 트럼펫 소리를 내며 코로 벨라를 어루만졌다.

가끔 우리가 종을 초월한 우정의 사례로 접하는 이야기 중에는 잠깐의 긍정적 교류라고 보는 편이 더 정확한 것들도 있다. 이렇게 생각해보면 어떨까. 친구 집에 며칠 묵으러 갔다가 뒷마당에 있던 친구네 강아지와 즐겁게 놀게 됐다. 내가 먼저 프리스비를 던지며 놀이를 시작했지만, 나중에는 강아지가 먼저 프리스비를 물고 다가오며 놀자고 한다. 강아지가 나와 노는 것이 재미있다고 온몸으로 말하는 것 같다. 둘 다 적극적으로 놀이에 참여하며 몇 번이고 긍정적인 상호 작용을 나눈다. 마침 주어진 상황 덕분에 일시적으로 파트너십이 형성된 것이다. 하지만 나와 이 강아지 사이에 우정이 생겼다고도 말할 수 있을까? 그러려면 꽤나 짧은 상호 작용들이 이루어지는 사이에 우정을 정의하는 기준들이 충족돼야 한다.

그런데 장기간의 교제를 우정의 필요조건으로 보는 것은 타당한 걸까?《흔치 않은 우정》에서 홀랜드는 캐나다 북부의 작은 마을 처칠에 사는 썰매견과 북극곰의 이야기를 들려준다. 어느 날, 썰매견들이 묶여 있는 울타리의 열린 문 쪽으로 커다란 북극곰 한 마리가 다가왔다. 이 지역에서는 드물지 않은 일로, 가끔 썰매견이 야생 곰에게 죽어나가기도 했다. 대부분 초조한 반응을 보였지만 한 마리만은 달랐다. 사진작가 노르베르트 로징Norbert Rosing은 북극곰이 구르더니 그 개를 향해 앞발 하나를 내미는 모습을 지켜봤다. 개는 처음에는 조심스러워하다가 점차 긴장을 풀고 같이 놀자는 곰의 초대에 응했다. 한순간 곰이 세게 깨무는 바람에 개가 고통에 찬 비명을 지르기도 했다. 그러나 그때부터 곰은 자신의 작은 친구를 존중하며 힘을 조절했다. 곰은 20분 정도 함께 놀다 돌아갔고, 이후로도 며칠 동안 이 개와 놀기 위해 찾아왔다.

처칠에서는 이렇게 노는 모습이 특정 곰과 특정 개 한 쌍에게서만 발견되는 것이 아니다. 곰 여러 마리와 개 여러 마리가 종을 넘어 어울려 뛰놀기도 한다. 새하얀 눈과 대비되는 때 묻은 흰 털을 자랑하는 무지막지하게 큰 곰들이 개들이 겁먹지 않는 선에서 장난을 치며 같이 노는 모습이 슬로모션으로 촬영된 영상도 있다. 어떤 곰은 크고 뭉툭한 주둥이로 개를 슬쩍 민다. 또 어떤 곰은 개를 말 그대로 곰을 안듯 껴안아서, 개가 움찔거린다. 개의 머리를 바로 옆에 두고 입을 쩍 벌리는 곰도 포착됐다. 하지만 개들은 곰과 함께 있어도 편안해 보이고, 오히려 장난을 치길 바라며 곰에게 다가간다.

곰과 개의 놀이 행동은 더 많은 연구가 필요한 영역이다. 함께 노는 짝은 무작위적인 걸까? 다시 말해, 특정 곰과 특정 개가 아니어도 서로 어울려 노는 것일까? 아니면 정해둔 짝과만 되풀이해서 같이 노는 것일까? 이 곰과 개들은 한동안 만나지 못하면 어떻게 될까? 자기 놀이 짝을 그리워하는 조짐 같은 것이 엿보일까? 곰이 자신의 놀이 짝인 개가 죽어 있는 것을 발견한 적은 없었을까? 반대의 경우는? 처칠 지역의 곰과 개들 사이에는 타라와 벨라의 관계에 근접한 관계, 즉 놀이 짝이 죽으면 종을 초월해 슬퍼할 수 있는 관계를 이룬 곰과 개도 있을까?

종을 넘어선 모든 우정이 애도가 나타날지 물을 수 있을 만큼 깊이 있지는 않다. 뱀과 햄스터 사이의 있었을지도 모르는 유대에 관해서도 이야기해보자. 이 햄스터가 동물원에 사는 뱀을 만난 것은 뱀의 신진대사율이 낮은 겨울이었고, 뱀은 햄스터를 부드럽게 휘감았다. 홀랜드는 이 만남이 여름에 이루어졌더라면 그 대신 뱀의 몸에 설치류 모양의 혹이 불뚝 솟아올랐을 것이라고 인정한다. 시간이 흐른 뒤 이 햄스터는 어떻게 됐을까? 홀랜드는 이에 관해서는 별달리 언급하지 않았고, 나도 이 시나리오에서 어떤 애도 장면이 연출될 수 있었을 것이라고는 기대하지 않는다.

반면, 하마 오언과 육지 거북 음제의 우정은 항구적이라는 점에서 눈길을 끈다. 오언은 끔찍한 쓰나미로 2004년 크리스마스 시즌에 고아가 됐다. 오언은 곧 케냐의 한 동물 보호 공원으로 보내졌는데, 그곳에서 130살 음제를 만난다. 오언과 음제 사이에 극적인 불꽃이 튀었던 것은 아니지만, 어리고 떠들썩한 오언이 먼저 다가가자 둘 사이에는 점차 우정이 싹텄다. 얼마 지나지 않아 오언과 음제는 누가 먼저랄 것 없이 서로를 따라다녔고, 독특한 의사소통 시스템이 생겨났다. 산책을 할 때 음제는 오언의 꼬리를 살짝 깨물며 가자고 한다. 그리고 오언은 음제의 발을 살며시 건드리며 가자고 하는데, 오른쪽으로 가고 싶을 때는 오른쪽 뒷발을, 왼쪽으로 가고 싶을 때는 왼쪽 뒷발을 건드린다. 오언이 음제를 잃거나, 음제가 오언을 잃으면 어떻게 될까? 오랜 우정은 종종 남은 자의 슬픔을 대가로 요구한다. 그리고 슬픔 앞에서 종의 경계는 무의미하다.

종을 초월한 우정과 그에 뒤따를지 모르는 슬픔은 인간의 삶 가까이에서도 찾을 수 있다. 멜리사 코우트 씨는 반려견 도베르만 루시가 죽자 반려묘 매디슨이 보인 반응에 울컥했다. 새끼 고양이 매디슨이 한 가족이 됐을 때 루시는 이미 네 살이었다. 매디슨은 피부병을 앓고 있어서 처음 몇 주 동안은 매일 저녁 목욕을 해야 했는데, 루시는 자청해서 매디슨을 핥아 말려줬다. 몇 년 동안 두 동물은 매일 밤 서로 털 손질을 해줬다. 7년에 걸쳐 관계가 지속되던 중, 루시가 암에 걸렸다. 이 어려운 시기에 재미있는 사건도 있었다. 고양이들은 좋아하는 사람에게 '선물'을 하는데, 어느 날 늦은 밤 매디슨이 쥐 한 마리를 잡아 침실로 들어오더니 코우트 씨의 가슴 위에 내려놓은 것이다. "이불이 날아가더라고요." 코우트 씨가 말했다. "쥐고 고양이고 전부 부엌으로 뛰어갔죠. 그러다 쥐가 매디슨의 앞발을 물었고, 매디슨은 놀라서 비명을 질렀어요. 그 소리에 루시가 몸이 아픈 와중에도 부리나케 달려와 쥐를 두 동강 낼 듯 물어놓더니 다시 자러 가지 뭐예요."

루시는 집에서 죽음을 맞이했다. 매디슨은 침대에 올라가더니 이불 속으로 파고들었는데, 생전 처음 보이는 행동이었다. 다음 한 달 내내 매디슨은 밥을 먹거나 볼일을 볼 때를 제외하고는 자기가 만든 동굴 안에서 나오지 않았다. 코우트 씨의 표현에 따르면 매디슨은 이 "애도의 시간" 이후 다시는 그런 식으로 침대에 몸을 숨기지 않았다.

　캐런 숌버그 씨는 워싱턴주에 있는 자신의 작은 농장에서 목격한 서로 다른 종 간의 슬픔을 이야기했다. 셰틀랜드포니(말과의 한 품종)인 서른두 살 피치스는 언젠가부터 울혈과 호흡 곤란 증상을 앓기 시작했다. 피치스와 몇 년 동안 친구로 지내온 염소 제제벨은 어찌나 걱정을 하는지 다른 염소들과는 어울리지도 않고 피치스 곁에만 머물 정도였다. 숌버그 씨도 염려하는 마음을 안고 피치스의 용태를 살피러 자주 들렀는데, 어느 날 밤 놀라운 광경을 보게 됐다. 피치스는 점점 더 약해지는 몸을 가누기 위해 여물통에 기댄 채였고, 제제벨이 피치스에게 바싹 붙어 가슴을 받쳐 지탱해주고 있었다. 친구가 받쳐 올려주는 힘이 있기 때문에 피치스는 자기 발로 서 있을 수 있었다. 그러나 다음 날 아침, 피치스는 바닥에 누워 있었고, 숨을 거둔 후였다. 숌버그 씨는 제제벨이 너무나도 쓸쓸해 보였다.

　피치스와 제제벨의 이야기는 동물들이 자신과 같은 종인 다른 개체들이 주변에 있더라도(오언과 음제의 상황과 달리) 다른 종과 우정을 나누기를 선택할 수도 있다는 점을 보여준다. 왜 제제벨은 다른 염소들을 놔두고 말인 피치스와 친구가 됐을까? 테네시주 엘리펀트 생추어리에는 다른 코끼리들도 많았는데 왜 타라는 강아지 벨라와 함께 지내는 것을 더 좋아했을까? 다른 종의 개체와 나눈 우정이 얼마나 소중하고 특별했기에 이 동물들은 친구가 죽어가거나(제제벨의 사례) 죽었을 때(타라의 사례) 감정적으로 큰 영향을 받는 것일까? 많은 동물이 호기심이 넘치고, 사교적이며, 새로운 경험에 열려 있다. 동물들은 다른 종과 처음 상호 교류를 할 때 뿜어져 나오는 '긍정적 에너지'를 더 많이 찾고 싶어할 것이고, 우정은 그 결과일지도 모른다.

어떤 면에서 보면 종을 초월한 슬픔의 문제는 이 책에 실린 많은 이야기 속에 이미 들어 있다. 동물들은 함께 지내던 사람이 죽으면 슬퍼할 것이고, 우리 사람들도 사랑하는 동물을 잃으면 슬퍼할 것이다. 2011년의 어느 날, 독일 베를린은 북극곰 크누트의 죽음으로 도시 전체가 슬픔에 잠겼다. 크누트는 엄마 곰에게 버림받은 후 베를린 동물원에서 자라며 (《뉴욕 타임스》의 표현을 빌리자면) 그야말로 "전국적 열광"의 대상이 됐다. 심지어 베를린 슈판다우 인근 지역과 독일역사박물관, 그리고 베를린 동물원 이렇게 세 곳에 크누트를 기리는 기념물이 세워졌거나 세워질 예정이다.

세상을 떠난 동물을 추모하고자 하는 행사는 당연히 이보다 훨씬 작은 규모로도 열린다. 최근에 나는 팅키라는 고양이가 죽은 뒤 열린 짧은 추모식에 참석했다. 18년 동안 쭉 팅키는 내 친구 누알라 갈바리의 동반자였다. 누알라와 누알라의 파트너 데이비드 저스티스는 고양이, 토끼에서부터 말, 새에 이르기까지 다양한 동물과 함께 산다. 팅키는 새끼 고양이였을 적 누알라가 피아노를 치면 곧잘 옆에 앉아 있었다. 그럴 때면 누알라는 자연스럽게 팅키의 발바닥을 가만히 잡고 부드럽게 건반을 두드리고는 했다. 팅키는 이를 긍정적으로 받아들였을 뿐 아니라, 누알라와 소통하기 위해 여러 음표를 연주하기 시작했다. 어느 날 누알라가 몸져눕자 팅키는 그런 누알라의 상태에 맞춰 행동하며 누알라 곁에 머물렀다. 회복하기까지는 제법 시간이 걸렸는데, 그사이 누알라와 팅키 사이의 유대는 더없이 단단해졌다. 건강을 되찾은 누알라는 팅키와 이전처럼 음악에 대한 사랑을 나눴다. 누알라는 말했다. "팅키가 오른발로 한 옥타브 안에서 여섯 음이나 연주했던 적도 몇 번이나 돼. 우리가 박수를 치면 왼발로 낮은음도 몇 개 연주해주려고 했고. 이 깜찍한 고양이가 내가 두 손으로 연주하는 걸 알고 자기도 두 앞발로 피아노를 치려고 한 거지." 노쇠한 팅키가 마침내 숨을 거두고 집에서 죽음을 맞이했을 때, 나를 비롯한 몇몇 친구들은 팅키를 잃은 상실감이 상당했다. 누알라와 데이비드가 뒷마당에서 팅키의 장례를 치를 때 우리 모두 참석했고, 팅키의 삶을 추억하는 사진과 시를 함께 나누며 추모했다.

《마지막 산책The Last Walk》은 제시카 피어스Jessica Pierce가 자신이 키우던 개 오디의 마지막 몇 주와 죽음에 관해 기록한 가슴 뭉클한 작품이다. 오디는 비즐라 종으로, 열네 살이었다. 오디는 노년기에 접어들면서 치매에 걸렸고, 다리가 쇠약해졌고, 보거나 들을 수 있는 능력도 거의 상실했다. 생명윤리학자인 피어스는 오디에게 "좋은 죽음"이란 무엇일지 고민하기 시작했다. 즉, 어떻게 해야 오디에 대한 자신의 책무를 다할 수 있을지, 오디가 어느 때에 어느 식으로 죽음을 맞는 것이 자신의 강한 애착만이 아니라 오디를 위한 것이 될지 말이다. 물론 오디가 늘 병약했던 것은 아니었다. 수년간 오디는 피어스가 달리기를 하고 산악자전거를 탈 때 함께한 동반자였다. 이제 오디는 건강이 좋지 않았고, 피어스는 자신이 보기에 걷잡을 수 없이 악화된 삶을 오디가 덤덤히 받아들이는 모습이 안쓰러웠다. 상황은 계속해서 나빠져만 갔다. 오디는 쓰러지기라도 하면 스스로 일어서지 못해서 가족 중 누군가가 발견할 때까지 배설물 위에 앉아 있었다. 결국, 피어스는 수의사를 집으로 불러 오디를 안락사시켰다.

오디가 죽고 나서 피어스는, 안락사를 시킬 때 가슴이 미어질 듯 아팠지만, 그 순간이 가장 힘겨운 순간은 아니었다고 회고했다.

오디를 곧 잃는다는 감각, 예정된 슬픔을 깨닫는 것, 나에게는 이것이 단연 최악의 단계였다. 나는 오디에게 죽음이 가까워오기 훨씬 전부터 오디를 애도했다. 오디가 생사를 달리하는 순간은 날카롭고 고통스러웠다. 물속에서 숨이 막혀 죽을 것만 같은, 그런 종류의 고통이었다. 그러나 몇 시간 이상 지속되지는 않았다.

피어스의 글이 와닿는 건 솔직하기 때문이다. 피어스는 오디를 "14년간 함께한 최고의 사랑이자 길잡이"라고 묘사했다. 오디는 항상 아팠던 건 아니지만, 피어스의 설명에 따르면 고집이 세고 신경질적이어서 손이 많이 가는 개였다. 나는 이 사랑도 이해가 가고, 길잡이라는 말의 의미도 알 것 같다.

　　우리 집 서재 벽난로 위에는 여덟 개의 작은 체리목 상자가 있다. 그중 다섯 개에는 우리가 키웠던 고양이의 유골이, 두 개에는 토끼의 유골이 들어 있고, 가장 큰 나머지 한 개에는 시숙이 세상을 떠난 후 돌봤던 개의 유골이 들어 있다. 각각의 상자에는 상자 주인을 기억하기 위해 각별히 고른 말을 담아 조그마한 명판을 달아뒀다. 거침없는 수고양이, 그레이 앤드 화이트는 원래 몸집이 크고 오만하며 쌀쌀맞은 고양이였지만 병이 난 후 우리 집에 살면서 실내 생활을 무척 좋아하게 됐다. 그레이 앤드 화이트를 기리는 명판에는 이렇게 쓰여 있다. "야생 고양이들의 대장, 받아 마땅한 사랑을 듬뿍 받고 떠나다." 조용한 성격으로 갖은 병마와 씨름하느라 3년밖에 살지 못한 마이클의 명판은 훨씬 간결하다. "누구보다 사랑스러웠던 소년."

　　우리가 사별한 동물 중에는 까다롭고, 고집이 세며, 신경질적이었던 동물들도 있을 것이다. 우리는 그들 모두를 위해 슬퍼한다, 그들은 우리의 친구였으니까.

동물의 자살?

II

곰 사육농장. 가슴이 철렁하는 단어 조합이다. 닭 사육농장, 소 사육농장, 돼지 사육농장이야 익숙하고, 심지어 들소 사육농장과 라마 사육농장까지도 귀에 익기는 하다. 어릴 적 순수했던 시절이 지나가고 나면, 우리가 농장 동물들을 생각할 때 떠오르는 이미지는 목가적이지만은 않다. 그 동물들이 언젠가 전혀 인도적이지 않은 방식으로 도축되리라는 것을 알기 때문이다. 사람은 때로 한 꺼풀 너머에 있는 진실을 알게 됐을 때 거기에 극도로 사로잡히기도 한다. 애니 포츠의 《닭》에는 닭 도축장에서 일어나는 일들이 고스란히 묘사되어 있었고, 그건 나를 오랫동안 괴롭혔다. 이 글을 쓰기 위해 세부적인 내용을 다시 떠올리기 버거울 정도였다. 이러한 사실을 새롭게 접한 뒤 우리가 어떤 반응을 하든지 간에, 그러니까 채식주의자가 되든 지역 농가에서 방목해 기른 육류만 구매하든 아니면 가리지 않고 무엇이든 구매하든 간에, 어쨌거나 닭이나 소, 돼지 사육은 일반적인 관습이다.

그러나 곰 사육은 아니다. 적어도 최근까지 내게는 아니었다. 마크 베코프의 블로그에서 '자식을 죽이고 자신도 뒤따른 곰, 중국 곰 사육농장의 실태'라는 글에 시선이 사로잡히기 전까지는 그랬다. 곧 내 관심은 '곰 사육농장'이라는 개념을 소화하는 데서 이 글의 요지로 넘어갔다. 곰이 자살을 했다고? 2011년 8월, 처음에는 중국 미디어가, 이어 몇몇 서구권 미디어가 베코프가 언급한 이 사건에 관한 기사를 실었다. 저널리즘적으로 그렇게 신중하다고는 할 수 없는 영국 일간지《데일리 메일》은 관련 온라인 기사에 '궁극적 희생, 고문으로 점철된 삶에서 벗어나려 새끼 곰을 죽이고 자신도 죽은 어미 곰'이라는 헤드라인을 박았다.

이 어미 곰이 어떤 행동을 했는지 분명히 파악하고, 관련 있을지 모를 곰의 슬픔을 헤아려보자면 먼저 불편한 주제를 짧게나마 짚고 넘어가야 할 것 같다. 바로 곰 사육농장에서 일어나는 일이다. 더 정확히 말하자면, 담즙 농장에서 일어나는 일. 중국, 베트남, 한국 등 아시아 곳곳에 곰들이 감금돼 있다. 이들 지역에서 곰 담즙에 의학적 효능이 있다고 여겨지기 때문이다. 담즙에 든 우르소데옥시콜산(UDCA)이라는 성분은 간 질환, 고열을 비롯해 여러 질병을 물리치는 데 유용하다고 선전된다. 심지어 곰 담즙을 껌, 치약, 로션 같은 제품에 넣어 파는 회사들도 있다.

이 산업의 생태는 상당히 복잡하다. 많은 사람들이 탐내는 담즙은 곰에게서만 분비되는 것이 아니기 때문이다. 담즙은 인간을 포함해 많은 동물에게서 분비되는 물질이며, 우르소디올이라는 합성 화합물도 개발돼 담석증 치료에 활용되고 있다. 하지만 이러한 대안들은 곰 담즙 산업을 종식으로 이끌지 못했다. 오히려 완전히 잘못된 방향으로 몰아넣었다. 엘스 폴센Else Poulsen은 자신의 책《웃는 곰Smiling Bears》에서 곰 담즙에 의존하지 않는 대안의 출현은 그 인위적인 본성으로 말미암아 거꾸로 진품에 가치를 더하며 곰의 안녕에 역효과를 불러일으켰다고 썼다. 살아 있는 곰에게서 추출한 담즙은 일부 부유한 사람들 사이에서 값비싼 트로피로 자리 잡았다.

폴센의 책에는 곰 사육농장에서 담즙을 얻기 위해 자행하는 일련의 처참한 일들이 실려 있다. (동물들이 고통 받는 현장에 관한 생생한 설명을 피하고 싶은 독자는 이 단락을 건너뛰기를 바란다) 중국에서 아시아흑곰은 살아 있는 담즙 기계에 지나지 않는다. "영구적으로 누워 지낼 수밖에 없도록 생긴 관과 같은 철망 우리 안에 곰들이 한 마리씩 갇혀 있다. 어쨌든 먹이는 먹여야 하니 한쪽 팔만 겨우 움직일 수 있게 만들어둔 그곳에서 이 곰들은 평생을—수년의 세월을 보낸다." '영구적'이라니, 정말이지 혹독한 단어가 아닐 수 없다. 이 단어는 다른 구절에서 다시 등장한다. "곰은 제대로 마취를 시키지 않아 반쯤 의식이 있는 상태에서 밧줄에 묶여 있다. 녹이 슬대로 슨 금속 추출관이 곰의 복부 쓸개 위치에 영구적으로 꽂혀 있다." 시간이 흐르면서 제정신을 잃는 곰들도 나타난다. 우리에서 벗어날 방법이 없는 곰들은 머리를 철창에 받는다. 죽음의 구원은 너무나도 느리게 다가온다.

아시아 전역의 담즙 농장에 곰이 몇 마리나 감금돼 있는가에 대한 추정치는 다양하지만, 1만 마리는 넘는 것이 확실시된다. 이 사육곰 중 한 마리가 베코프가 주목했던 어미 곰이다. 사건이 전개된 순서는 다음과 같다. '사육장 직원이 새끼 곰에게서 담즙을 채취하려 준비하는 와중에 새끼 곰이 고통에 울부짖었다. 어떻게 된 일인지 우리에서 빠져나오는 데 성공한 어미 곰이 자신의 새끼를 잡아챘다. 어미 곰은 엄청난 힘으로 새끼 곰을 껴안았고, 새끼 곰은 목이 졸려 사망했다. 어미 곰은 곧장 벽으로 돌진해 머리를 박고 사망했다.'

결코 충분하다고는 할 수 없는 설명이다. 중요한 정보가 빠져 있기 때문이다. 사육장 직원은 정확히 뭘 하고 있었나? 어미 곰은 어떻게 우리를 탈출했나? 마찬가지로 나는 위 설명에서 어미 곰의 의도나 동기, 감정에 관해 언급하지 않았다. 동물의 행동에 관해 말할 때는 바로 이렇게 써야 한다고 대학원에서 배운 방식대로. 하지만 (이 책이 입증하고 있듯이) 나는 더 이상 동물들의 이야기를 그런 식으로 쓰지 않는다. 대체 버전은 다음과 같다. '사육장 직원이 새끼 곰의 담즙을 채취할 준비를 하자 새끼 곰이 고통에 울부짖었다. 사랑하는 새끼 곰이 고통스러워하는 모습을 보고 괴로움을 느낀 어미 곰은 우리를 탈출했고, 새끼 곰이 더 이상 고통 받지 않도록 새끼 곰의 목숨을 빼앗았다. 감정적 고통을 주체할 수 없었

던 어미 곰은 의도적으로 벽에 돌진해 머리를 박고 자살했다.'

어떤 설명이 더 정확할까? 애초에 이 두 마리의 곰, 그리고 수천 마리가 넘는 곰들에 대한 슬픔이 북받치는 상황에서 이렇게 분석적인 질문에 집중하기란 쉽지 않을 것이다. 그렇지만 근본적인 과학적 질문을 던지는 것은 중요하다. 어미 곰은 정신에 이상이 생겨(앞서 인용한 폴센의 조사 내용에 따르면 충분히 있을 법한 일이다) 자신이 뭘 하는지에 대한 자각 없이 벽을 향해 몸을 내던진 것일까? 어떤 동물들은 스스로 목숨을 끊는 의식적인 선택을 내릴 수 있는 것일까? 한 신문 기사에 인용된 목격자의 주장에 따르면 어미 곰은 새끼 곰을 "지옥 같은 삶에서 구하기 위해" 죽였다. 이러한 주장이 타당한 것으로 인정될 만한 추론 능력을 갖춘 동물들이 있을까? 곰이 사실상 안락사에 가까운 행위를 할 수 있을까? 우리는 사랑의 이면이 슬픔이며, 함께하는 기쁨의 이면은 고독한 슬픔이라는 것을 안다. 슬픔이 너무 깊어지면 동물들은 사랑하는 이를 육체적 고통으로부터 해방시키기 위해 죽음으로 이끌 수도 있는 것일까?

유감스럽게도 어미 곰의 행동이 구체적으로 밝혀져 있지 않기 때문에, 그곳에서 정확히 어떤 일이 벌어졌던 것인지조차 한마디로 단정 짓기 어렵다. 게다가 어쨌든, 관찰만으로는 어미 곰이 '왜' 그런 행동을 했는지 알아내기란 불가능하다. 하지만 이 사건을 그저 풀리지 않은 미스터리로만 남겨두지는 말자. 대신 두 곰이 겪어야 했던 운명과 어미 곰이 실제로 한 행동(어미 곰에게 의도가 있었는지, 있었다면 어떤 의도였는지를 떠나서)에 미루어, 동물의 슬픔에 관해 우리가 이미 던진 질문들에 새로운 질문을 더해보자. 동물들은 자살을 하나? 자살을 한다면, 슬픔이 동기일 수 있나?

찰스 다윈이 《종의 기원》을 통해 자연 선택에 의한 진화론을 발표하기 12년 전인 1847년, 과학 잡지 《사이언티픽 아메리칸》이 이 질문을 짤막하게 다룬 바 있다. 논의 대상이 된 동물은 몰타의 가젤이었는데, 이 가젤의 이야기는 지금 우리가 다루고 있는 중국의 어미 곰 이야기와 유사한 면이 있다. 160여 년 전에 '가젤의 자살Suicide by a Gazelle'이라는 헤드라인을 달고 실렸던 기사의 내용은 다음과 같다.

지난주, 몰타에 있는 가우치 남작의 교외 저택에서 동물의 사랑을 예증하는 기이한 사건이 일어났다. 사건의 끝은 죽음이었다. 암컷 가젤이 뭔가를 잘못 먹고 급작스럽게 사망하자 이 암컷의 짝인 수컷 가젤이 죽은 암컷의 곁을 지키며 누군가 접근하려 하면 전부 뿔로 밀쳐냈다. 그러다 갑자기 벽으로 달려들어 머리를 박았고, 자신의 짝 옆에 쓰러져 죽음을 맞았다.

암컷 가젤은 자연적인 원인으로 죽었고, 이 점에서 곰 이야기와 결이 다르다. 그러나 그 뒤에 벌어진 일은 묘한 우연의 일치를 보여준다. 수컷 가젤이 어미 곰과 똑같이 벽에 몸을 부딪친 것이다. 이 두 동물이 이렇게 극적이고 치명적인 행동을 일으킨 까닭은 이들의 감정이 상실(가젤의 사례)과 괴로움(곰의 사례)에 압도됐기 때문일까? 《사이언티픽 아메리칸》의 블로거 메리 카멜렉Mary Karmelek은 2011년에 이 한 쌍의 가젤에 관한 토막 기사를 다시 다뤘는데, 그녀는 수컷 가젤의 행동을 슬픔에 사로잡혀 자살했다고 설명하기에는 개연성이 떨어진다고 생각했다. 카멜렉은 수컷 가젤이 치명적인 행동을 하게 된 다른 원인을 추측해봤다. 수컷 가젤도 암컷 가젤이 먹은 것을 먹었지만 죽지 않고 신경 손상으로 인한 정신 착란에 이르렀던 것일지도 모른다. 아니면 스토팅stotting을 하다 잘못된 것일 수도 있다. 가젤은 포식자를 보고 달아날 때 네 발을 동시에 굴러 땅을 박차며 공중으로 뛰어오르는 스토팅이라는 행동을 한다. 카멜렉은 이렇게 썼다. "수컷 가젤의 자살처럼 보이는 행동은 인간 포식자들을 보고 반응을 하다가 박자가 꼬이는 바람에 나타난 불행한 결과였던 것은 아닐까."

곰의 자살, 가젤의 자살. 두 사례에는 모두 자살로 의심할 합리적인 여지가 있다. 어미 곰과 수컷 가젤은 둘 다 재빠른 움직임을 보였는데, 이는 죽음을 향한 즉흥적 충동에 따른 것으로 해석된다. 구글 검색창에 '동물의 자살'을 입력하면 이와 같은 무모하고 충동적인 행동을 동물 자살의 주요 특징으로 꼽는 각종 일화가 나온다. 놀랍게도 동물의 자살은 사람들이 제법 관심을 갖는 주제인 듯하다. 우리가 동물의 감정을 인식하고 다른 동물들과의 동류의식을 자각할 수 있는 또 하나의 지점이기 때문인 것 같다. 그렇지만 상당한 경우는 '자살'로 분류하기에 부적절한 사례들이다.

동물의 자살과 관련된 잘못된 믿음의 대표적 예가 하나 있는데, 주인공은 레밍(나그네쥐)이다. 사람들의 행동을 레밍에 빗대 표현하는 클리셰를 들어본 사람도 있을 것이다. 시답잖은 유행을 좇는 친구를 보고 대중을 무조건 따르지 말라고 타이르고 싶을 때 "네가 레밍이냐, 스스로 생각하고 행동해!"라고 말하는 식이다. 레밍의 순응성에 관한 믿음은 이 작은 설치류가 절벽에서 집단으로 뛰어내린다는, 그러니까 레밍들은 무조건 앞서가는 레밍을 따라 가장자리 너머로 몸을 던져 죽는다는 견해에 뿌리를 두고 있다. 이 기상천외한 관념이 어쩌다 생겨났는지는 두 부분으로 설명이 되는데, 정말이지 자살과는 무관하다.

첫 번째 설명은 레밍의 습성과 관련이 있다. 레밍은 개체 수가 상당히 큰 폭으로 변화를 거듭하는 동물이다. 개체 수가 폭발적으로 증가하면 일부 레밍들은 원래의 터전에서 식량을 얻기 위해 치열한 경쟁을 하는 대신 이주를 선택한다. 그래서 레밍이 대규모로 떼 지어 움직이는 것은 사실이지만, 낭떠러지에서 뛰어내리지는 않는다. 두 번째로, 호주의 ABC 사이언스 방송이 밝힌 바 있듯, 레밍에 관한 낭설이 퍼지게 된 결정적 원인은 한 할리우드 영화에 있다. 1958년에 월트 디즈니 스튜디오는 〈화이트 와일드니스White Wilderness〉라는 영화를 개봉했다. 제작진은 영화에 레밍을 등장시키고자 했는데, 캐나다 앨버타주의 영화 촬영지는 레밍이 서식하는 곳이 아니었다. 그래서 이들은 이누이트 족 아이들에게서 레밍을 수십 마리 사들였다. ABC 사이언스는 "레밍의 집단이주 시퀀스는 눈으로 덮은 턴테이블 위에 레밍들을 태운 다음 돌리며 여러 각도에서 촬영한 것이다. 절벽에서 떨어져 죽는 시퀀스는 레밍 무리를 작은 절벽 위에서 강으로 몰아넣은 것이다"라고 전했다. 다행스럽게도 오늘날 미국 영화계에서 이렇게 계획적으로 동물을 착취하는 행위는 더 이상 용납되지 않는다. 아무튼 〈화이트 와일드니스〉 개봉 당시 레밍이 나오는 장면은 널리 유명해졌고, 이로써 레밍 신화가 탄생하고 만 것이다.

레밍은 동물의 의도성을 논의하고자 할 때 빼놓을 수 없는 흥미로운 동물이다. 레밍의 집단 자살(레밍 신화)이 레밍 전체가 맹목적으로 벌이는 행동으로 비치기 때문이다. 각 개체가 죽기를 바라서 죽기 위해 행동을 취한 것이 아니라 그 반대로 보인다는 뜻이다. 대다수 레밍은 선두에 있는 레밍이 어디를 향하는지 전혀 모른다. 그런고로 다 같이 죽는다. 필연적으로, 동물의 사랑이나 슬픔과 마찬가지로, 정의定義에 관한 의문이 떠오른다. '동물의 자살'이라는 표현은 동물이 자신의 삶을 끝내겠다는 의식적 선택에 따라 행동한 경우에만 쓸 수 있는 것일까? 이 같은 제한은 어미 곰과 수컷 가젤의 행동을 이해하려 할 때 별 도움이 되지 않는다. 우리는 어미 곰이나 가젤이 의식적으로 선택을 내렸는지 아닌지 알 수 없기 때문이다. 그러나 레밍의 '자살'을 배제하는 데는 도움이 되며, 그 밖의 다른 동물 자살 사례 후보들을 배제하는 데도 유효할 것이다.

스코틀랜드 덤바턴 근처에는 지역민 사이에서 '개들의 자살

다리'라고 불리는 교량이 있다. 지난 반세기 동안 오버턴 다리에서 추락사한 개는 600마리가 넘는다. 미디어들은 마치 죽은 개들이 목적의식을 갖고 투신하기라도 했다는 듯 "자살하는 개", "가미카제 강아지" 같은 표현을 쓰며 이 사태를 자극적으로 보도한다. 그렇지만 개 수백 마리가 (레밍 신화 속 레밍들처럼 집단이 아니라 한 마리씩) 이곳에서든 다른 어느 곳에서든 스스로 목숨을 끊는다는 생각은 쉽사리 받아들이기 어렵다. 대체 무슨 일이 벌어지고 있는 것일까?

아무래도 개의 지각 능력과 관련이 있는 것 같다. 개들은 다리 위에 있을 때 불현듯 먹잇감의 냄새를 맡고 뒤쫓는 것일지도 모른다. 오버턴 다리는 개들이 다리를 건너는 중에 다리 양쪽의 돌로 된 난간 너머가 낭떠러지라는 것을 알 수 없는 구조다. 개의 시각에서는 낮은 벽밖에 보이지 않기 때문이다. 그렇다면 난간을 뛰어넘는 개들은 안타깝게도 오버턴 다리의 건축 설계상 특징 때문에 지각 능력의 한계에 부딪혀 발생한 희생자들로 볼 수 있다. 이렇게 의식적인 자살 의도 여부를 끌어들일 필요도 없이 스코틀랜드 개들의 행동은 간단히 설명된다.

그렇더라도 역시 자살 욕구를 품고 행동에 옮길 정도로 감정적 고통을 느끼는 동물들은 있는 것일까? 포유동물 행동 전문가이자 조련사인 리처드 오배리Richard O'Barry는 돌고래가 자살하는 장면을 자신의 눈으로 똑똑히 목격했다고 주장한다. 캐시라는 이돌고래는 내가 어릴 때 좋아했던 1960년대 TV쇼 〈플리퍼〉의 돌고래 스타 중 한 마리였다. 오배리에 따르면 캐시는 그와 눈을 마주친 채 숨을 멈췄고, 수조 바닥으로 가라앉았다. 오배리는 2010년에《타임》과의 인터뷰에서 다음과 같이 말했다. "동물 오락 산업은 사람들이 돌고래가 자살을 할 수 있다는 생각을 아예 하지 않기를 바라요. 하지만 돌고래는 자신을 자각하는 동물이에요, 뇌도 인간의 뇌보다 크고요. 삶을 더 이상 견딜 수 없는 지경에 내몰린 돌고래들은, 그냥 숨을 쉬지 않아요. 그게 자살이죠."

《타임》은 2009년에 오스카상을 수상한 다큐멘터리 작품〈더 코브: 슬픈 돌고래의 진실The Cove〉에 관한 기사에서 오배리가 회고하는 내용을 다뤘다. 루이 시호요스Louie Psihoyos 감독이 연출한 이 영화는 타이지라는 일본의 작은 마을에서 매년 벌어지는 극악무도한 관습에 맞서 행동주의 활동을 펼친 오배리의 이야기를 조명한다. 이 마을에서는 매해 12개월 중 6개월 동안 수천 마리의 돌고래를 죽였다. (〈더 코브〉에는 돌고래들이 천천히 고통스러운 죽음을 맞이하는 모습이 몇 장면이나 가감 없이 담겨 있어서 차마 볼 엄두가 나지 않는다) 이 잔인한 관습은 돌고래 고기를 고래 고기로 속여 파는 사업이 상당한 이윤을 내면서 비밀리에 계속돼왔고,〈더 코브〉가 흥행하기 전까지는 거의 알려져 있지 않았다. 오배리는 일본인 대다수가 다른 나라 사람들과 마찬가지로 이 사실을 알지 못했다고 강조한다.〈더 코브〉가 촬영된 장소는 외진 곳으로, 돌고래를 죽인 사람들은 암암리에 포획 활동을 자행해왔다.

오배리가 동물 행동주의 활동에 나서고, 일본의 돌고래 도살 관습을 세상에 널리 알리고자 마음먹게 된 데는 돌고래들과 함께 한 이력이 크게 작용했다. 과거 1960년대에 오배리는 야생에서 돌고래 다섯 마리를 포획했고, 이 돌고래들이 〈플리퍼〉에서 쇼를 할 수 있도록 훈련시켰다. 마이애미 해양수족관으로 거취가 확정된 뒤, 오배리는 이 돌고래들과 헤아릴 수 없이 많은 시간을 함께 보냈다. 쇼가 방영되기 시작했고, 오배리는 수조 가장자리에 설치한 텔레비전으로 돌고래들과 같이 매주 금요일 저녁 7시 30분에 이 쇼를 시청했다. 그리고 바로 그때 오배리는 돌고래들이 자기 자신을 인식한다는 사실을 처음으로 깨달았다. 캐시를 포함해 이 돌고래들이 작은 화면에 나오는 자기 모습을 알아봤기 때문이다.

캐시가 자신이 지내던 수조에서 자살을 했다는 주장을 뒷받침하기 위해 오배리는 돌고래들이 숨을 쉬는 원리를 짚는다. 우리 인간에게 호흡이란 의식적으로 생각할 필요 없이 이루어지는 자동적인 과정이다. 우리는 아무리 깊은 잠에 빠져도 자연스럽게 숨을 쉬며, 격렬한 운동을 하거나 감정적으로 흥분했을 때와 같이 특별한 상황을 제외하면 낮 동안 자신의 호흡을 의식하는 일은 좀처럼 없다. 나는 지금 내 생각을 전달할 적절한 단어를 고르는 데 집중하며 컴퓨터로 타자를 치고 있다. 그러나 숨을 들이쉬고 내뱉는 일은 그렇다는 자각 없이 하고 있다. '의식적인 호흡'을 해야 하는 돌고래들은 이런 사치를 누리지 못한다. 돌고래들은 숨을 들이쉴 때마다 집중을 해야 하기 때문이다. 오배리의 설명에 따르면, 신체적으로 건강한 돌고래가 숨을 쉬지 않기를 선택했다는 것은 삶을 끝내기로 스스로 결심한 것이다.

2008년 여름, 잉글랜드 콘월 연안에서 돌고래 스물여섯 마리가 죽었는데, 이때 한 전문가가 자살일지도 모른다는 설명을 내놓았다. 당시 콘월 남부의 한 강가에 돌고래들이 떠밀려 올라왔다. 돌고래들은 네 군데에 흩어져 있었다. 스트랜딩 가능성이 제기되자 구조대원들은 지체 없이 현장으로 달려갔고, 열 마리에서 열네 마리가량을 구조하는 데 성공했다(워낙 급박한 상황이었기 때문에 개체 수를 정확히 파악할 수 없었던 것 같다). 알 수 없는 원인으로 죽은 돌고래들은 엄청난 양의 진흙을 삼킨 상태였다. 폐와 위가 진흙으로 가득 차 있었다. 특히 이 돌고래들의 위에서 물고기는 한 마리도 발견되지 않았다. 그래서 이들이 물고기를 찾아다니던 중 좌초했을 가능성은 배제됐다.

영국《가디언》은 돌고래들이 집단 폐사한 이 사건을 보도하며, 런던동물원을 대표해 이들을 조사한 병리학자 빅 심프슨Vic Simpson의 말을 인용했다. "일종의 집단 자살처럼 보인다. 돌고래들이 해변에 좌초되는 사례는 계속해서 보고되고 있다. 돌고래 대여섯 마리가 한꺼번에 좌초된 사례들도 있다. 하지만 이렇게 큰 규모는 처음이다." 그렇다면 돌고래가 자살을 할 수 있다는 것은 오배리만의 주장이 아닌 것이다.

하지만 이 돌고래들이 좌초한 동기는 무엇인가? 오락 산업에 이용되느라 감금돼 있었던 캐시와 달리, 이들은 야생에서 자유롭게 헤엄치며 살아가는 건강한 돌고래들이었다(부검으로 확인된 사실이다). 그런데 돌고래들이 사망한 시점에 영국 왕립 해군이 인근에서 수중 음파 탐지 훈련을 한 것으로 드러났다. 영국 국방부는 훈련 장소가 돌고래들에게 이상을 초래할 만큼 근접한 곳이 아니었다는 입장을 즉각 발표했다. 하지만 그렇다고 해도 이 부분은 미결로 남아 있다고 보는 편이 옳을 것 같다. 수중 음파 탐지기가 돌고래들에게 혼란과 공포를 야기했을 수도 있을까? 그렇든 그렇지 않았든 간에 수중 음파 탐지기 가설을 이유로 자살 가설이 배제되지는 않는다. 돌고래들이 수중 음파 탐지기로 인해 방향 감각을 상실할 정도로 생명 활동에 지장을 받는다면, 의식적으로 좌초를 선택할 수도 있지 않을까? 동물은(사람도 마찬가지다) 끔찍한 사건을 겪으면 자신의 목숨에 위협이 되는 행동을 할 정도로 예민한 감정 상태에 빠질 수도 있다. 이 영향은 잠깐에 그치기도 하고 장기간 계속되기도 한다. 어린 침팬지 플린트는 어미 침팬지의 죽음으로 슬퍼하다 얼마 지나지 않아 죽었다. 우리는 유인원에서 토끼에 이르기까지 수많은 동물이 마음의 문을 닫는 방식으로 감정적 트라우마에 대응하는 것을 목격했다.

　돌고래 캐시, 콘월의 돌고래들, 침팬지 플린트 같은 사례를 바탕으로 동물의 정신 건강이라는 까다로운 영역을 잠시 살펴보도록 하자. 우선, 인간을 포함한 동물의 자해 행위가 반드시 자살 충동에서 비롯되는 것은 아니다. 우울증에 걸리면 제대로 먹거나 자는 일이 어려워지며 자신을 돌보지 못하게 되기도 하는데, 이러한 상황은 자살 충동과 별개로 나타날 수 있다. 아무리 노골적인 자해라도 자살과 아무런 연관성이 없을 수 있다. 미국정신의학회는 여성 청소년들 사이에서 신체를 긋는 행위가 불행히도 유행처럼 번지고 있으며, 이는 자해의 한 형태에 해당하나 자살 행위는 아니라고 언급하기도 했다. 실제로 많은 정신 건강 전문가들은 칼로 제 몸에 상처를 내는 사람들이 실은 자기 자신을 추스르고자 애쓰는 것이라고 말한다(그렇더라도 도움이 필요하다는 신호를 보내는 역기능적이고 위험한 방식인 건 변함없지만 말이다). 신체를 훼손함에 따라 생겨나는 고통이 더 깊은 감정적 고통을 일시적으로 덜 수 있기 때문이다.

자해 또한 인간에게 국한된 행동이 아니다. 실험실에서 각종 생체 의학 실험에 반복적으로 동원되는 침팬지들뿐 아니라 단순히 감금된 침팬지들에게서도 자해 행위를 발견할 수 있다. 과학자 루시 버켓Lucy Birkett과 니컬러스 뉴턴-피셔Nicholas Newton-Fisher는 미국과 영국의 6개 동물원에서 우리에 갇혀 지내는 침팬지 40마리를 대상으로 1200시간 분량의 데이터를 모았다. 이 유인원들은 대체로 정상적인 행동을 했으나, 몇 가지 비정상적인 행동을 동물원에 사는 유인원 '고유'의 특성으로 봐야 할 정도로 광범위하게 드러냈다. 자살은 보고되지 않았지만, 침팬지들은 자신의 몸을 반복적으로 흔들고, 물어뜯고, 털을 뽑고, 배설물을 먹기도 했다. 이러한 행동들 중 일부는 짧은 기간 동안 낮은 빈도로 관찰된 것이지만, 동물원 침팬지 40마리가 전부 일종의 이상 행동을 했다는 점은 주목할 필요가 있다. 우간다에서 야생 침팬지들을 대상으로 초점 동물 샘플링focal animal sampling*을 실시해 얻은 1023시간의 데이터에서는 이와 같은 이상 행동이 한 차례도 발견되지 않았기 때문이다.

그러나 야생 코끼리들도 외상 후 스트레스 장애(PTSD)에 시달린다는 사실을 떠올려보면, 인간으로부터의 위협이 존재하는 지역의 야생 침팬지 군락에서도 비정상 행동이 발생할 가능성을 빼놓을 수는 없다. 밀렵이나 전쟁 때문에 가족 내에서 초기 애착을 형성하는 데 지장을 받은 코끼리들은 정상적인 행동 양식과 문화를 습득하는 데 실패한다. 게이 브래드쇼Gay Bradshaw 연구팀(암보셀리 국립공원에서 오랫동안 코끼리를 연구한 과학자들도 포함돼 있다)은 이러한 영향에 관한 논문을 《네이처》에 발표했다. 밀렵이 횡행한 곳에 사는 코끼리들이 PTSD를 겪는다는 사실은 가족 구성원을 애도할 때 드러나는 역량에서 부분적으로 확인된다. 이 코끼리들을 염두에 두고 헤아리면, 동물원 침팬지들이 외부로 향해야 할 감정 자원을 자기 자신에게 쏟고 있다는 것을 알 수 있다. 다른 침팬지들을 잃거나 유대가 파괴됨에 따라 감정이 발현되는 것이 아니라 신체적, 인지적, 정서적 면에서 극도로 제한된 삶의 조건에 의해 감정이 발현되는 것이다.

동물의 우울증, 자해, 자살 문제가 복잡하게 뒤엉켜 있는 가

---

*   [옮긴이주] 어떤 개체를 표본으로 선정한 뒤 일정 기간 그 개체의 행동과 행동 시각을 낱낱이 기록하여 연구하는 방식.

운데, 우리는 두 가지 서로 연관된 깨달음을 얻을 수 있다. 첫째는, 우리 종이 이 문제의 일부이며 해결책의 일부도 돼야 한다는 것이다. 연민 어린 마음은 콘월에서 좌초한 돌고래 10여 마리의 목숨을 구했고, 코끼리 상아 밀렵에 맞서 싸우는 활동가들을 단단히 뒷받침한다. 연민 의식은 현재 어딘가에 갇혀 살아가고 있는 코끼리, 고등 유인원, 돌고래를 포함한 많은 동물이 야생 보호 구역까지는 아니더라도 최소한 생추어리에서 살아갈 수 있도록 보장해야 한다는 인식으로 이어진다. 아무리 좋은 의도에서 운영되는 동물원이라 해도 이 동물들에게 정신적으로 건강한 삶을 제공해줄 수는 없다. 더불어 담즙 농장은 곰들을 감금하고 어마어마한 해악을 가하는 곳으로, 세상에서 아예 사라져야 마땅하다.

둘째는, 동물의 슬픔과 관련지어 말하자면, 우리 인간이 동물의 슬픔 현상을 연구하기만 하는 것이 아니라 넓은 의미에서 동물들에게 슬픔을 안기고 있다는 것이다. 야생동물이건 포획된 동물이건 동물들을 스스로와 다른 개체들의 고통을 절감하고 슬픔에 빠질 수밖에 없는 현실로 밀어넣은 것은 우리다. 중국의 담즙 농장에서 어미 곰이 벽에 몸을 부딪치게 된 직접적인 원인이 무엇이든지 간에, 결국 어미 곰을 살해한 것은 인간의 탐욕과 동물의 고통에 무감각한 행동이었다.

유인원의 슬픔

1968년 11월 22일이었다. 이달 초 치러진 미국 대선에서 리처드 닉슨이 휴버트 험프리 후보를 이기고 대통령에 당선됐다. 미국은 호찌민 트레일을 무력화하기 위해 대규모 소탕 작전을 개시했고, 이후 라오스에는 300만 톤의 폭탄이 투하됐다. 예일대는 여성의 입학을 허가했다. 그리고 바로 이날, 비틀스가 일명 '화이트 앨범'을 발매했다.

탄자니아 깊은 숲속에서는 이러한 정치적 사건도, 문화적 사건도 다른 세상 이야기인 것만 같다. 침팬지들의 팬트 후트 pant-hoot[침팬지들의 의사소통 체계 중 하나로 인사의 의미] 소리만이 허공을 뚫고 메아리친다. 곰비 국립공원의 침팬지 군락에는 플로, 피피, 데이비드 그레이비어드, 골리앗이 살고 있는데, 이 중에는 활발한 침팬지도 있고 비교적 차분한 침팬지도 있다. 동물행동학에 관심 있는 사람이라면 누구나 이 이름들을 알게 될 참이었다. 1968년이면 제인 구달이 이 침팬지들을 관찰하기 시작한 지 이미 8년이 된 해였다. 구달은 더 이상《내셔널 지오그래픽》표지 모델 취급을 당하지 않았다. 구달은 침팬지가 도구를 사용하며 사냥을 한다는 사실을 발표해 과학계를 뒤흔들고 있었다.

이날 아침, 곰비 국립공원 연구원인 게저 텔레키Geza Teleki와 루스 데이비스Ruth Davis는 무성한 덤불을 뚫고 이동하는 한 무리의 침팬지를 쫓고 있었다. 학생인 두 사람은 유인원 행동 연구에 큰 열정을 쏟았고, 약혼한 상태였다. 물론 그 해가 가기 전 데이비스가 세상을 떠날 것이라고는 두 사람 다 꿈에도 생각지 못했다. 구달은《인간의 그늘에서》를 통해 곰비 국립공원에서 "길고 고된 시간"을 견딘 데이비스에게 마음을 담아 감사의 인사를 전했다. "1968년의 어느 날 데이비스가 절벽에서 낙상 사고로 숨진 것은 육체적으로 탈진한 상태였기 때문일지도 모른다. 그녀의 시신은 6일간의 수색 끝에 발견됐다." 데이비스는 곰비 지역에 묻혔다. "데이비스의 무덤은 곰비 숲 한가운데에 있다. 때때로 침팬지들이 지나가며 내는 소리가 울려 퍼진다."

그런데 아이러니하게도 11월의 이날 아침 텔레키와 데이비스가 한 일은 침팬지 한 마리가 추락으로 사망한 데 따른 즉각적 여파를 조사한 것이었다. 두 사람은 숲속 공터에 도착한다. 5년 뒤 텔레키가 기고한 글에 따르면 "침팬지들이 미친 듯이 날뛰었고, 울음, 비명, 고함, 와waa 소리와 와아앗wraaah 소리[침팬지가 생각을 표현하기 위해 내는 소리의 종류]가 요란하게 뒤엉켜 있었다." 골짜기의 말라버린 개울 바닥에 침팬지 릭스가 미동 없이 누워 있었다. 부검 결과 릭스는 목뼈가 골절되어 즉사한 것으로 밝혀졌다. 아무래도 릭스가 무화과나무 혹은 야자나무에서 뭘 먹거나 쉬던 중 갑작스레 떨어진 것이 분명한데, 그 일이 벌어진 직후에 두 사람이 도착한 것 같았다.

텔레키는 이 기고 글에서 자신과 데이비스가 그날 오전 8시 38분부터 오후 12시 16분 사이에 관찰한 일련의 사건을 상세히 재구성했다. 나중에 글로 옮길 수 있도록 휴대용 녹음기에 담은 덕분이었다. 두 사람의 기록에서 가장 인상적인 부분은 침팬지 열여섯 마리가 릭스의 시신에 오래도록 관심을 보였다는 것, 그리고 그 관심의 방식이 모두 제각각이었다는 것이다. 이 침팬지들은 릭스가 추락한 일에 자극을 받아 굉장히 흥분해 있었는데, 흥분을 표출하는 형태에 일관성이 없었다. 코트디부아르의 침팬지 군락에서 브루투스가 문지기 역할을 자청하며 죽은 암컷 침팬지 티나의 시신에 접근해도 되는 침팬지와 접근해서는 안 되는 침팬지를 가린 것처럼, 릭스의 시신에 대한 곰비 침팬지들의 반응은 개별적 유대와 각자의 성격 차이에 따라 갈렸다.

갑자기 닥친 죽음으로 빠르게 진행되는 상황 속에서 곰비 집단의 침팬지들은 정신을 차릴 겨를 없이 저마다 반응을 내놓는다. 널브러져 있는 릭스의 시신 주변에서 다양한 행동이 아무렇게나 뒤섞여 벌어진다. 텔레키는 이렇게 썼다. "이곳에 모인 거의 모든 침팬지가 잠시도 멈추지 않고 격렬한 반응을 보이는데, 공격적 반응을 취했다가 순종적이었다가, 또 안도한 것과 같은 모습을 보이는 등 반응의 형태가 휙휙 변한다." 당시 개별 개체의 기분과 반응이 어떤 식으로 널뛰듯 변덕을 나타냈는지 대표적으로 수컷 침팬지 휴고와 고디를 통해 살펴보자.

휴고는 기세 좋게 나타나 어느 순간 릭스의 시신 쪽으로 커다란 돌멩이를 몇 번 던지는데, 시신을 맞추지는 않는다. 그런 직후 진정하고 바위에 앉는다(하지만 털이 계속해서 바짝 곤두서 있는데, 흥분했다는 표시다). 곧 다른 수컷 침팬지가 옆으로 와 앉는다. 휴고는 다시 일어나더니 릭스의 시신 옆으로 간다. 그러고는 거기 서서 몇 분 동안 시신을 바라본다. 시신에서 멀어지는 방향으로 달리며 흥분이 고조된 모습을 다시 보여준다. 이후 시신이 있는 구역에서 한 암컷 침팬지와 교미를 한다. 한참 후에 휴라는 수컷 침팬지가 현장을 떠나자, 휴고를 포함한 다른 침팬지들도 릭스의 시신을 마지막으로 한 차례 유심히 살핀 후 따라나선다.

청년기 수컷인 고디의 반응은 조금 달랐다. 고디는 와아앗 소리를 계속해서 지르며 휴고보다 더욱 끈질기게 울어댄다. 릭스의 시신 근처로 가 끙끙거리기도 하고, 다양한 소리를 낸다. 텔레키가 느끼기에 고디는 "다른 누구보다 극도로 불안해 보였다." 그 후 몇 시간 동안 고디는 릭스의 시신 곁에 자리를 잡고 머물렀다. 11시 45분, 이들 무리가 현장을 떠나는 시점이 거의 다 됐을 때 릭스를 바라보고 있는 침팬지는 고디뿐이었다.

언뜻 릭스의 죽음에 맞닥뜨린 휴고와 고디의 반응은 아주 근소한 차이밖에 없는 듯 보인다. 둘 다 흥분한 기색이 역력했고, 둘 중 누구도(사실, 현장에 있던 침팬지 누구도) 텔레키와 데이비스의 관찰 조사가 진행되는 동안, 즉 다른 곳으로 이동할 때까지 한 번도 릭스의 시신을 만지지 않았다. 이 점에서 곰비 침팬지 공동체가 릭스의 죽음에 보인 반응은 타이 침팬지 공동체가 티나의 죽음에 보인 반응과 상당히 다르다. 타이 침팬지들의 반응에서는 티나의 시신을 만지는 것이 중요한 요소였다.

그렇지만 텔레키는 그날 아침 고디가 보인 "예외적 행동"에 주목했다. 고디는 시신에 대한 근접성, 동요 수준, 와아앗 소리를 내는 빈도, 이렇게 세 가지 면에서 다른 침팬지들과 다르게 행동했다. 텔레키는 와아앗 소리에 대해 "애조를 띤 반복적 고음으로 가파른 계곡에서는 소리가 울리며 1.5킬로미터 이상 퍼지기도 하는데, 다른 몇 마디 울음소리로는 충분히 전할 수 없는 강렬한 심적 상태를 전달할 수 있다"라고 설명했다. 시신을 만지지 않았다고 해도 고디는 릭스의 죽음에 감정적으로 큰 충격을 받은 것이 분명했다. 특히 고디는 평소에 릭스와 자주 함께 다닌 침팬지였다.

고디의 행동은 다른 침팬지들 때문에 덩달아 민감성이 고조되면서 나타난 행동이라고 볼 수도 있다. 당시 시신 근처에 모인 침팬지들은 감정을 주체하지 못하고 폭발시키거나 울부짖고, 교미를 하는 등 전체적으로 흥분 상태를 띠고 있었다. 사실 와아앗 소리는 침팬지들이 낯선 사람 또는 아프리카물소를 맞닥뜨렸을 때, 서로 다른 무리가 만났을 때, 죽은 개코원숭이나 침팬지를 발견했을 때도 내곤 하는 소리이기에 이 소리만으로 고디의 감정을 유추하는 것은 무리가 있다. 일단 우리는 고디나 다른 유인원들이 릭스의 죽음을 본질적으로 이해했는지도 확실히 입증할 수 없다. "이 침팬지 중 삶과 죽음 개념의 차이를 아는 침팬지가 있는지는 불분명하다." 텔레키 역시 이렇게 결론지었다.

그러나 침팬지, 그리고 죽음과 관련해 그간 축적돼온 지식에 근거해 끈덕진 질문들이 끼어든다. 같은 집단의 일원으로서 함께 어울려 살아온 개체가 생명을 잃고 누워 있는 광경을 보고 유인원들이 왜 강한 감정을 못 느끼겠나? 더없이 사회적인 존재들로 이루어진 공동체가 구성원이 사망했는데 정말 집단 수준의 반응을 하지 않나? 침팬지가 겪는 삶의 사건들은 어디까지나 가족 또는 사회적으로 친밀한 다른 침팬지들과의 유대 관계에 따라 연출되는 무대를 배경으로 펼쳐진다. 홀로 고립된 사람을 보고 사람의 행동을 이해할 수 없듯, 침팬지를 둘러싸고 벌어지는 사회적 역학을 배제하고서는 침팬지의 행동을 이해할 수 없다. 게다가 우리는 타이 숲에서 티나가 죽었을 때 무슨 일이 있었는지 안다. 티나의 남동생 타잔은 명백히 어떤 감정을 느꼈다. 그리고 수컷 성체 브루투스가 타잔이 티나의 가족이라는 사실을 우선시하고 다른 침팬지들이 티나의 시신에 접근하는 것을 통제해준 덕분에, 타잔은 자신의 감정을 또렷하게 표현할 기회를 가질 수 있었다.

야생에서 침팬지의 죽음에 대한 반응을 관찰한 흔치 않은 사례가 보고되자, 동물원 과학자들도 우리에 사는 침팬지들이 죽음에 어떠한 반응을 보이는지 조사하기 위해 촉각을 곤두세웠다. 스코틀랜드의 어느 사파리 공원 관계자들은 노쇠한 암컷 침팬지가 병에 걸리자 죽음을 예상하고 비디오카메라를 설치했다. 이 사파리 공원에는 모녀 침팬지 한 쌍과 모자 침팬지 한 쌍이 함께 살고 있었다. 50대로 추정되는 죽음을 앞둔 암컷 팬지와 스무 살 딸 로지, 그리고 팬지와 비슷한 나이의 암컷 블로섬과 서른 살 아들 치피였다. 이 유인원들은 겨울의 추위를 피해 따뜻한 실내 우리에서 지내고 있었는데, 기력을 잃은 지 벌써 몇 주째이던 팬지의 호흡이 가빠지기 시작했다. 다른 세 침팬지는 뭔가 잘못되리라는 것을 아는 것 같았다. 팬지가 숨을 거두기 직전 10분 동안 이들은 팬지를 쓰다듬거나 털을 손질해줬는데, 평소보다 높은 빈도라고 판단됐다. 사망 추정 시점 전후까지 분주한 손길은 계속됐다. 제임스 앤더슨James Anderson을 필두로 한 연구팀은 이때 벌어진 일을 감탄이 나올 만큼 정밀하게 기록해 학술지《커런트 바이올로지》에 실었다.

16:24:21 치피가 팬시의 머리맡에 쭈그려 앉더니 치피의 입을 열려고 하는 것 같다. 로지가 팬지의 머리맡으로 이동한다.
16:24:25 블로섬, 치피, 로지가 일제히 팬지의 머리를 쳐다본다. 치피와 로지는 팬지의 머리맡에 쭈그려 앉아 있다. 치피가 블로섬의 얼굴을 팬지의 얼굴 쪽으로 잡아끈다.

16:24:36 로지가 팬지의 머리맡에서 몸통 부근으로 이동한다. 블로섬은 팬지 옆을 벗어난다. 치피가 팬지의 왼쪽 어깨와 팔을 들어 올리고 흔든다.

세 침팬지는 끊이지 않고 팬지를 어루만지고 몸단장을 해준다. 16시 36분 56초, 치피가 "펄쩍 뛰어 두 주먹으로 팬지의 몸통을 덮치더니 잇따라 세게 때린다. 그런 뒤 달려서 단 아래로 내려간다." 급작스럽고 놀라운 행동으로, 이 행동은 야생에 사는 휴고가 보여준 행동, 즉 릭스의 시신 주변으로 돌을 던진 것과 꽤 차이가 있다. 치피는 팬지를 직접적으로 공격한 것이기 때문이다. 하지만 티나가 죽었을 때도 공격적인 태세로 시신 근처를 맴돌거나 심지어 시신을 짧은 거리지만 끌고 다닌 수컷 침팬지가 몇 마리 있었다. 수컷 침팬지 율리시스가 티나의 시신을 2미터 정도 옮겨서 브루투스가 원래 위치로 다시 끌어다놓기도 했다.

이렇게 보면 치피의 행동은 죽음이 발생했을 때 야생 수컷 침팬지들이 보이는 행동 범주에서 크게 벗어나지는 않는다. 치피는 흥분하고 화가 치밀어서 그런 것일까? 아니면 우리에서 함께 지내온 동료가 움직이지 않으니 어떤 반응이라도 끌어내기 위해 그런 것일까? 앤더슨 연구팀은 두 가지 모두 가능성 있다고 봤다.

그날 밤, 그리고 그 이후로도 남은 침팬지들은 이례적인 행동을 보여줬다. (이러한 종류의 데이터는 야생 관찰 조사에서는 거의 수집되지 않는 것이다. 야생 침팬지들은 얼마 지나지 않아 시신을 두고 다른 곳으로 가버리기 때문이다) 이들은 잠이 들었다 깨기를 반복했다. 팬지의 딸 로지는 시신 곁에 머물렀다. 치피가 그날 밤사이 시신을 세 번 이나 더 공격했으나, 팬지가 죽기 직전과 달리 아무도 시신을 단장 해주지 않았다.

다음 날, 팬지를 잃은 이들 세 마리 침팬지는 "기분이 완전히 가라앉아 있었다." 이들은 사육사들이 팬지의 시신을 가져가는 것을 침묵 속에서 바라보았다. 이후 닷새 동안 아무도 팬지가 죽음을 맞이한 단 위에서는 잠을 자지 않았다. 세 마리 모두 즐겨 찾던 곳이었음에도 말이다. 몇 주가 지나도록 이들은 평소보다 조용한 데다 먹는 것도 적게 먹었다. 이렇게 동물이 슬픔을 느낀다는 징후들, 그러니까 불안해 보이는 모습과 행동거지의 변화는 이제 익숙할 것이다.

이 같은 관찰 연구는 유인원에 대한 우리의 이해에 깊이를 더해주기도 하지만, 유인원들의 삶 자체를 위해서도 가치가 있다. 우리가 비록 가둬두고 있을지라도 그들의 존엄성을 인정하도록 이끌기 때문이다. 죽음에 대한 영장류의 반응을 조사한 결과가 축적됨에 따라, 동물원 우리에서 누군가 죽었을 때 사육사들이 남은 영장류들을 대우하는 방침에 변화가 일고 있다. 스코틀랜드 사파리 공원 사례가 시사하듯, 유인원들에게는 세상을 떠난 동료의 시신 곁에서 시간을 보내고, 사람들이 동료의 시신을 거두어갈 때 그 과정을 지켜볼 기회가 주어져야 한다.

시카고의 브룩필드 동물원에서는 암컷 고릴라 뱁스가 불치의 신장질환으로 고통 받다가 서른 살에 안락사로 죽음을 맞았다. 브룩필드 동물원 직원들은 뱁스를 잃은 고릴라들을 위해 '경야' 행사를 조직했다. 여러 세대의 고릴라들을 한자리에 모았는데, 일부는 눈에 띄게 감정적으로 동요하고 있었다. AP 통신은 이 행사에 대해 다음과 같이 보도했다.

아홉 살인 뱁스의 딸 바나가 가장 먼저 뱁스의 시신에 다가갔다. 다음 차례는 뱁스의 어미이자 마흔세 살인 알파였다. 바나는 앉아서 뱁스의 손을 잡고, 배를 어루만졌다. 그런 뒤 자신의 머리를 뱁스의 팔에 뉘었다. … 바나가 일어서더니 이번에는 뱁스의 다른 편으로 갔다. 그리고 뱁스의 다른 쪽 팔에 자신의 머리를 묻고, 뱁스의 배를 쓸었다.

사랑하는 엄마의 미동 없는 몸을 마주한 자식 고릴라의 슬픔이 전해진다. 바나는 일생 동안 엄마 고릴라와 떨어져 지낸 적이 없었다. 바나가 문자 그대로 엄마의 몸을 만지고 느끼려는 욕구를 드러냈다는 점을 눈여겨볼 필요가 있는데, 우리 영장류는 촉각을 이용하는 동물이기 때문이다. 뱁스와 같은 우리에서 지낸 다른 고릴라들도 뱁스의 시신에 접근했다. 아홉 살 쿨라는 자신의 어린 새끼를 뱁스에게 바짝 들이밀었다. 태어나서부터 뱁스의 사랑을 듬뿍 받은 새끼 고릴라였다.

서른여섯 살 실버백* 라마르는 뱁스에게서 멀찍이 떨어져 있었다. 이렇게 냉담한 태도를 보이는 수컷들도 있지만, 그렇지 않은 수컷들도 있다. 보스턴의 프랭클린 공원 동물원은 악성 종양에 시달리며 고통스러워하던 암컷 고릴라 베베를 안락사시켰다. 당시 프랭클린 공원 책임 연구원이었으며 지금은(2017년에 은퇴했다) 버팔로 동물원 총책임자로 재직 중인 다이앤 페르난데스Diane Fernandes는 베베의 동료 고릴라가 보였던 반응을 다음과 같이 회고한다.

> 우리는 가장 먼저 수컷 고릴라 보비가 베베의 시신에 다가갈 수 있도록 해주었다. 그러자 보비는 베베를 되살리려고 했다. 몸을 조심스럽게 만지거나 소리 내 불렀고, 심지어 베베가 제일 좋아했던 음식(셀러리)을 베베의 손에 쥐어주려고 했다. 그러다 베베가 죽었다는 사실을 깨달았는지, 부드럽게 우우 소리를 냈다. 하지만 곧 울부짖으면서 철창을 힘껏 두들기기 시작했다. 이는 분명 엄청난 슬픔을 보여주는 것이었고, 지켜보기 안타까웠다.

페르난데스는 베베의 죽음을 맞닥뜨린 보비의 경험을 설명하는 데 인지적 용어와 감정적 용어를 주저 없이 사용했다. 페르난데스는 보비가 베베가 숨진 사실을 깨달았다고 말한다. 보비의 사

---

*   [옮긴이주] 수컷 성체 고릴라를 이르는 말로, 등에 은백색 털이 있기 때문에 이렇게 부른다.

고 과정을 알 수는 없지만, 보비가 차례차례 행한 일련의 행동이 이 결론을 뒷받침한다. 베베가 좋아하는 음식을 준 까닭은 아마 베베가 살아 있다고 생각했거나, 혹은 살아 있기를 바랐기 때문일 것이다. 베베가 즐겼던 감각적 체험을 안겨줌으로써 어떻게든 베베에게 활기를 되찾아주고 베베를 회복시키려 한 것이다. 그러나 이 전략이 소용이 없자 보비는 슬픔에 휩싸였다.

프랭클린 공원 동물원은 보비에게 한동안 죽은 베베와 단둘이 보낼 수 있는 시간을 줬고, 이후에 세 마리의 다른 고릴라들이 베베에게 다가갈 수 있었다. 이 유인원들도 베베의 시신을 만졌다. 페르난데스의 표현에 따르면 "자고 있는 고릴라를 깨우려는 것처럼" 말이다. 하지만 보비와 달리 이들은 소리 내 부르지는 않았다. 보비만큼 인지적 도약을 이루지 못했거나 아니면 그저 슬픔을 다른 방식으로 표현한 것일 수 있다.

프랭클린 공원 동물원에서 벌어진 일은 향후 또 다른 연구로 이어질 수 있는 몇 가지 의문을 남긴다. 남은 유인원들은 죽은 개체를 되살리려 시도하는 것이 보통일까? 그렇다면 그러한 시도를 중단하는 것은, 보비 사례에서 알 수 있듯, 인지적 도약을 이룬 결과 개체가 죽었다는 사실을 이해하기 때문일까? 아니면 죽은 개체를 계속 찾으려고 할까? 한 개체가 애도 행위와 수색 행위를 동시에 할 수도 있을까? 그리고 죽은 개체와 각기 다른 관계를 영위했을 개별 존재들에게서 이 행위들은 어떻게 발현될까?

고릴라 가족들의 행동을 수백 시간에 걸쳐 관찰, 촬영, 분석

기록한 경험이 있어서인지, 많은 의문이 풀리지 않은 채지만, 나는 고릴라가 슬픔을 느낀다고 '확신'하는 동물원 사육사가 있다고 해도 놀랍지 않다. 피츠버그 동물원의 사육사 로잰 지암브로Roseann Giambro는 자신이 목격한 일에 기초해 고릴라들이 애도한다는 것을 진심으로 믿는다고 말했다. 나는 이 감상을 십분 이해하는 동시에 이 감상이 가설 검정의 기초가 돼야 한다고 생각한다. 동물원 사육사들은 고릴라들이 보이는 행동뿐 아니라 슬픔에 빠진 고릴라의 근육 무게, 사라진 개체를 찾아다니는 움직임에서 엿보이는 불안, 무리 구성원들 간에 전파되는 울음소리의 광적이고 절망적인 기색 등 행동의 속성도 기록할 수 있다(물론 이러한 속성의 부재를 기록할 수도 있다). 동물원 사육사들은 과로에 시달리는 경우가 많아, 평소 업무에 고릴라들의 죽음에 대한 반응 및 반응의 특질을 시간별로 상세히 기록하는 업무까지 도맡기가 쉬운 일은 아니다. 하지만 역시 같은 우리에서 지낸 동료가 죽었을 때 보비의 두 단계 반응(죽은 개체를 되살리고자 시도한 뒤, 애도를 표현한 것)과 같은 행동을 보이는 유인원이 또 있는지 알아낼 수 있는 가장 좋은 방법은 동물원 사육사의 관찰 기록이다.

지암브로는 피츠버그 동물원에서 8년 간격으로 있었던 두 번의 죽음이 단단히 뇌리에 박혀 있다. 1997년에 암컷 고릴라 베키가 죽었다. 사인은 분명하지 않지만, 베키는 40대 중반이었으므로 고릴라로서 적게 산 것은 아니었다. 베키와 가깝게 지냈던 수컷 밈보는 베키가 떠나고 수주가 흐르도록 베키가 죽음을 맞이한 공간을 쳐다보는 때가 잦았고, 그쪽으로 지나가기를 거부하기도 했다. 밈보보다 어렸던 암컷 투파니는 다른 반응을 보였다. 투파니는 비명을 지르고 우리 안을 마구 돌아다니는 등 불안한 상태를 보이며 베키를 찾아다녔다. 보비가 베베의 죽음을 인지했던 것처럼 밈보는 나이와 경험에 따른 지혜가 있기 때문에 친구가 세상을 떠났다는 사실을 알 수 있었던 것이 아닌가 싶다. 그에 반해 투파니는 어리고 죽음을 목격한 일이 별로 없었기 때문에 그러한 이해가 부족했을 것이다. 아니면, 밈보와 투파니의 반응은 애도 행위의 양상이 개체별로 성격에 따라 다양하게 전개된다는 사실을 다시 한 번 일깨워주는 사례일지도 모르겠다.

우두머리 실버백이 된 밈보 역시 40대 중반까지 살았다. 밈보가 간 질환으로 사망하자 당시 열세 살이었던 밈보의 아들 프리시는 자신의 손과 발로 밈보의 시신을 밀쳤다. 밈보와의 사이에서 세 마리의 새끼를 낳은 암컷 자쿨라도 꼭 일어나라고 재촉하듯 시신을 밀치더니, 이윽고 털을 손질해줬다. 이들은 평소와 다른 울음소리를 냈고, 지암브로는 그 소리가 마치 '곡소리' 같다고 느꼈다. 마침내 이들은 야외로 나갔고, 동물원 직원이 밈보의 시신을 치웠다. 그런데 이 유인원들은 실내로 돌아오자마자 밈보를 찾기 시작했다. 이후 일주일 내내 이들은 식이 패턴을 비롯해 일상 전반에서 불안정한 모습을 보였다. 그러다 프리시가 차츰 암컷들의 인정을 얻어 우두머리 지위를 차지했고, 고릴라들의 생활이 안정되기 시작했다.

베베가 죽은 후 보비가, 그리고 베키가 죽은 후 밈보가 보인 것이라고 추정되는 행동, 즉 일종의 '수색 및 구조' 태세에서 애도 태세로의 전환을 밈보가 죽은 후 뚜렷이 나타낸 고릴라는 없었다. 다만 밈보 무리의 고릴라들은 밈보가 사망한 직후 시신을 목격했음에도 불구하고 밈보의 부재를 점차적으로 받아들였다.

갇힌 삶을 사는 유인원들이 죽음에 어떻게 반응하는지에 관한 연구는 아직 알아가야 할 것이 훨씬 많은 단계지만, 그럼에도 우리에게 하나의 묵직한 메시지를 안긴다. 이 유인원들은 노화나 질병으로 몸이 약화를 거듭하다 서서히 죽을 수도 있다. 그런가 하면 심장이 멈추거나 수술 결과가 좋지 않아서, 또는 불가피한 죽음을 앞두고 정 많은 사육사가 고통을 덜어주기 위해 내린 결단에 따라 돌연 죽을 수도 있다. 남은 유인원들에게는 원한다면 시신을 만지고 시신 곁에서 시간을 보낼 권리가 있다. 이들이 시신을 마주하는 양상은 죽은 개체의 혈연적 위치, 생전의 성격에 따라 다를 것이다. 각자의 나이와 지식 수준에 따라서도 분명 차이가 날 것이다. 그 양상이 어떻든, 이 시간은 서로 간에 끈끈한 결속을 형성하고 가까운 개체의 죽음을 애도하는 영장류들에게 마땅히 주어져야 할 친절이다.

곰비 삼림 지대에서 릭스가 죽었을 때, 텔레키와 데이비스는 느닷없이 움직임을 멈춘 릭스에 대한 다른 침팬지들의 반응을 세심하게 관찰했다. 그리고 곧이어 데이비스가 추락으로 목숨을 잃었다. 텔레키를 개인적으로 알지는 못한다. 하지만 그는 1968년

뼈저린 슬픔의 심연에 막 빠졌을 당시, 마찬가지로 급작스러운 죽음을 겪은 직후였던 자신이 잘 아는 이 유인원들을 떠올리고 연결된 기분을 느끼지는 않았을까? 텔레키에게 약혼자를 향한 경의와 추모의 마음과 함께 언뜻 이러한 의문도 찾아왔을지 모른다고 생각해본다. 우리 인간은 슬픔을 느끼는 영장류다. 그리고 우리에게는 동행이 있다.

옐로스톤의
죽은 들소와
동물 부고

옐로스톤 국립공원의 패러독스 상황은 점점 더 심화되고 있다. 옐로스톤 국립공원은 대부분이 와이오밍주에 위치하고 몬태나주, 아이다호주에까지 걸쳐 있는 자연 보호 구역이다. 세계에서 가장 폭발성이 큰 화산의 칼데라 안을 거닐며 그 힘을 목도하자면 경탄을 금할 수 없다. 지질학자들의 예측처럼 옐로스톤 화산이 다시 폭발한다면(이미 예측한 시점이 지났지만), 화산재로 지구 표면이 완전히 뒤바뀌어 거의 모든 생명체가 살아남지 못할 것이다. 지금도 옐로스톤 땅은 으르렁거리고 증기를 내뿜으며, 억눌려 있는 힘의 위력을 짐작하게 한다.

   그와 동시에 옐로스톤은 생명으로 들끓는다. 들소, 곰, 엘크, 무스, 코요테, 늑대, 그리고 새들이 방문객들에게 역동적으로 움직이는 생태계를 보여준다. 봄여름에는 골짜기와 고지대가 새끼들의 울음소리로 가득 찬다. 포유류 새끼들은 다리를 어색하게 놀리며 뛰어다니다가 어미젖을 먹으러 온다. 이때 관광객들의 카메라에 담길 귀여운 들소와 엘크 새끼들은 다음 계절에는 늑대나 코요테 먹이가 되고 없을 가능성이 크다. 옐로스톤 국립공원은 통제하에 돌아가는 목초지나 동물원이 아니라 사활이 걸린 투쟁의 장이다. 이러한 투쟁은 좀 더 작은 규모에서라면 우리가 살아가는 곳 뒷마당에서도 벌어진다. 반은 뜯어먹히고 없는 새나 두더지, 개구리를 '선물'로 갖고 귀가하는 고양이가 있는 집에 물어보면 바로 알 수 있을 것이다. 그렇지만 옐로스톤은 면적이 자그마치 약 9000 제곱킬로미터에 달하는 데다 장엄할 정도로 다양한 동물상이 보존돼 있어 자연을 사랑하는 모든 사람에게 비할 데 없이 흥미로운 곳이다.

옐로스톤을 찾은 사람들이 바짝 긴장해야 하는 이유는 또 있다. 옐로스톤에서 우리 인간에게 위험한 것은 비단 화산뿐만이 아니다. 리 H. 휘틀시Lee H. Whittlesey가 쓴 《옐로스톤과 죽음: 세계 최초의 국립공원에서 벌어진 관광객들의 만용과 사고Death in Yellowstone: Accidents and Foolhardiness in the First National Park》는 묘하게 넋을 놓고 읽게 되는 책으로, 아름다운 옐로스톤에서 사람들이 비명횡사한 온갖 방식이 연대순으로 수록돼 있다. 옐로스톤의 풍광에는 사파이어 같은 파란색과 햇살 같은 노란색으로 선명하게 반짝이는 온천이나 간헐천, 웅덩이 등이 여기저기 수놓아져 있다. 이 웅덩이들 속에는 엄청난 고열에도 끄떡없는 미생물인

극한 생물extremophile이 산다. 한편, 사람들은 부주의하고 충동적인 행동 때문에 이 고열에 극단적인 죽음을 맞이한다.

1981년, 캘리포니아에서 온 20대 남성 두 명이 파운틴 페인트 포트 구역을 찾았다. 그런데 이들이 데려온 강아지 중 한 마리가 탐방로를 벗어나 202도에 이르는 온천인 셀레스틴 풀에 뛰어들었다. 강아지 주인은 다른 관광객들의 만류를 뿌리치고 거의 끓고 있는 물에 따라 들어갔고, 강아지로 시작된 비극은 사람의 비극으로 이어졌다. 남자는 다시 밖으로 나왔지만, 손에 강아지는 없었다. 남자 쪽이든 강아지 쪽이든 이미 늦은 시점이었다. 강아지는 셀레스틴 풀 안에서 죽었다. 남자는 완전히 하얗게 변해버린 눈으로 앞을 전혀 볼 수 없는 듯 휘청거렸다. 다른 관광객이 남자의 신발을 벗기는 등 도와주려 했지만, 신발과 함께 피부가 벗겨졌다. 휘틀시에 따르면 "나중에 공원 관리인들이 셀레스틴 풀 근처에서 사람 손처럼 생긴 커다란 피부 덩어리 두 개를 발견했다." 처음에 올드 페이스풀 지역에 있는 진료소로 실려 간 남성은 곧 솔트레이크시티에 있는 큰 병원으로 이송됐다. 그러나 다음 날 아침 숨을 거뒀다.

옐로스톤 국립공원에는 크기 면에서 온천의 극한 생물과 극과 극을 달리는 동물이 있는데, 바로 옐로스톤을 대표한다고도 할 수 있는 아메리카들소다. 휘틀리에 따르면, 들소를 위험한 동물이라기보다 사라진 미국의 지난날을 떠올리게 하는 낭만적인 상징이라고 생각하는 사람들이 많다. "많은 방문객이 들소 가까이 다가가고, 들소를 만지고, 어떻게든 교감을 나누려고 한다. 마치 들소를 통해 미국 개척 시대의 유산에 닿을 수 있다고 생각하는 것 같다." 불행히도 들소 가까이에 접근한 사람이 닿을 가능성이 훨씬 큰 것은 들소의 날카로운 뿔 한 쌍이다. 미국 국립공원 관리청이 경고 표지판을 설치하고 관광객들에게 팸플릿을 배포하며 이 같은 현실을 경고하고 있지만, 낭만주의적 발상이 상식을 앞지르는 사례가 끊이지 않는다. 옐로스톤에서 방문객이 들소의 공격으로 사망한 첫 사례는 1971년 7월 12일에 발생했다. 워싱턴주에서 온 30세 남성은 초원에 누워 있는 들소를 보고 사진으로 남기고 싶은 마음에 약 6미터 거리까지 다가갔다. 그런데 들소가 갑자기 엄청난 기세로 돌진했고, 이 남성은 뿔에 들이받혀 4미터 가까이 날아갔을 뿐만 아니라 복부가 찢어져 간을 다쳤다. 그의 아내와 아이들은 그의 죽음을 고스란히 목격했다. 이들 손에는 야생동물을 발견해도 가까이 접근하지 말라는 빨간색 경고 문구가 적힌 팸플릿이 들려 있었다. 요즈음은 팸플릿만으로는 부족할 수 있다. 들소에 들이받히는 사람들의 모습이 담긴 유튜브 영상을 방문객들의 스마트폰으로 전송하는 편이 사고 방지에 훨씬 효과적일 것이다.

그러나 옐로스톤에서 위험에 처하는 것은 무모한 사람들만이 아니다. 내가 옐로스톤을 찾은 2011년 늦여름에는 온통 회색곰 이야기뿐이었다. 12개월 동안 세 명의 등산객이 곰의 습격으로 사망한 참이었다. 옐로스톤에 서식하는 곰들 입장에서는 자신들의 거실에 사람이 나타난 것이니 그저 곰으로서 당연한 반응을 한 것이겠지만.

그렇지만 옐로스톤의 즐거움은 그곳에 가면 우리 자신에게서 눈을 돌려 다른 생명체들을 바라보게 된다는 데 있다. 옐로스톤에도 자신과 같은 무리의 동물이 죽으면 슬퍼하는 동물이 있을까? 《뉴욕 타임스》에 실린 여행 기사를 읽으면서 들소들이 이따금 끓는 온천에 빠진다는 사실을 알게 됐다. 깊은 온천에서 어른어른 떠오르는 뼈만이 그곳에서 예기치 않은 사고사가 벌어졌다는 사실을 알려준다. 이 타는 듯한 죽음을 목격한 다른 들소들은 슬픔에 잠겨 돌아설까? 우리는 모른다. 하지만 옐로스톤에서 나타나는 애도 양식에 관해 의미 있는 질문을 던질 수 있도록 도와주는 열쇠가 들소에게 있는 것만은 분명한 것 같다.

2007년에 처음 옐로스톤을 방문했을 때 나는 들소에게 완전히 빠졌다. 들소는 수천 년간 인류에게 매우 중요한 동물이었다. 빙하기 유럽을 살았던 인류는 들소를 상당히 사실적으로 묘사한 동굴 벽화들을 남겼다. 이 벽화들을 보면 자연 세계에 대해 우리 조상들이 얼마나 예리하게 지각했는지 실감할 수 있다. 그런데 그들은 들소를 실제적으로 묘사하는 데 그치지 않았다. 프랑스 남동부에 있는 쇼베 동굴Chauvet Cave에는 3만 년 전 어느 예술가가 반은 인간 여성이고 반은 들소인 존재를 묘사한 놀라운 그림이 남아 있다. 수렵과 채집 생활을 했던 우리 조상들이 동물에 어떤 상징적 의미를 담았는지는 여전히 수수께끼지만 우리의 상상력을 끊임없이 자극한다.

옐로스톤의 들소들을 보면서 나는 케냐에서 지내던 시절을 떠올렸다. 암보셀리 국립공원에서 나는 직접 걸어 다니면서 개코원숭이들의 식이 습성을 관찰했다. 그러다 보면 코끼리, 사자, 표범, 하이에나, 흑멧돼지, 코뿔소, 때로는 아프리카물소까지 마주쳤다. 당시에 나는 실수로라도 아프리카물소 근처에 가지 않도록 굉장히 신경 썼다(사자는 말할 것도 없다). 사바나 초원에서 나는 공격의 표적이 되기 쉬운 두 발 달린 동물이었고, 나를 들이받거나 더 큰 화를 입힐 수도 있는 뿔 달린 거대한 짐승들에게 경외심을 갖고 있었다. 그러나 옐로스톤에서는, 그러니까 차를 타고 움직일 수 있으며 차에서 내리더라도 상식에 따라 행동하면 안전한 이 공원에서는 그레이트 플레인스Great Plains[북아메리카 중서부에 남북으로 길게 펼쳐져 있는 대평원]에서 내려온 아메리카들소들에게서 눈을 뗄 수가 없다.

우리는 보통 옐로스톤 도로를 따라 헤이든 밸리나 라마 밸리 쪽으로 가다가 들소 떼를 발견하면 길가에 차를 세운다. 수컷들은 텁수룩하고 몸집이 굉장히 다부져 보이며, 끊이지 않고 콧김을 뿜어댄다. 그보다 걸음이 가벼운 어미와 새끼들은 젖을 물려 하고 떼려 하는 포유류의 영원히 반복되는 춤을 추며 함께 움직인다. 어미 들소들은 새끼를 독립시킬 준비를 끝마친 지가 한참이지만, 새끼들은 계속 어미 품을 파고들려 하기 때문이다. 보이지 않는 끈으로 묶여 있는 어미와 새끼 들소들의 모습이 개코원숭이들을 연상케

한다. 어느 새끼 개코원숭이는 어미 곁을 빠져나와 펄쩍대며 신나게 뛰어놀다가, 불현듯 자신이 안전지대에서 벗어났음을 깨닫곤 부리나케 어미에게로 돌아갔다.

옐로스톤에서 대규모 들소 떼를 관찰하는 것은 짜릿한 일이다. 아메리카들소는 19세기 후반에 자행된 대량 학살로 개체 수가 급격히 줄어, 심지어 미국 전역에 25마리밖에 남지 않았던 적도 있다. 그때 그 25마리가 모두 옐로스톤에 있었다. 2005년 의회에 제출됐으나 법제화되지 못했던 '옐로스톤 들소 보존 결의안The Yellowstone Buffalo Preservation Act'에는 당시 살아남은 25마리의 자손들이 오늘날 "옐로스톤 들소 떼를 이루었으며, 미국에서는 원서식지에 계속해서 거주하며 자유롭게 살아가고 있는 유일한 야생 들소"라고 명시돼 있다. 오랫동안 집소와 유전자가 혼합돼온 목장의 들소들과 비교해보면, 옐로스톤 들소들은 유전적으로 자연 그대로의 순수한 상태라는 점에서 독특하다.

인간에 의해 끔찍한 방식으로, 끔찍한 개체 수만이 남을 때까지 학살당한 경험을 지닌 이 들소들은 질병이나 포식자, 노령 때문에든 아니면 발을 헛디뎌 온천에 빠져서든 자연스럽게 죽음을 맞이하는 동족에게 감정이 실린 반응을 보일까? 8장에서 까마귀 연구 업적과 함께 소개한 생물학자 존 마즐루프가 이 주제에 대해 한 줄기 빛을 비춰준다. 마즐루프는 학생들과 함께 옐로스톤에서 들소가 늑대에게 죽임을 당한 현장을 조사했다. 조사를 하러 간 것은 들소가 죽은 지 2주 후로, 그사이 땅과 하늘의 포식자들이 다녀가 늙은 암컷 들소의 사체는 뼈밖에 남지 않은 상태였다. 마즐루프에 따르면 사체 근처에는 "헤아릴 수 없는 긴 시간에 걸쳐 얼고 녹기를 반복하다 반으로 갈라진 바위"가 하나 있었다.

이들이 현장을 살피고 있을 때, 한 들소 무리가 굉음을 내며 사체가 있는 쪽으로 곧장 달려왔다. 이들은 당연히 멀찍이 떨어진 곳으로 대피했고, 그곳에서 들소들을 지켜봤다. 들소 무리는 거의 1시간 가까이 머물렀다. 마즐루프는 이렇게 기록했다. "40여 마리의 들소가 한 마리 한 마리 모두 죽은 동료의 뼈에 다가가 냄새를 맡았다. 사체의 잔해와 지저분한 눈, 흙먼지에 코를 대고 킁킁거렸다." 그리고 들소들은 갈라진 바위 사이를 지나 천천히 멀어져 갔다. "이 동물들은 여전히 과거의 사건에 민감하다." 마즐루프는 이렇게 결론 내린다. 마즐루프의 기록은 어딘가 사랑하는 이들의 뼈를 어루만지는 아프리카코끼리들을 떠올리게 하는 데가 있다. 이러한 의식이 감정에 미칠 힘을 생각하면 왜 마즐루프가 학생들과 함께 목격한 이 장면을 "신성하다"라고 묘사했는지 이해할 수 있다.

이제는 더 언급하기 민망할 정도지만 이번에도 진실이기에 반복해서 말할 수밖에 없겠다. 들소의 슬픔에 관해 이루어진 과학적 연구는 지금까지 거의 전무하다. 1986년 체르노빌 원전 폭발사고 이후 야생동물들이 번성하고 있는 현장을 조명한 TV 다큐멘터리 〈방사능 늑대들Radioactive Wolves〉에는 들소 새끼의 유해에 접근하는 한 무리의 늑대가 나온다. 들소 새끼는 이 늑대들이 죽인 것이 아니라 원래부터 죽어 있었다. 사냥꾼인 동시에 청소동물이기도 한 늑대들이 작은 사체를 맹렬히 뜯기 시작한다. 그러자 다시 모인 들소들이 늑대들을 쫓아낸다. 이후 흘러나오는 해설에 나는 온 신경이 집중됐다. 성체 들소들이 죽은 새끼를 "애도"하고 있으며, 이것이 들소들의 "일반적인" 모습이라는 내용이었다.

하지만 이 관념을 뒷받침하는 과학적 근거는 어디에 있나? 데일 F. 롯Dale F. Lott이 쓴《아메리카들소American Bison》는 들소에 관한 고전으로 꼽힌다. 이 작품의 빈틈없는 색인 어디에도 '죽음', '슬픔' 또는 '애도' 같은 단어는 없다. 야생에서 살아가는 동물을 상대로 감정을 연구한다는 것 자체가 어려운 영역인 데다 여전히 동물을 의인화하는 것에 대한 두려움 때문에 필요한 자료를 수집하려는 시도조차 하지 못하는 과학자들도 있다. 그러나《아메리카들소》1부의 제목은 '여러 관계들Relationships, Relationships'이다. 들소는 무리 지어 사는 동물로, 강한 유대를 형성하고 애도가 일어날 수 있는 사회적 환경에서 살아간다. 번식기에 벌어지는 본격적인 드라마를 그리면서 롯은 이렇게 썼다. "같은 성 내의, 그리고 서로 다른 성 간의 끌림, 거부, 수락, 경쟁, 협력에 따라 필수적이고 강렬하면서 일시적이고 바뀌기 쉬운 여러 관계들이 만들어진다." '일시적'이라는 표현이 있지만, 장기간의 일부일처 관계가 있는지를 따지자는 것이 아니다. 어쨌든 들소 집단에는 남성과 여성 사이의 유대가 존재하며, 물론 어미와 새끼 사이의 유대도 존재한다.

한번은 인터뷰 진행자로부터 동물의 슬픔을 연구할 수 있는 기금이 무한정 주어진다면 뭘 하고 싶냐는 질문을 받은 적이 있다. 뭐라고 대답했을까? 나는 그 기금을 몽땅 가지고 옐로스톤으로 가서 엄청난 인내심을 발휘할 것이다. 들소 무리에서든 다른 동물 무리에서든 우연찮게 죽음의 순간을 목격하는 일은 좀처럼 벌어지지 않는다. 적절한 순간에 적절한 곳에 있으려면, 혹은 직후에 도착하려면 행운과 끈기가 모두 필요하다. 하지만 조금 전 살펴봤듯이, 우리에게는 이미 들소의 애도 행위에 관한 실마리가 있다. 한편, 무스들의 행동 양식도 흥미롭다. 생물학자 조엘 버거Joel Berger는 고생을 마다하지 않고 옐로스톤에서부터 러시아 극동 지역과 몽골에 이르기까지 지구상에서 가장 가혹한(그리고 추운) 곳들을 돌며 동물의 행동을 연구했다. 옐로스톤에서는 무스에도 주목했다.《포식자와 피식자: 동물들의 두려움The Better to Eat You With: Fear in the Animal World》에서 그는 "부모들이 자기 자녀의 행동에 대해서는 빠삭한 것처럼, 내 목적은 개별 무스의 행동을 이해하는 것이었다"라고 썼다.

어미를 잃은 무스 한 마리는 버거가 목에 무선 송신기를 달기 위해 접근하자 깜짝 놀라 도망갔다. 1.5킬로미터 넘게 달린 이 새끼 무스는 어느 지점에 이르자 멈춰 섰고, 그곳은 정확히 자신의 어미가 죽은 장소였다. 또 다른 무스 한 마리는 어미 무스였는데 자신의 새끼가 차에 치인 지점으로 반복적으로 돌아왔다. 버거가 보기에 "잃어버린 새끼를 찾고 있는 것"이 분명했다. 버거나 그와 같은 다른 과학자들이 자연스럽게 죽음을 맞이한 무스의 시신이 점차 뼈로 변해가는 동안 아예 자리를 잡고 며칠, 또는 몇 주에 걸쳐 다른 무스들이 어떤 반응을 보이는지 몰래 지켜본다면 어떨까? 무스들도 마즐루프가 관찰한 들소들, 또는 5장에서 다룬 코끼리들처럼 죽은 구성원의 뼈를 보려고 일부러 그곳을 들를까? 동족의 뼈를 맞닥뜨린 들소나 무스, 그리고 다른 동물들은 그저 뼈를 조사하는 것일까, 아니면 우리 인간의 눈에 비치듯 어떤 감정을 느끼는 것일까? 우리가 그 차이를 구별할 수 있나? 들소를 오랫동안 관찰한 경험 많은 연구자라면 어떤 들소가 죽었을 때 무리의 남은 들소들이 보이는 감정적 반응의 단서를 알아보기도 할까?

동물들은 우리가 부고를 읽는 것처럼 땅에 놓인 뼈를 읽을까? 너무 허황된 생각인가? 꼭 그렇지만은 않은 것 같다. 잘 작성된 부고를 보면 한 사람의 생이 단 몇 구절로 우아하게 요약돼 있다. 죽은 동물이 남긴 뼈는 부고와 유사하지만 비언어적인 방식으로 같은 역할을 하고 있는지도 모른다. 짧게 압축된 부고를 보고 사람들은 슬픔을, 어쩌면 허무함을 느끼기도 한다. 80년의 긴 인생을 정말 여덟 개의 짧은 단락으로 줄일 수 있는 것일까? 그러나 생명력은 이 짧은 인생의 시에서도 폭발적으로 넘쳐흐른다. 나는 이 사실을 《뉴욕 타임스》 부고란을 정기적으로 읽으며 깨달았다. 《뉴욕 타임스》가 주로 유명 인사들의 부고를 싣는다는 점에서 이 습관이 다소 엘리트주의적으로 비칠지 모르지만, 나는 이를 통해 다른 방법으로는 접하지 못했을 매혹적인 삶들을 알 기회를 얻는다.

마사 메이슨Martha Mason이라는 여성은 71세의 나이로 사망하기까지 철의 폐iron lung[과거 소아마비 환자들이 사용했던 의료 기계] 속에서 60년을 살았다. 메이슨은 어린 나이에 소아마비를 겪었고 그 결과 몸의 일부가 마비됐다. 《뉴욕 타임스》 부고에 따르면 그때부터 메이슨이 살아온 곳은 "길이 215센티미터, 무게 360킬로그램 실린더 속의 수평적 세계"였다. 부고에는 사진이 함께 실렸다. 동그란 창이 줄지어 달린 심해 탐사선 같이 생긴 기계의 한쪽 끝으로 흰 머리에 안경을 쓴 메이슨의 얼굴이 보인다. 그 속에 살면서 메이슨은 세계를 탐험했다. 철의 폐에 들어가 있으면서도 메이슨은 웨이크포레스트대학에 다녔고, 저녁 파티를 주최했으며, 노년에는 음성 인식 컴퓨터를 이용해 자신의 회고록 《숨Breath》을 집필했다.

사소한 골칫거리 때문에 인내심의 끈을 놓칠 것 같은 기분이 들 때면 이따금 메이슨이 떠오른다. 그녀는 결단코 사소하지 않은 도전에 직면해서도 그저 참고 견디는 것 이상을 했다. 용기와 활력을 가지고 살았다. 이렇게 부고란을 읽는 것은 나에게 영감을 준다. 당연히 나는 동물을 사랑하며 살아간 사람들의 삶을 발견할 때 더 큰 감동을 느낀다. 버몬트주의 예술가 스티븐 휴넥Stephen Huneck은 사람들과 반려견들이 종을 넘어 평온의 순간을 찾을 수 있기를 바라며 도그 채플Dog Chapel을 지었다. 건물 창은 강아지 무늬를 넣은 스테인드글라스로 꾸몄고, 건물 첨탑에는 날개 달린 래브라도레트리버상을 세웠다. 곧 사람들이 자신의 숨진 반려견을 향한 그리움과 슬픔을 적어넣은 쪽지가 벽을 뒤덮었다. 휴넥이 이 예배당에서 자기 자신의 평온도 찾을 수 있었더라면 하는 아쉬움이 남는다. 자신이 운영하던 예술 사업체 직원 대부분을 어쩔 수 없이 해고해야 했던 휴넥은 이에 깊은 절망에 빠졌고, 결국 61세에 자살로 생을 마감한다.

2012년, 로런스 앤서니Lawrence Anthony도 심장 마비로 61세에 숨을 거둔다. 앤서니는 2003년 미국의 이라크 침공 직후 바그다드 동물원에서 굶주림에 지쳐 있던 동물 35마리의 생명을 구했다. 전쟁 초기 이 동물원에는 650마리의 동물이 있었지만 그중 35마리만이 살아남았다. 앤서니는 바그다드 동물원을 복구하는 데에도 힘썼다. 앤서니의 업적에 대해 알고는 있었지만, 부고를 읽고 나니 대략적으로만 알던 그의 훌륭한 삶에 색채가 더해졌다. 아프리카에서 동물 보호를 위해 일한 앤서니는 랜드로버를 타고 레드 제플린과 딥 퍼플을 들으며 초원으로 난 길을 누볐다. 그는 생전에 다른 어떤 동물보다도 코끼리와 깊은 관계를 맺었고, 그의 부고는 다음과 같은 신비로운 내용으로 마무리된다. "코끼리들도 그를 잃고 남겨졌다. 앤서니의 아들 딜런이 말하길, 그가 죽은 후 코끼리 무리가 보호구역 끄트머리에 있는 그의 집으로 매일 밤 찾아왔다고 한다."

부고는 지금 막 세상을 떠난 사람에 대해 알리는 데 그치지 않고 마치 거울의 방처럼 시공간을 초월해 반향을 일으키는(일으키고 또 일으키는) 하나의 생애 속으로 우리의 상상을 이끈다. 부고를 통해 우리는 이전에 죽은 사람들과 남겨진 사람들의 이름을 읽고, 끊어지지 않고 이어지는 과거와 미래를 본다. 레이 브래드버리 Ray Bradbury의 《민들레 와인Dandelion Wine》은 1928년 일리노이주의 작은 마을을 배경으로 한 소년의 여름을 그린 걸작으로 이러한 죽음 안의 삶이라는 주제를 포착했다. 어느 더운 여름날 밤, 열두 살의 더글러스 스폴딩은 병에 가득 담긴 반딧불이들을 덧없는 자유를 향해 풀어주면서 죽음의 불가피성을 깨닫는다. 브래드버리는 이렇게 썼다. "더글러스는 반딧불이들이 날아가는 것을 지켜봤다. 반딧불이들은 죽어가는 각자의 세계에 마지막으로 번지는 황혼의 옅은 파편처럼 떠나갔다. 더글러스의 손에 남아 있던 최후의 따뜻한 희망 몇 조각처럼 사라졌다."

더글러스의 할머니가 죽음을 앞두고 그에게 남긴 교훈은 오늘날을 살아가는 우리의 마음도 잔잔히 두드린다. 더글러스는 할머니의 침대에 앉아 곧 닥칠 영원한 이별을 예감하고 눈물을 흘린다. 그러자 할머니가 말한다.

중요한 건 여기에 누워 있는 내가 아니라 침대 끝에 앉아 나를 바라보고 있는 나, 아래층에서 저녁 식사를 준비하고 있는 나, 차고 자동차 밑에 들어가 있는 나, 도서관에서 책을 읽고 있는 나란다. 새로운 모든 내가 하나하나 중요하지. 나는 오늘 죽어도 죽지 않아. 가족이 있는 사람은 진짜로 죽는 게 아니거든. 나는 오랫동안 이 세상에 있을 거야. 지금부터 천 년이 흐르면 고무나무 그늘에서 신 사과를 베어 먹고 있는 내 아이들이 마을 하나 만큼 많겠지.

나는 이 문장에 심장이 사로잡혔다. "가족이 있는 사람은 진짜로 죽는 게 아니거든." 죽으면 부고가 나는 사람이든 부고가 나지 않는 동물이든 이 말은 누구에게나 어울린다. 사람들은 동물이 죽으면 함께 모여 상징적인 추도 의식을 갖기도 한다. 10장에 나온 독일의 북극곰 크누트 사례처럼 국가 규모의 행사를 열든, 고양이 팅키 사례처럼 가족과 친구들을 초대한 가운데 작은 행사를 치르든. 우리는 이 특별한 동물들에 대한 기억을 마음에 깊이 새기고, 그 기억을 우리 세대의 다른 사람들과 다음 세대에 전한다.

그리고 가끔은 동물도 부고란을 통해 추모될 때가 있다. 나는 지금까지 부고를 딱 한 번 써봤는데, 그게 바로 유인원을 위한 것이었다. 침팬지 워쇼가 2007년에 42세로 사망하자, 미국 인류학회로부터 월간 소식지에 실을 워쇼의 부고 기사를 써달라는 요청을 받았다. 워쇼는 미국 수화를 익히고 조합해서 뜻을 전달하는 데 획기적인 성취를 이룬 침팬지였고, 미국 인류학회는 이에 근거해 워쇼가 학회원들에게 의미 있는 존재라고 판단했던 것이다. 관습을 조금쯤 뛰어넘은 요청의 내용에 감명받기도 한 데다 워쇼의 위업에 대한 학회의 평가에도 동의하는 바였으므로 나는 부고를 썼다.

워쇼는 서아프리카 야생에서 포획돼 미국으로 보내진 침팬지였다. 워쇼는 여러 학술 기관을 전전하며 심리학자들과 지내게 됐는데, 처음에는 비어트릭스 가드너Beatrix Gardner와 앨런 가드너Allen Gardner 부부, 다음으로는 로저 파우츠Roger Fouts와 함께 살았다. 나는 워쇼가 오클라호마대학에 있을 때 대학원생으로서 만난 적이 있다. 워쇼는 언어를 사용해 의사소통을 할 수 있는 종과 할 수 없는 종이 있다는 종래의 가정을 완전히 뒤집었다. 워쇼는 인간의 문화 속에서 자라며 침팬지에게 맞게 조금 변형시킨 미국식 수화를 배웠다. 워쇼는 이를테면 '냉장고'를 '열기 음식 마시기open food drink'라고 표현하는 등 창조적인 형태로 수화를 활용했다. 또 양아들 루리스에게 수화를 가르쳐, 루리스도 수화를 할 수 있었다. 좋아하는 음식을 향한 단순한 욕구를 표현하는 것을 넘어, 워쇼는 주변 사람들과 대화를 나눴다. 제일 친한 인간 친구인 파우츠가 팔이 부러지자 공감의 마음을 수화로 전하기도 했다.

워쇼의 부고가 실린《인류학 뉴스》2008년 1월호의 페이지 구성은 가히 경계 단속의 본보기였다. 마주 보는 두 페이지에 걸쳐 마련된 '통과 의례' 섹션에는 57~94세에 작고한 저명 인류학자 5인의 부고가 담겨 있었다. 거기서 한 페이지를 넘기면 인류학회 회원들에게 쏟아진 영예를 축하하는 '영광' 섹션이 나왔는데, 그 위에 내 기사가 홀로 실려 있었다. 헤드라인은 '추가 알림: 워쇼, 42세'였다. 이렇게 해서 이 비인간 동물은 인류학계 권위자들과 함께 실렸으되, 물리적 배치와 주어진 언어의 미묘한 차이로 인해 떨어져 있었다. 충분히 이해할 수 있는 편집상의 결정이었다. 만일 내가 최근에 유명을 달리한 인류학자의 배우자나 자녀라면, 내 가족의 인생 이야기와 사진이 워쇼의 이야기와 눈썹 뼈가 툭 튀어나온 유인원의 얼굴 사진 바로 맞은편에 실린 상황을 용인할 수 있을까? (물론 나는 달갑게 여길 것이다, 하지만 소수 의견이라는 것을 안다)

나는 지면의 제약 때문에 워쇼의 아들 루리스를 비롯해 워쇼를 잃은 이들에 관한 내용은 부고에 쓰지 못했다. 그러나 워쇼의 유산, 즉 과거에서 미래로 이어지는 연속성에 관해서는 다뤘다. 소설 속 더글러스 스폴딩의 할머니가 말한 것과는 다른 방식이지만 말이다.

인간의 생애와 마찬가지로 워쇼의 생애도 학술적 논쟁과 출판물들만 참조해 요약하기란 불가능하다. 워쇼는 자신만의 개성과 성격을 지닌 독자적인 존재였다. (잘 알려진 것처럼 워쇼는 신발과 신발 카탈로그를 무척 좋아했다!) 워쇼를 위해 마련된 인터넷 추모 페이지에는 호주, 벨기에, 이탈리아, 멕시코 등 다양한 나라에서 메시지가 날아들었다. 워쇼가 전 세계의 여러 개인에게 영향을 미쳤다는 사실을 알 수 있다. 이 메시지들을 읽으면 누구나 워쇼가 남긴 영속적 유산은 워쇼가 습득했다고 알려진 수화 단어의 가짓수나 그로써 언어 사용에 이르렀는지 여부가 아니라고 느끼게 될 것이다. 워쇼의 유산은 그녀가 우리를 유인원과 사람 사이의 경계선, 그리고 유인원의 인격성personhood에 대한 고찰을 시작하도록 이끌었다는 데 있다.

워쇼처럼 대중의 관심 속에서 살아가는 동물들을 보며 우리는 무엇이 인간을 만드는가에 관한 생각을 재정립하기도 한다. 하지만 그렇다고 해서 '인격person'을 가졌다고 할 수 있는 유인원이나 돌고래가 있는 것은 아니다. 이견의 여지없이 역사상 가장 유명한 야생 침팬지인 플로도 우리에게 워쇼와 비슷한 영향을 미쳤다. 제인 구달은 탄자니아 연구를 시작한 지 얼마 되지 않아 새끼들과 다 자란 아들 플린트를 향한 플로의 모성애와 끝없는 인내심을 전해왔고, 이는 대중의 상상을 사로잡았다. 1972년 플로가 숨을 거두자《런던 타임스》에 부고가 나기도 했다.

　　유명한 동물이 세상을 떠났을 때는 신문사가 그 동물의 소식을 담기 위해 '부고란'의 크기를 늘린다 해도 크게 반대하는 사람이 없는 것 같다. 그러나 반려동물이나 우리가 기르는 다른 동물의 부고가 실린다면 아마 상당히 다른 반응이 나타날 것이다. 인류학자 제인 데즈먼드Jane Desmond는 동물 부고가 동물과 인간의 경계를 전복하고 그 결과 적지 않은 사람들을 불안하게 할 수 있는 위력이 있다고 썼다. 몇 년 전, 당시 데즈먼드가 보던 지역 신문《아이오와 시티 프레스 시티즌》에는 이름이 베어인 검은색 래브라도레트리버의 부고가 실렸다. 이 신문이 게재한 최초의 동물 부고였다. 베어는 마을 거리에서 낮잠도 자고 산책도 자주 했기 때문에 아는 사람이 많았다. 아무리 그랬더라도, 데즈먼드에 따르면 이 짧은 부고가 실리자 지역 사회에 "신랄한 논쟁"이 일었다. 특히 수 데이턴Sue Dayton이라는 여성이 강력한 분노를 표명했는데, 자기 친척의 부고가 베어와 같은 페이지에 실려 있었기 때문이다. 베어의 부고를 둘러싸고 "불쾌하다", "무례하다" 같은 말이 나오자 지역 사회에서 다툼이 벌어졌다.

데즈먼드는 숨진 반려동물을 추모하는 다른 관습들은 그렇지 않은 데 반해, 신문에 게재되는 부고 기사가 유독 사람들의 부정적 감정을 자극하는 까닭을 연구했다. 사람들은 사랑하는 반려동물을 묘지에 매장하거나 가상의 묘지, 즉 온라인 추모 페이지를 만들어 다른 사람들과 진심 어린 추모의 마음을 나누기도 한다. 그런데 이와 대조적으로 신문 부고는 상당히 눈에 띄는 공공 기록이다. 데즈먼드는 이렇게 썼다. "따로 찾지 않았는데도 아침 식탁 위에 놓여 있다. 달걀과 베이컨 옆으로 쫙 펼쳐져 있는 신문 기사 사이에 있는 것이다. 이런 식으로 모든 가정에 침투한다." 동물 부고는 동물이 사람의 가족이라는 점을 공공연하게 드러내고 동물이 가족의 일원으로서 애도될 수 있는 타당성을 부여한다. 이렇게 동물 부고는 '가족'의 정의에 도전함으로써 일부 사람들에게 불만을 초래하는 것이다. 《세인트 루이스 포스트 디스패치》의 칼럼니스트 베티 쿠니베르티Betty Cuniberti는 "슬픔에 잠긴 아들이 어머니의 부고를 읽기 위해 신문을 펼쳤더니 어머니 사진이 햄스터 사진 바로 옆에 있다"라는 상상의 사례를 끌어들이며, 반려동물의 부고를 싣는 신문들에 대해 탄식했다. 데즈먼드처럼 나도 쿠니베르티가 반려동물을 위한 부고라는 관념을 우롱하려는 의도에서 햄스터를 선택했다고 본다.

그렇다면 반려동물 부고는 우리 중 일부는 화나게 하고, 일부는 위로하는 것이겠다. 나는 어떤 동물 부고든 그 글로부터 위로를 얻는 쪽이다. 하지만 동물과 인간 사이에 상정된 경계를 부수는 것은 동물의 부고가 아니라 동물 자체다. 동물들은 도구 사용과 협력적 문제 해결 같은 인지적 성취 면에서 경계를 허무는 것과 마찬가지로 슬픔이라는 행동 면에서도 경계를 허물고 있다. 사별을 겪고 강한 생리적 반응을 보인 원숭이들, 세상을 떠난 자매를 그리워하며 울부짖은 고양이, 땅에 묻힌 친구의 무덤가를 맴돈 말들, 죽은 암컷의 유해에 들르기 위해 일부러 이동한 들소 떼, 코로 사랑하는 개체의 뼈를 어루만지는 코끼리들이 그 증거다. 데즈먼드는 이 점을 정확히 이해하고 있었다. "사람의 부고와 마찬가지로 반려동물의 부고도 하나의 삶에 가치를 부여하고, 특별했던 순간들을 밝히고, 사회적으로 인정받은 공적을 기리고, 생애의 모델을 제시한다."

　　'하나의 삶에 가치를 부여한다.' 물론 동물 부고라고는 해도 동물들의 언어로 쓰인 것은 아니다. 하지만 이 구절은 동물들이 애도 행위를 통해 무엇을 하는지를 정확히 포착한 것이 아닐까? 그들은 이전까지 살아 있던 생명, 지금은 애도의 대상이 된 생명에 가치를 부여하는 것이다.

슬픔을
쓴다는 것

14

레이가 죽은 계절의 뉴저지주 하늘은 부주의하게 박박 닦은 냄비 같
다. 늦은 오후면 칙칙한 땅 위로 황혼이 흐릿하게 퍼진다. 이 계절의 끝
없는 추위가 천천히 봄에 자리를 내주고 있다는 사실이 충격적이다.
과부는 변화를 바라지 않는다. 과부가 바라는 것은 세상―시간―이
끝장나는 것이다.
과부의 삶은, 그 스스로 확신하고 있듯 이미 끝장났으니까.

　　　조이스 캐롤 오츠Joyce Carol Oates,《과부 이야기A Widow's Story》

내 안에서 (아내 아우라가 죽은 지 몇 주가 지났다) 미지근하고 무미건조한
공기밖에 들지 않은 딱딱하고 텅 빈 직사각형이 느껴진다. 척추와 흉
골 사이에 끼어 있다. 내 상상 속에서 이 직사각형은 슬레이트나 납으
로 만들어져 있다. 버려진 지 오래된 건물의 엘리베이터용 수직 통로

속 움직일 일 없는 공기 같은, 그런 정체된 공기를 머금은 직사각형이다. 나는 그 기분이 무엇인지 알 것 같다고 생각한다. 그리고 줄곧 이런 식으로 느끼는 사람들이 바로 자살을 하는 것이라고 속으로 되뇐다.

프란시스코 골드먼Francisco Goldman,
《그녀의 이름을 부르다Say Her Name》

지난 몇 년 사이 애도를 주제로 한 회고록이 폭발적으로 출간되며 인기를 끌었다. 이 책들은 다양한 시대의 다양한 문화권 사람들이 죽음에 대해 어떻게 반응했는지를 3인칭 시점에서 서술한 전문적인 학술 서적이 아니다. 질서정연한 각주와 함께 절제된 산문체로 서술된 그런 책들은 인류학자, 심리학자, 사회학자, 사학자의 책장에나 즐비할 것이다.

내가 이야기하려는 것은 완전히 다른 장르의 책이다. 충격적일 정도로 사적인 책, '지금 당신이 보는 것은 내가 사랑하는 사람을 애도하는 모습이다'라고 말하는 듯한 책들이다. 이 책들은 우리의 심장을 후벼 파는데, 언젠가 우리도 우리가 가장 두려워하는 방식으로 이 책들의 주제에 관해 전문가가 되리라는 것을 알기 때문이다. (나는 슬픔에 관한 서적에 초점을 맞춰 이 장을 쓰기로 했다. 존 아처는 《슬픔의 본질》 3장에서 초점을 넓혀 문학 작품뿐 아니라 영화, 시각 예술, 음악에 나타난 슬픔도 살핀다)

슬픔이 삶에 닥치면 일상의 흥얼거림이 종적을 감춘다. "슬픔이 딱 붙어 있다." 조앤 디디온Joan Didion은 남편 존 던John

Dunne이 갑작스레 사망한 직후 1년에 관한 회고록,《상실The Year of Magical Thinking》에서 이렇게 말한다. "슬픔은 파도처럼 연달아 발작적으로 닥친다. 난데없는 불안감으로 무릎이 아파오고 눈은 멀고 삶의 일상성이 스러진다." 작가들, 그러니까 단어의 흐름을 통해 의미를 창조하며 평생을 보내는 사람들은 자신의 슬픔을 종이 위에 응결시킴으로써 일상성을 어느 정도 회복하기도 한다.

장르 자체가 새로운 것은 아니다. C. S. 루이스C. S. Lewis는 1961년에《헤아려 본 슬픔A Grief Observed》을 내놓았다. 한 다큐멘터리가 특기했듯, 그때 루이스는 "영어권에서 가장 인기 있는 기독교 변증가"였다. 루이스는 수십 년 동안 독신으로 지내며 명사로서 지적인 삶을 살았다. 그 후에 미국인 시인이자 소설가이던 조이 데이비드먼 그레셤Joy Davidman Gresham이 그에게 바다 건너 편지를 보냈다. 조이는 루이스의 기독교적 관점에 끌리게 되면서 자신의 무신론을 되돌아봤다. 아니, 무신론을 떠났다. 마침내 조이와 루이스는 만났다. 처음에는 정신적 교류였으나 두 사람은 결국 사랑에 빠졌다. 루이스와 지적으로 대등했던 조이는(처음에 루이스가 조이에게 관심을 가졌던 이유다) 자신의 이름과 같은 바로 그 감정, 행복을 루이스에게 가져다주었다.

두 사람은 1956년에 결혼했다. 이때 조이는 이미 암 진단을 받은 상태였다. 그리고 고작 4년 후, 조이의 죽음이 찾아왔다. 조이가 죽은 다음 해에 루이스는 N. W. 클러크N. W. Clerk라는 필명으로《헤아려 본 슬픔》을 출간했다. 이 글에서 조이는 'H'로 등장하는데, 아마도 조이의 법적 이름이 헐린Helen이었기 때문이리라. 나중에 이 작품은 루이스의 본명으로 재출간됐고, 이때쯤에는 모든 사람이 'H'가 누구인지 알았다. 이 책은 루이스가 있는 그대로의 감정과 전에 없던 회의懷疑를 가감 없이 드러낸 작품이었다. 그에 따라 루이스가 처음에 신중한 출간 방식을 택하고 자신의 프라이버시를 지키고자 한 일에 관해서는 잠시 후 다시 짚어보려 한다.

루이스가 조이의 죽음 이후 기록한 네 권의 노트를 바탕으로 펴낸 《헤아려 본 슬픔》에는 슬픔 때문에 무너지고, 동시에 슬픔 때문에 날카로워진 빛나는 지성이 속속들이 담겨 있다. 시작부터 강한 외침이 터져 나온다. 루이스는 하나님에 대한 믿음은 흔들리지 않지만, 하나님에 대해 "끔찍한 것들"을 새로 깨닫게 된 점이 문제라고 썼다. 자신의 마음속에서 아내의 실체가 불가피하게 희미해져가는 것도 괴로워했다. "H가 죽은 지 한 달이 채 되지 않았지만, 이미 H를 만들어내는 과정이 은밀하고도 서서히 시작됐음을 느낄 수 있다. 나는 점점 더 상상의 여성을 그리워하고 있다."

바로 이 지점에서부터 슬픔에 대한 인간의 경험은 동물의 경험과 차이가 벌어진다. 조이의 죽음은 루이스를 그때껏 겪어본 적 없는 불안으로 몰아넣고, 자신이 알고, 믿고 있다고 생각한 모든 것을 전면적으로 재평가하게 만든다. 그는 슬픔에 붙들려 끊임없이 과거를 다시 찾아가고 미래를 걱정한다. 답이 없는 의문들과 씨름한다. 흥미롭게도 루이스는 이러한 맥락에서 "'영적 동물'이라는 끔찍한 형용 모순"이라고도 썼다. 루이스는 불가지에 직면해 외

경심과 자기 초월 능력을 나타내는 것은 인간 종뿐이라고 생각했다. 그가 옳을지도 모르지만, 나는 자기 인식이 가능한 다른 동물 중에 영적 느낌을 받을 수 있는 동물이 하나도 없다고는 가정하고 싶지 않다. 잘 알려진 예지만 제인 구달도 침팬지들이 쏟아지는 폭포 아래에서 한 행동에 근거해 그들이 영적 순간을 경험할지 모른다고 추측했다. 구달은 한 걸음 더 나아가 침팬지들이 인간만큼 영적이지만 감탄하고 경이로움을 경험하는 순간을 분석하고 설명할 방법을 모를 뿐일 수 있다고 했다. 이 점에서 나에게는 침팬지들이 폭포 아래에서 돌을 던지고 덩굴 가지를 흔드는 모습("레인 댄스")[*] 보다 그들이 조용히 자기반성을 하는 것 같은 순간, 떨어지는 물을 눈으로 좇으며 생각에 잠긴 듯한 모습이 더 큰 감동으로 다가온다.

　다시 루이스의 이야기로 돌아오자면, 그는 분명 다른 동물들과 근본적으로 다른 방식으로 슬픔과 씨름했고, 이는 다른 사람들도 마찬가지다. 이렇게 뚜렷하게 이분법적으로 구분을 짓다니 이 책에 담긴 이야기들의 취지에서 벗어나는 것처럼 보일지도 모르겠다. 그러나 서문에서 언급했듯, 우리 인간이 다른 생명체들과 다르게 생각하고 다르게 느낀다는 것을 인정한다고 해서 인간의 우월성 선언으로 이어지는 것은 아니다. 누군가 그렇게 멸시적인 주장을 한다면 이 책에 수록된 모든 이야기가 단호하게 '아니다!'라

---

[*]　[옮긴이주] 침팬지들이 빗소리나 폭포 소리에 맞춰 몸을 흔들고 소리를 내며 추는 춤을 비의 춤, 레인 댄스rain dance라고 한다.

고 외칠 것이다. 돌고래가 자기 인식 능력이 있다고 해서 그만큼 자기 생을 살필 능력이 없는 염소 같은 동물보다 우월하다고 할 수 없듯이, 인간도 슬퍼하는 방식이 다르다고 해서 다른 동물들보다 우월한 것이 아니다.

　인간의 슬픔이 다를 수도 있는 것 아닐까? 진화론에 따르면 각 동물에게는 종 특이성 행동이 있다. 우리 인간은 침팬지들처럼 시신 앞에서 공격성을 분출하지 않는다. 한편, 침팬지들은 죽은 침팬지에 관한 이야기를 주고받지 않는다. 물론 침팬지들도 다른 침팬지가 죽은 일에 대해 어떤 식으로든 소통하기는 하겠지만, 우리는 이제 막 이런 의문들을 품기 시작한 참이다. 어쨌든 침팬지들은 우리처럼 정성 들여 구성한 조부모와 부모에 관한 이야기를 자식과 손주들에게 전승하는 이야기꾼은 아니다. 누군가 이 사실이 우리의 슬픔이 침팬지들의 슬픔보다 깊다는 점을 방증하는 것이 아니냐고 묻는다면, 요점을 벗어난 질문이라고 할 수 있다. 모든 동물 종은 저마다 슬픔을 표현하는 방식이 개체별로 다양하기 때문이다.

　고등 유인원, 코끼리, 고래목 동물들처럼 자의식이 있는 동물들은 과거의 일을 기억하며, 미래의 일을 계획한다. 이 동물 종들의 개체가 애도를 할 때는 사랑하는 죽은 개체와 함께했던 시간의 기억이 마음속에서 재생되고 있을지도 모른다. 만약 그렇다고 해도, 그 기억이 우리 인간의 기억처럼 생생한 구체성을 띠지는 않을 것 같다. 인간은 햇빛이 쏟아지는 날 숲에서 피크닉을 한 이미지나 시원한 아침에 꼭 껴안았을 때 피부에 느껴지는 감촉 등의 기억을 언어를 통해 처리하고 유지하기 때문이다. 템플 그랜딘 Temple Grandin의 주장처럼 다른 동물들의 생각은 시각적이고 인상주의적인 특성일지도 모른다. 우리보다 시간과 공간 면에서 정확성은 떨어지지만, 기억이 불러오는 감정은 단단하게 보존하고 있는 형태로 말이다. 동물들은 오래도록 슬픔에 짓눌려 지내기도 할까? 다음 날 새벽이 돼도 슬픔의 장막이 물러가지 않으리라는 것을 예감하며 밤에 눈을 감을까? 대답은 아마도 '아니오'일 것이다. 슬픔이 오늘도, 그리고 내일도 곁에 있을 것이라는 시시포스적 지각에 이르기 위해서는 자기 성찰 능력이 필요한데, 이 능력은 다른 모든 종을 뛰어넘는 인간 고유의 능력이다.

　루이스는 《헤아려 본 슬픔》에 이 같은 자기 이해의 가혹한 힘에 관해 썼다. "나는 내가 원하는 게 내가 절대 얻을 수 없는 것이라는 점을 잘 안다. 예전의 삶, 예전의 농담, 술잔, 말다툼, 사랑의 행위, 자잘하고 지루한 일상다반사까지." 그렇지만 나는 루이스가 단순히 자신이 겪고 있는 슬픔의 윤곽을 전하기보다는 슬픔에 관해 쓰면서 더 깊은 내면으로 파고들기를 바란 것 같다는 느낌이 든다. 루이스가 처음 책을 출간할 때 자신의 정체를 숨겼던 사실까지 고려하면, 그의 작품이 상실에 따른 슬픔을 다룬 현대의 다른 회고록들과 확연히 다르다는 것을 알 수 있다. 루이스는 공개적으로 절절한 애도를 표현하고자 의도한 것이 아니었고, 결과적으로 그의 슬픔은 더욱 깊은 감동을 안겨준다.

《헤아려 본 슬픔》마지막 부분에서는 굉장히 흥미로운 말도 한다. "격정적 슬픔은 우리를 죽은 이와 연결해주지 않는다, 오히려 단절시킨다." 방을 제단으로 바꾸고, 기일을 기리고, 죽은 사람에 대한 기억을 살아 있는 것처럼 생생하게 간직하려 갖은 애를 쓸수록 역설적이게도 우리는 우리가 잃어버린 사람의 실체와 더욱 멀어진다. 이와 비슷하게 슬픔을 격정적으로 토로하는 회고록은 오히려 고인이나 회고록을 쓴 작가 모두와 독자 사이의 거리를 벌린다. 어쩌면 이것이 내가 극도의 날것이나 의식의 흐름에 따라 갈팡질팡하는 목소리에 끌리지 않는 이유일 것 같다. 상실과 슬픔을 다루는 회고록은 그러한 언어로 전개되기 십상이지만 말이다. 2011년《가디언》에 기고한 글에서 프랜시스 스토너 손더스Frances Stonor Saunders는 이 같은 회고록 작가들을 고대 그리스 연극의 코러스에 비유하고, 슬픔을 겉으로 드러내기 위해 고용된 사람들 같다며 "옷은 빌렸으되 서툴게 껴입었다"라고 평했다. 또 이들의 작품에 대해서는 "추상적이고 상투적인 표현, 반복, 집착, 무논리"로 가득하다고 못 박았다.

물론 이런 맹비난을 사절할 수 있는 작가는 루이스만이 아니다. 로저 로젠블랫의 딸 에이미는 38세의 나이에 러닝머신에서 쓰러져 사망했고, 그녀의 남편, 세 자녀, 오빠와 남동생, 그리고 부모의 삶은 영원히 바뀌었다. 로젠블랫은《토스트 만들기Making Toast》에서 이렇게 썼다.

에이미가 죽은 다음 날 칼, 존, 그리고 나는 베데스다에 있는 에이미의 집 테라스에 함께 서 있었다. 우리는 울었다. 마치 스카이다이버들처럼 다 같이 둥글게 얼싸안고 있었고, 바람에 옷이 펄럭였다. 아들들이 아주 어렸을 때 이후로는 둘 다 우는 것을 본 기억이 없다. 내가 우는 모습을 보인 적이 있는지는 잘 모르겠다, 지나치게 감상적이었던 순간들을 제외하면. … 끈끈한 가족의 문제는 서로로 인한 고통도 물샐틈없이 겪게 된다는 것이다. 추위 속에서 나는 두 아들을 팔로 감싸 안았고, 내 손에 닿는 것은 남자들의 어깨였다.

"남자들의 어깨"라는 말은 상처받은 세계, 그리고 그 이상을 우리에게 조용히 전달한다. 우리는 이 순간 로젠블랫이 아들들을 자신과 다를 바 없는 성인으로, 슬픔을 짊어져야 하는 성인으로 본다는 사실을 느낄 수 있다.

로젠블랫은 또다시 딸과 슬픔에 관해 썼고, 2년 후 《카약을 타는 아침Kayak Morning》으로 펴냈다. 이 책에서 로젠블랫은 《토스트 만들기》를 집필한 까닭에 대해 딸을 계속해서 살아 있게 하는, 일종의 치료요법이었다고 말한다. 그는 이렇게 썼다. "책이 끝나자, 에이미가 다시 죽은 것 같은 느낌이 들었다." 루이스라면 두 번째 책을 쓰지 말라고 할까? 훨씬 더 큰 힘으로 되살리려면 에이미를 조금 보내주는 편이 낫다고?

그렇다면 묘하게도, 상실과 슬픔의 회고록은 슬픔에서 벗어나려는 절실한 욕구로부터 비롯되는 것이라고도 볼 수 있다. 인간의 마음은 가장 어두운 곳에 머물며 오랫동안 그 감정을 추방하길 거부함으로써 압도적인 감정적 경험에 적응하기도 한다. 조이스 캐롤 오츠는《과부 이야기》에서 이렇게 썼다.

> 서재의 책상에 앉아 늘어선 나무들, 새들을 위한 수반(겨울이라 물은 없다), 홍관조, 박새, 쥐박새들이 쾌활하고 부산스럽게 오가는 빨간 열매가 가득 달린 호랑가시나무 한 그루를 내려다본다. 그러면서 나는, 어쨌거나 레이가 이 방에 나와 함께 있지는 않았을 것이다, 실컷 되뇐다. 이 순간 나의 경험은 과부의 경험이 아니다.

그러나 슬픔은 되돌아오고, 메아리치고, 또 메아리친다. 적어도 한동안은 슬픔으로부터 도망칠 수 없으며, 아마도 가장 힘겨운 부분은 슬픔에 빠진 사람도 이 사실을 알아차리고 있다는 것일 듯하다. 루이스는 이렇게 썼다.

> 모든 비애에는 말하자면 그 미스터리의 그림자 또는 반영이 따른다. 즉, 우리는 단지 고통 받기만 하는 것이 아니라, 고통 받고 있다는 사실을 끊임없이 생각해야 한다. 나는 긴 하루하루를 슬픔 속에서 살 뿐 아니라, 하루하루를 슬픔 속에서 살고 있다는 생각을 하며 하루하루를 살아간다.

루이스의 슬픔은 시간의 흐름과 함께 성격이 변화했다. 그는 자신의 눈부신 탁월성을 바탕으로 이를 명징하게 표현해냈고, 우리는 그의 책을 읽으며 통찰과 희망을 얻는다. 루이스는 어느 날 이전보다 몸도 가볍고, 신과의 통로도 훨씬 회복됐으며, 조이의 실체가 빠져나간다는 고통도 덜해진 느낌이 들어서 깜짝 놀란다. 《헤아려 본 슬픔》이 꽤 얇은 책이라는 사실은 설령 슬픔이 끝나지 않더라도 그 사나운 힘은 수그러든다는 것을 알려준다.

내가 다른 동물들은 경험할 수 없다고 믿는 것이 바로 슬픔의 무게에 대한 의식과 슬픔에 관한 정신적 성찰의 지형도 변화다. 동물들이 죄책감을 느낄 수 있을까? 프란시스코 골드먼의 《그녀의 이름을 부르다》는 아내인 아우라의 죽음을 소설화한 작품으로, 죄책감이 곳곳에 스며 있다. 아우라는 멕시코 해변에서 골드먼과 수영을 하던 중 사고로 유명을 달리했다. 아우라와의 첫 만남을 그린 부분을 보면 골드먼은 그녀의 아름다운 얼굴과 두 눈, 그리고 생기 넘치는 모습에서 눈을 떼지 못한다. 골드먼은 두 사람이 주고받았던 인사를 회고한다. "안녕하세요?" 그가 아우라에게 말한다. "안녕하세요!" 아우라도 대답한다. 그가 아우라에게 인사를 건넨 순간에서부터 두 사람의 사랑, 결혼, 아우라의 죽음, 그리고 골드먼의 슬픔을 아우르는 무한한 사건의 연쇄가 시작된다. 이 대화 바로 아래에는 괄호를 통해 조금 오싹한 내용이 이어진다. 골드먼이 이제 막 만난 두 사람 사이에 똬리를 틀고 있던, 결코 벌어진 적 없는 대화를 상상해서 써놓은 것이다. "안녕하세요? 그쪽의 죽음입

니다." 골드먼이 말한다. "안녕하세요, 제 죽음이시군요." 아우라가
대답한다. 슬픔의 회고록들은 이런 구절을 통해 우리 인간 종이 깊
은 자기 인식 결과 치르고 있는 끝이 없을 것만 같은 가혹한 대가
를 형용한다.

우리를 괴롭히는 것은 죄책감, 또는 슬픔의 지속성에 대한
인지가 아니라 일종의 선행된 슬픔일 때도 있다. 배우자, 자녀, 친
구에 대한 의사의 말이 미처 시작되기 전 그의 암울한 표정만 보
고도 손이 차갑게 식을 때, 사랑하는 사람의 병세가 악화돼 오로지
하나의 결과만 내다볼 수 있을 때, 우리는 다가오는 상실을, 때로
는 몇 달, 또는 몇 년 후일지 모르는 상실을 기정사실로 받아들인
다. 우리는 죽음을 앞둔 사람이 나아가야 하는 쓸쓸한 길을 예견하
고 우리 자신의 외로운 미래를 마음속에 그린다. 다시는 전과 같을
수 없을 집으로 혼자 돌아가게 되는 날에는 어떤 기분일까, 생각한
다. 뉴욕과 워싱턴 D.C가 공격을 받은 9.11 테러 사건 직후 브루스
스프링스틴Bruce Springsteen이 만든 앨범 〈더 라이징The Rising〉
에는 '당신은 없지You're Missing'라는 곡이 수록돼 있다.

침실 탁자 위의 사진, 서재의 TV는 켜진 채야

당신의 집은 기다리고 있어, 기다리고 있어

그러나 이 노래를 듣는 사람은 집의 기다림이 영원할 것이라
는 사실을 안다. 후렴구에서 제목을 딴 이 노래는 마주하고 싶지

않은 종국으로 치닫는다.

신은 천국을 떠도는 중이고, 악마는 우편함에 있어
내 신발은 먼지투성이야, 눈물만 흘러

9.11 사건에는 선행된 슬픔의 시간이 없었다. 사랑하는 사람
들은 출근하거나 볼일을 보러 갔다가 그대로 돌아오지 않았다.

이러한 관점에서 보면 분명 선행된 슬픔은 고역인 만큼 축복
일 수도 있다. 우리의 사랑을 말로 표현할 수 있게 해주고, 우리와
다른 사람들이 다가오는 상실에 앞서 마음의 대비를 할 수도 있기
때문이다. 나는 1990년대 초, 당시 겨우 30대이던 친구 짐이 에이
즈로 죽음을 앞뒀을 때 축복과 고역을 동시에 느꼈다. 그때는 HIV
에 감염된 사람들의 수명을 획기적으로 연장해주는 항레트로바이
러스제가 나오기 직전이었다. 나와 짐의 관계가 재미있었던 점은
우리 사이를 정의하기에 적절한 단어가 영어라는 언어에 없다는
것이었다. 다른 사람들에게서 몇 번이나 이 말을 듣기도 했다. '친
구'라는 단어는 정확하지만 얇은 감이 있었다. 대학에서 만난 우리
는 한때 낭만적 사랑을 찾기 위해 전력을 다하기도 했으나, 곧 우
리 사이에는 끈끈한 플라토닉적 유대 관계가 알맞다는 것을 깨달
았다. 짐은 뉴저지주에 살았는데, 인류학 연구를 위해 오클라호마
주(대학원), 케냐(현장 연구), 샌타페이(논문 작성)로 옮겨 다니는 나를
찾아와줬다. 이후에 짐이 아프기 시작했고, 할 수 있는 것은 아무

것도 없었다. 하지만 나는 할 수 있는 모든 것을 했다. 찾을 수 있는 모든 의료적 선택지를 찾아봤고, 짐이 나를 만나러 오는 대신에 내가 짐을 만나러 갔으며, 죽음의 목전에서는 내 인생의 모든 날 그를 떠올리겠노라 약속했다. 마지막 시기가 되자 그간 아픈 그의 회복을 간절히 바랐던 나는 이제 고통스러워하는 그의 죽음을 간절히 바라게 됐었다.

다른 동물들도 가족이나 친구가 병에 걸리면 행동에 변화를 보이기도 한다. 스코틀랜드의 어느 사파리 공원에서 암컷 침팬지가 죽어가자 그 침팬지 곁에 모였던 같은 우리의 침팬지들처럼, 또 셰틀랜드포니가 네 발로 설 수 있도록 힘껏 몸을 받쳐줬던 염소처럼 말이다. 이들도 걱정과 염려가 있기에 이러한 행동을 하는 것일지도 모른다. 하지만 다가오는 죽음을 인지하고 두려움, 안도, 혹은 두려움과 안도가 뒤섞인 마음으로 먼 앞을 내다보는 것은 인간뿐이다. 우리는 다른 사람에게 죽음이 닥치면 애도를 하는데, 이 애도에는 사적 감정과 공동적 감정이 독특하게 혼합돼 있다. 인간이라는 자기 인식 종이기에 나타나는 적응적 균형이라고도 할 수 있다. 타일러 볼크Tyler Volk는《죽음이란 무엇인가?What Is Death?》에서 이렇게 말했다. "산 자들은 다른 사람들이 죽은 이를 애도하는 것을 보며 자신에게 닥칠 미래의 죽음에 대한 위로를 받는다."

상실과 슬픔을 회고하며 글을 쓰는 작가들이 그러하듯, 모든 종 중에서 우리 종만이 애도의 감정을 예술로 쏟아낸다. 그런데 춤과 같이 신체로 구체화된 슬픔은 예외다. 춤은 우리가 인간 특유의 독창성을 잠재우고 죽음을 애도하는 다른 동물들과 가장 가까워지는 순간일 것이다. 우리는 인간의 말로 슬퍼한다. 하지만 동물의 몸, 동물의 손짓, 동물의 몸짓으로도 슬퍼한다.

슬픔의 선사시대

15

죽음을 맞이할 당시 남자아이는 열두 살에서 열세 살쯤 됐고 여
자아이는 열 살도 채 되지 않았다. 남자아이의 신체는 정상적으
로 발달한 것으로 보이지만, 여자아이에게는 대퇴골 양쪽이 기형
이었음을 알려주는 흔적이 있다. 다리가 짧고 굽어 있어서 걸음
걸이가 구부정했을 것으로 추측된다. 두 아이는 오늘날 우리가
숭기르Sunghir라고 부르는 러시아의 한 정착지에 살았다. 현재의
모스크바에서 동쪽으로 200킬로미터가량 떨어진 곳으로, 강기
슭을 따라 형성돼 있었다. 숭기르는 영구 동토대에 있어서 살기
힘든 기후였다. 두 아이의 시신을 안치하기 위해서는 차가운 땅
을 파야 했고, 숭기르 공동체 사람들은 힘을 합쳤다. 집단 미의식
을 발휘하고 상당 시간 숙련된 노동력을 투입한 결과, 이들은 두
아이가 화려한 매장 의식을 통해 이 세상을 떠나가도록 할 수 있

었다.

이 의식을 직접 목격하고 남긴 기록은 없다. 이 아이들은 2만 4000년 전에 죽은 아이들이기 때문이다. 이때는 구석기 시대로, 문자가 나타나기 전일 뿐 아니라 정착 생활이나 곡물 재배 및 대부분의 가축 사육이 이루어지기 전이다. 그렇다고 해서 숭기르 사람들, 즉 해부학상 현생 '호모 사피엔스'인 이들이 단순한 생을 살았다고 할 수는 없다. 프랑스의 쇼베 동굴 벽화처럼 약 3만 5000년 전부터 동굴 벽에 여러 색깔로 살아 있는 듯 다채롭게 그려지기 시작한 동물 이미지들은 우리의 호모 사피엔스 조상들이 이룬 문화적 복잡성을 시사한다.

우리는 고고학자들이 묘사한 내용을 통해 숭기르 사람들이 장례를 위해 한데 모인 그 옛날의 어느 날을 상상해볼 수 있다. 빈첸초 포르미콜라Vincenzo Formicola와 알렉산드라 부즈힐로바Alexandra Buzhilova는 이렇게 썼다.

두 아이는 영구 동토층을 파서 만든 야트막하고 좁고 기다란 무덤에 서로 정수리를 맞대고 반듯하게 누운 자세로 묻혔다. 유골 두 구는 모두 붉은 황토로 덮여 있었고, 곁에는 대단히 호화롭고 희귀한 부장품이 가득했다. 옷에 꿰었던 것으로 추정되는 수천 개의 상아 구슬, 매머드 엄니를 곧게 만들어 제작한 긴 창(240센티미터에 이르는 것도 있다), 상아 단도, 구멍이 뚫린 수백 개의 북극여우 송곳니, 팔찌, 구멍 낸 사슴뿔, 상아 동물 조각품, 상아

핀, 그리고 원반 모양의 펜던트 등이 유골을 장식하고 있었다.

숭기르의 두 아이 무덤에 대한 이 설명은 인류학계에서 널리 알려져 있다. 적어도 고고학자들이 지금까지 발굴한 무덤들에 미루어 볼 때, 이렇게 오래전에 아이들이 매장된 사례는 드물다. 더욱 드문 것은 아이가 기형이라는 사실인데, 이 점에서 숭기르 무덤은 선사시대 사람들이 매장한 이 연령대 아이들이 신체가 해부학적으로 정상을 벗어나 있는 경우가 많다는 과학자들의 의혹에 무게를 실어준다. 그렇더라도 이 범주에 드는 것은 숭기르의 두 아이 중 한 명뿐이며, 숭기르에서 발견된 모든 것이 이 아이의 죽음은 다리가 구부정한 것과 무관함을 가리키고 있다. 고고학자들은 동시에 묻힌 만큼 두 아이가 가까운 시기에 죽었을 것이라고 확신한다. 공동체 사람들을 위해 식량을 찾아다니거나 다른 일을 하다가 사고를 당했을 수도 있고, 질병으로 사망했을 수도 있다.

숭기르 무덤이 유명한 데는 이 무덤에서 출토된 유골과 공예 부장품들의 흥미로운 특징이 큰 몫을 차지하고 있지만, 나는 그것이 전부라고 생각하지 않는다. 숭기르 사람들이 죽음 앞에서 취한 행동을 알게 되면 누구라도 먼 시간을 넘어 우리가 그들과 연결돼 있다는 느낌을 받지 않을까? 두 고고학자의 보고서를 읽다 다음 구절에서는 목이 메기도 했다. "옷에 꿰었던 것으로 추정되는 수천 개의 상아 구슬." 혹독한 추위로 끊임없이 생존에 위협을 당하면서도, 이 수렵 채집인들은 어린 시신들을 매장하기에 앞서 장식을 하는 데 시간과 공을 들였다. 나에게 바느질된 상아 구슬은 숭기르 사람들의 슬픔이 빚어낸 것으로 다가온다.

물론 틀린 추측일지 모른다. 숭기르 사람들의 고된 장례 준비는 애도와 무관하게 진행된 것일 가능성도 있다. 그러나 우리는 이 책에 실린 이야기들의 도움을 받아 우리의 과거를 재구성해볼 수 있다. 까마귀, 기러기, 돌고래, 고래, 코끼리, 고릴라, 침팬지 등 높은 사회성을 지닌 갖가지 새와 포유동물들은 애도할 수 있는 능력을 보여준다. 내 추측이 맞다면, 이 종들의 개별 개체가 다른 개체를 사랑했기 때문에 애도를 하는 것이라면, 2만 4000년 전 우리 종의 개체들이 사랑과 슬픔을 표현했다는 생각도 억측은 아니지 않을까? 이러한 감정들은 긴밀한 공동체를 이룬 영리하고 사회적이며 자기 인식 수준이 높은 영장류의 개체들에게서 다분히 발생할 수 있는 부산물이 아닐까?

슬픔의 표현은 시대와 종을 초월해 나타나지만, 공동체적 매장 관습은 비인간 동물들에게서는 발견되지 않으며, 심지어 인간 계통에서도 드물다. 우리 조상들이 400만 년 전 처음 두 발로 걷기 시작한 이래로, 약 250만 년 전 처음 석기를 제작하고, 200만~150만 년 전 대규모 사냥을 시작하기까지 죽은 사람을 매장하거나 화장한 흔적은 남아 있지 않다. 그사이 얼마나 많은 사람이 태어나고 죽었을지를 고려하면 대단히 흥미로운 결론이 유추된다. 한 인구 통계 기관의 발표에 따르면 약 5만 년 전부터 현재까지 1070억 명가량의 사람들이 태어나고 죽었다. 이러한 종류의 추정치는 기본적으로 과거 인구수에 대한 대략적 가정과 어림짐작을 바탕으로 산출되는 것이므로 정확한 값으로 받아들이기는 어렵다. 그렇지만 사고 실험이라는 측면에서는 유효하다. 인류의 시작이 5만 년 전이 아니라 600만 년 전이라는 사실을 대입해보면, 어마어마한 수의 사람들(현생 인류를 포함한 모든 인간 계통)이 태어나고, 살다가, 죽었다는 것을 알 수 있다. 그들의 시신은 어떻게 됐을까? 죽은 사람을 애도한 사람이 있었을까? 개인의 죽음에 대해 사회적, 의례적 형태의 애도 반응이 등장하기 시작한 것은 언제인가?

숭기르 무덤은 우리에게 수렵 채집인들(적어도 일부 수렵 채집인들)이 매장 의례를, 그것도 짐작하건대 감정이 수반된 매장 의례를 거행하기 시작한 확고한 시점을 제공한다. 숭기르 무덤을 기점으로 뒤로 거슬러 올라가보면, 인간 계통의 상실과 슬픔의 기원을 고고학적으로 밝혀내는 것이 가능할까?

이스라엘에는 약 10만 년 전 호모 사피엔스의 삶을 알려주는 보고寶庫와도 같은 선사시대 동굴 유적이 두 군데 있다. 남부 갈릴리 지역의 카프제Qafzeh 동굴과 카르멜산의 스쿨Skhul 동굴은 초기 현생 인류가 시신을 의도적으로 매장한 사례를 보여주는 (지금까지 발견된) 최초의 유적이다. 카프제 유적의 매장 연대는 약 9만 2000년 전으로 추정되며, 스쿨 유적의 매장 연대는 12만~8만 년 전으로 추정된다. 비록 숭기르 무덤만큼 정교한 형태를 갖추지는 못했지만, 카프제와 스쿨 유적에는 당시 문화적 발달에 따라 시신을 섬세하게 처리했다는 틀림없는 흔적이 있다.

고고학자 다니엘라 E. 바르-요세프 메이어Daniella E. Bar-Yo-sef Mayer를 필두로 한 연구팀은 카프제 유적에 대해 붉은 황토로 몸(산 사람의 몸)을 치장하고, 해안(44킬로미터가량 떨어진 곳)에 가면 조개를 채집하는 사람들이 모여 만든 문화라고 설명한다. 붉은 황토를 칠한 조개도 있어, 인류 초창기의 예술적 표현 시도도 엿보인다. 카프제 동굴 유적에는 어린아이와 어른이 모두 묻혀 있는데, 한 무덤의 청소년 시신에는 가슴에 사슴뿔도 놓여 있다. 스쿨 유적에는 멧돼지 턱과 함께 묻힌 시신이 있으며, 일부러 구멍을 뚫은 조개껍데기가 여러 무덤에서 출토됐다.

이 두 곳의 이스라엘 유적은 초기 인류가 다른 이의 시신을 세심하게 처리할 수 있었다는 진화론적 근거가 되며, 더불어 우리가 흔히 생각하는 관계성은 이후에 나타났음을 암시한다. 종교의 기원을 연구하는 학자들은 때때로 무덤에서 나오는 특별한 부장품들과 사후 세계에 대한 문화적 믿음을 무리하게 연결짓는다. 그러나 이 둘은 상관관계가 마땅히 입증되지 않는다. 부장품들은 죽음 이후에 벌어질 일에 대한 공동체적 믿음의 징표일 수도 있지만, 그만큼 그저 죽은 이에 대한 존경과 사랑의 징표일 가능성도 크다. (눈치챘는지 모르겠지만, 나는 숭기르 무덤에 관한 논의에서도 사후 세계에 대한 믿음이나 종교적 의식의 존재와 관련해 아무런 이야기도 하지 않았다) 그렇지만 나는 인류의 장례 의식과 피할 수 없는 자기 자신의 죽음에 대한 개인적 성찰을 연관시킨 타일로 볼크의 주장에는 동의한다. 볼크는《죽음이란 무엇인가?》에서 시신을 둘러싸고 다 같이 모인 사람들은 "죽음을 직시할 수밖에 없다"라고 썼다. 또 "죽음은 살아 있는 사람들의 의식을 깨우는 역할을 한다"라고도.

호모 사피엔스의 번영이 이어지고 일부 지역에서는 농경 생활이 시작되면서 인류가 죽음에 의미를 부여하는 양상도 변화했다. 약 8000년 전의 도시 유적인 터키의 차탈회위크Çatalhöyük에서는 가옥 바닥 아래에 염소와 함께 매장된 사람의 시신이 발굴되기도 했는데, 이는 사람과 그들이 길들인 동물 사이의 정서적 관계를 시사한다. 그로부터 몇 천 년 후에 건설된 고대 이집트의 거대한 무덤들에는 망자가 사후 세계에서 먹을 수 있도록 음식이 가득 채워졌다. 선사시대의 관습을 연대순으로 늘어놓고 보면 인간의 상상은 점점 더 죽음, 그리고 죽음 이후의 삶에 맞춰져간다.

물론 호모 사피엔스의 장례 의례는 초기 단계에서도 기능적일 뿐 아니라 상징적이기도 했다. 카프제와 스쿨 동굴에서는 선사시대의 다른 지역에서도 그랬듯 붉은 황토가 문화적 표현의 도구로 활용됐다. 철 함량이 높고 짙은 붉은빛을 띠는 황토는 초기 호모 사피엔스의 삶을 이해할 수 있는 최고最高의 유적인 남아프리카 공화국의 블롬보스 동굴Blombos Cave에서도 주요한 역할을 했다. 블롬보스 동굴은 해안에 접해 있어서 당시 사람들은 해양 자원을 적극적으로 활용했다. 작살로 물고기를 잡고, 바다표범과 돌고래를 사냥하고, 총알고둥을 채취했다. 아직도 불과 3만 5000년 전에 유럽에서 현생 인류의 행동 양식이 '혁명적'으로 바뀌었다는 낡은 관념을 실은 교과서들이 있지만, 블롬보스 동굴에서는 이 관념이 틀렸다는 사실을 확고히 증명하는 유물들이 발견됐다.

블롬보스 사람들은 돌망치를 사용하고 요령 좋게 돌을 갈아 물감으로 쓸 색소를 만들었다. 이러한 사실은 고고학자 크리스토 퍼 헨실우드Christopher Henshilwood 연구팀이 10만 년 전으로 거 슬러 올라가는 블롬보그 예술가의 작업실을 찾아내며 세상에 알 려졌다(보다 북쪽에 있는 카프제 및 스쿨 동굴 유적과 같은 시기의 유적이 다). 블롬보스의 수렵 채집인들은 단단한 황토를 갈아 가루로 만들 고, 그 가루를 숯이나 바다표범의 뼈에서 얻은 기름과 섞었다. 이 때 전복 껍데기는 두 가지 목적의 도구로 활용됐는데, 물감 재료들 을 섞는 용기로도 쓰이고, 완성한 물감을 담아두는 용기로도 쓰였 다. 헨실우드 연구팀의 추적은 고대 예술가들의 삶에 대한 흥미로 운 전경으로 우리를 데려가지만, 그곳의 공예품들은 우리 조상들 이 이 색소들을 어떻게 썼는지에 대해서는 침묵한다. 그들은 자신 들이 만든 도구에 채색을 했을까? 벽에 그림을 그렸을까? 비슷한 시기의 카프제나 스쿨 사람들이 그랬던 것처럼, 자신들의 몸에도 그 색소를 발랐을까?

블롬보스는 수천 년 동안 초기 호모 사피엔스의 생활 터전이 었다. 7만 5000년 전 무렵, 그들은 붉은 황토 덩어리에 무늬를 새 겨넣었다. 글자를 쓴 것은 아니지만 분명 그날그날의 생존 활동에 만 집중하는 데서 벗어나 추상적 사고를 할 수 있어야 제작이 가능 한 무늬다. 장신구를 만드는 데도 이러한 능력이 필요하다. 블롬보 스 사람들은 작은 연체동물들의 껍질에 정밀하게 구멍을 냈다. 이에 더해 껍질의 닳은 형태를 감안하면 이 껍질들이 신체를 장식하는 데 쓰였음을 추측할 수 있다. 이스라엘의 두 동굴에서처럼 블롬보스 동굴에도 매장된 시신이 있을 것이라고 믿고 싶지만, 아직 발견되지는 않았다.

아프리카와 중동 지역에서 살아간 초기 호모 사피엔스는 자신들의 삶에 대한 감정과 사고가 발달하면서 창조적 자기표현을 하기 시작했다. 이 같은 새로운 모습은 우리의 가까운 사촌인 네안데르탈인들에게서도 일정 부분 나타났다. 큰 두뇌와 탄탄한 신체 골격을 지녔던 네안데르탈인들은 유전적 계통이라는 측면에서는 현생 인류에도 일부 남아 있지만, 약 3만 년 전에 멸종했다. 멸종하기 전 수천 년 동안은 해부학상 현생 인류와 공존했는데, 때와 장소에 따라서는 직접적인 접촉이 이루어지기도 했다(네안데르탈인들은 아프리카에는 거주하지 않았으므로 아프리카는 제외다).

네안데르탈인들이 원시인에 대한 오랜 고정 관념처럼 곤봉 같은 것을 들고 느릿느릿 걸어 다녔을 것이라고 생각한다면 큰 오해다. 그들은 창을 휘둘러 매머드처럼 거대하고 위험한 사냥감을 잡았다. 곰이나 늑대, 사슴의 이빨을 매만져 목에 걸고 다니는가 하면 매머드의 어금니를 매끈하게 다듬고 윤을 낸 뒤 붉은 황토로 꾸며 일종의 상징적 기념품처럼 지니기도 했다. 시신을 매장한 네안데르탈인들도 있다. 프랑스 라페라시La Ferrassie 유적에서는 네안데르탈인들이 공동체 구성원의 시신을 석회암 석판으로 덮은 흔적이 발견됐다. 또 우즈베키스탄 테식-타시Teshik-Tash 유적에서는 어린아이의 시신을 염소 뿔로 둘러쌌던 것으로 보인다.

　이보다 앞선 진화론적 시기들에서는 죽은 이를 세심하게 매장한 사례가 발견되지 않지만, 우리 초기 조상들이 시신을 어떻게 다뤘는지에 대해 힌트를 주는 유적은 한 곳 있다. 스페인 '뼈의 구덩이' 즉 시마 데 로스 우에소스Sima de los Huesos 동굴에서는 약 14미터 깊이 구덩이의 바닥에서 한데 묻혀 있는 유골 32구가 발굴됐다. 연대는? 30만 년 전이다. 시마 사람들이 존경과 숭배 행위로서 시신들을 구덩이에 매장했을 가능성도 있을까? 아니면 이 시신들은 악의가 동반된 공격 행위로서 구덩이에 던져진 것일까? 아마 어느 쪽으로든 의도적 행위의 결과물로 보기보다는 시신들이 우연히 구덩이에 떨어진 것으로 봐야 할 것이다. 뼈의 구덩이는 아무것도 답해주지 않는다. 이보다 더 먼 옛날 우리 조상들이 죽음과 관련해 어떤 행위 양식을 취했을지를 알려주는 물질적 증거는 없다.

　300만 년 전 리프트 밸리에 살았던 루시는 많은 사람에게 인류의 계보를 이해하는 시금석으로 받아들여지고 있다. 루시는 1974년 에티오피아에서 도널드 조핸슨Donald Johanson에 의해 발견되며 세상을 떠들썩하게 했다. 루시를 포함한 오스트랄로피테쿠스 아파렌시스는 다른 포유동물과 새들로 북적거리는 삼림 생태계를 두 발로 활보했다. 루시는 20세 전후에 사망했다. 루시의 시신은 루시가 사망한 자리에서 점차 앙상하게 뼈만 남은 상태로 변해갔다. 죽음을 맞이하는 오늘날의 야생동물들과 마찬가지였다

(다른 동물들이 사체를 이동시키거나 먹어치우지 않는 한 말이다).

　인류의 장례 관행이 언제 어디에서 기원했는지 보여주는 이 사례들은 무척 매혹적이지만, 아무리 현장을 발굴하고 무덤에서 출토된 부장품들을 조사하고 또 유골을 분석해도 수천 년 전 죽은 사람의 가족과 공동체가 느꼈을 감정을 알기란 어렵다. 그러나 앞서 논했듯, 이 책에서 다룬 동물들의 슬픔 이야기가 지닌 무게는 우리의 선사시대에 상실의 슬픔이 존재했을 것이라는 주장을 뒷받침한다. 공예품과 유골들이 우리에게 말해주지 않는 것, 과거의 과학자들이 깊이 탐구하기를 꺼렸을지 모르는 것은 그것을 둘러싼 맥락에서 보면 한결 명료하게 모습을 드러낸다. 2만 4000년 전 숭기르, 10만 년 전 카프제와 스쿨, 그리고 블롬보스 동굴을 보면 우리 조상들은 슬픔을 느낄 수 있는 인지 자원과 감정 자원, 그리고 그 슬픔의 표현을 뒷받침해줄 공동체 구조를 갖추고 있었다. 그렇지만 이러한 비교적 맥락으로 해명되는 것은 감정적 능력뿐이다. 우리는 어떤 감정을 경험할 능력이 언제나 그 감정의 표현으로 이어지는 것은 아니라는 점을 명심해야 한다.

　어떤 사람들은 죽음이 최종성을 띤다고 믿는다. 숨이 멎는 순간 인생이 끝이 난다고 생각하는 것이다. 한편, 영혼과 영혼의 영속성에 대해 초월적 믿음을 지닌 사람들은 육신의 죽음과 그 사람의 죽음을 동일시하지 않는다. 종교와 관련해 사후 세계를 믿거나 환생을 믿는 사람들은 죽음을 훨씬 충만한 존재로 나아가는 통로로 여기기도 한다. 죽음이 의미 있는 존재의 종말로 간주하지 않을 경우, 애도에는 축하의 기색이 섞여 있을 수도 있다.

현대 사회의 우리는 육신, 죽음, 애도에 무한히 복잡한 의미를 부여하고 있고, 과거를 살아간 사람들이 육신, 죽음, 애도에 어떤 의미를 부여했는지는 여전히 규정하기 어렵다. 인류학은 정성을 들이고 예우를 갖춰 매장된 시신들이 있다는 증거를 제공하고, 비인간 동물들의 사례를 바탕으로 그러한 예우가 상실감에 따른 행위였음을 시사한다. 그러나 우리를 슬픔의 선사시대에 그보다 더 가까이 데려다주지는 못한다.

14장에서 나는 우리 종만이 애도를 예술로 승화시킨다는 점을 강조하며, 상실의 슬픔을 느끼는 '인간만의' 시각에 대해 거듭 이야기했다. 이번 장에서는 다른 동물 종들의 애도 행위와는 비교할 수 없는 수준으로 정교하게 전개된 선사시대 인류의 장례 의식을 간략히 훑었다. 동시에 나는 다른 동물들의 감정 능력을 끌어들여 과거에, 적어도 어느 시기 어느 곳에서는, 지금은 멸종하고 없는 우리의 조상들이 슬픔을 느끼는 상태에서 정교한 의례를 거행했을 것이라고 주장했다. 프롤로그에서 언급한 바와 같이 나는 우리 종과 다른 종들의 인지적, 감정적 유사성을 역설하는 데 대부분의 노력을 기울이고 있지만 인류학자로서 우리 종의 슬픔 행동이 다른 종과 다르다는 사실을 지지할 필요를 느끼는데, 이렇게 다시 균형을 잡았다.

최근 베를린에 갔을 때 죽음을 대하는 인간만의 반응을 온전히 느낄 기회가 있었다. 유대인 학살 추모 공원에서 2711개의 콘크리트 비석 사이를 걷는 것은 혼란스러운 경험이었다. 브란덴부르크 문에서 한 블록 떨어진 곳으로 야외 공간은 언제고 방문할 수 있는데, 다양한 높이의 비석들이 평행하게 줄지어 서 있다. 나는 비석 줄 사이를 오가며 걷다 가끔 통로가 교차하는 데서는 드문드문 있는 다른 사람들을 일별했다. 그러다 무심한 동일성 한가운데 나 홀로 던져진 채 방향 감각을 잃은 듯한 느낌과 적막에 압도됐다. 이 공원을 설계한 건축가가 방문객들이 느끼기를 바란 바로 그 감정이 아닐까 생각한다. 콘크리트 비석들이 어떻게 나를 그러한 느낌 속으로 이끌었는지 설명하기는 막막하지만, 나는 분명히 느꼈다. 비석 아래에 있는 지하 전시관에는 홀로코스트로 학살당한 모든 유대인의 이름과 사진, 기록 등이 전시돼 있다. 그 이미지와 이야기들은 뇌리를 통렬히 헤집고 떠나지 않는 것들이었지만 일반적인 박물관과 다를 바 없이 구성된 그 전시관 안에서 내가 한 경험은 정돈되고 익숙한 것으로, 비석 사이를 거닐며 느꼈던 감정과는 본질적으로 상당히 달랐다.

베를린의 유대인 학살 추모 공원에 콘크리트 비석들이 있다면, 오클라호마시티에는 168개의 의자가 열을 맞춰 설치돼 있다. 로어 맨해튼의 세계무역센터 쌍둥이 빌딩이 있던 자리는 나무에 둘러싸여 끝없이 폭포수가 흐르는 두 개의 빈 공간으로 남아 있다. 히로시마에는 평화기념공원의 조각상, 다리, 넓게 트인 공간, 아름다운 시계탑 등이 있다. 또 르완다 키갈리의 제노사이드 추모관에는 25만 명의 유해가 안치돼 있다. 눈을 멀게 하는 섬광과 재앙의 날, 전쟁의 끝없는 소모전에 따른 여파로 오늘날의 애도는 우리의 선사시대뿐 아니라 지난 역사 시대에도 결단코 가능하지 않았던 방식으로 세계화됐다.

이러한 규모의 사건은 슬픔이 파도처럼 바다를 가로질러 시공간을 초월해 퍼지도록 한다. 프란시스코 골드먼의 아내는 멕시코 해변에서 수영하다 파도에 휩쓸려 어린 나이에 유명을 달리했다. 골드먼은 파도의 습성을 탐구해봐야겠다고 느꼈고, 후에 이렇게 썼다.

파도는 무리를 이루고 기차처럼 열을 지어서 대양을 건넌다. 해변에 이르는 파도는 결코 한 량輛이 아니다, 가는 길 내내 다른 파도 기차를 만나 섞이거나 앞서거니 뒤서거니 하며 가기 때문이다. 오래된 파도와 어린 파도가 섞이기도 한다. 그런데 파도는, 나도 이후에 알게 된 사실이지만, 아무리 온건한 파도라도 전속력으로 달리는 작은 자동차와 맞먹는 타고난 힘으로 해안에 밀어닥친다.

대규모 죽음에 대한 반응도 마찬가지다. 파도와 같은 기세로 밀어닥친다. 바로 곁의 생존자들로부터 친척들에게로 퍼져나간다. 지역 사회에서 나라 전체로, 대륙과 대양을 넘어 닥친다. 한 사람의 슬픔은 많은 사람의 슬픔과 모여 느끼지 않았을 감정을 느끼게 하거나 감정을 격화시킨다. 이와 같은 감정의 용승湧昇 작용은 우리의 뇌리 깊숙이 각인되는, 완전히 인간적인 것이다.

　한 세대의 미국인들은 9.11 테러 사건 이후 며칠, 몇 달, 몇 년 동안 그 과정을 목격했다. 많은 나라의 수없이 많은 사람이 그 화요일 아침에 자신이 어디에 있었는지, 뭘 하고 있었는지 놀라우리만치 정확하게 기억하고 있다는 것은 식상한 이야기다. 나는 오전 9시 30분에 125명의 인류학과 학생을 앞에 두고 수업을 시작했다. 하지만 맨해튼과 펜타곤에서 날아드는 끔찍한 뉴스에 나와 학생들은 걱정과 불안이 걷잡을 수 없이 커져만 갔고, 수업을 일찍 끝마칠 수밖에 없었다. 우리의 슬픔은 바로 그날 시작됐다. 그렇다면 9월 10일 월요일에 그 슬픔은 어디에 있었나? 다음 날 엄청난 힘으로 폭발하기 위해 작은 물결들이 모여들고 있었을까? 물음 자체가 이상하게 들릴지 모르겠지만, 골드먼이 파도에 대해 연구한 내용을 맥락에 두고 보면 일리가 없는 내용은 아니다. 골드먼은 '아우라의 파도', 굽이치는 물결 사이로 그녀를 맹렬히 잡아당겨 끝내 목숨을 잃게 만든 파도가 지나온 긴 여정에 대해 깊이 생각했다. 표면에 이는 파도는 대체로 해변에 닿아 부서지기 전까지 수천 킬로미터를 이동해 온 파도다. "물론 이동하는 것은 물이 아니라, 바람의 에너지다." 골드먼은 이렇게 썼다. "큰 파도는 몇 날 며칠에 걸쳐 수천 킬로미터에 이르는 바다를 가로질러 온 빠른 바람을 타고 서슴없이 돌진한다."

　그러나 9.11 테러 사건이 벌어지기 전 몇 시간, 며칠에 걸쳐 모인 것은 슬픔이 아니다. 그것은 사랑이다. 그날 아침 사람들이

가족과 친구들에게 손을 흔들고 입을 맞추며 인사를 나눌 때 느
낀 사랑이다. 바람이 바다에 파도를 일으키듯, 사랑이 슬픔을 일
으킨다.

　　그날 맨해튼에서 첫 번째 건물이 무너질 때 프랑스 태생 예
술가 장-마리 해슬리Jean-Marie Haessle는 도심을 벗어나기 위해
서두르고 있었다. 하지만 월 스트리트에 멈춰 섰다. 그러고는 주변
으로 쉴 새 없이 날아와 떨어지는 먼지를 주워 담았다. 그는 《뉴욕
타임스》에 충동적으로 한 행동이었다고 밝혔다. 그 먼지들이 그에
게 언젠가 벌어질 자신의 죽음을 떠올리게 했다고 한다. 그는 이
먼지를 처음에 담았던 종이봉투에 계속해서 간직하고 있다. 이 먼
지는 어떻게 만들어진 먼지인가? 무너진 세계무역센터 빌딩에서
떨어져 나온 잔해가 섞여 있었을 것이고, 짓눌려 가루가 된 사무기
기, 종이를 비롯해 일상적인 업무에 사용됐을 갖가지 물건이 섞여
있었을 것이다. 이것 말고도 더 있을까……? 이 질문을 더 깊이 파
고드는 것은 몹시 고통스러운 일이다. 그렇지만 누구나 당시 우리
가 수천 명을 잃었다는 사실을 안다. 먼지에 무엇이 더 섞여 있었
을지 알아차리는 것은 그다지 어려운 일이 아니다. 해슬리는 이 먼
지를 단 한 사람의 감상자, 자기 자신을 위해 전시했다. 그에게는
엄청난 상징적 힘을 발휘하는 물건이라고 한다.

　　나는 뉴욕의 현대 예술가인 해슬리와 러시아 숭기르, 이스라
엘 카프제, 스쿨에 살았던 우리 조상들을 연결하는 보이지 않는 시
간의 띠를 느낀다. 우리는 죽은 이들을 위한 공간을 따로 마련한

다. 정교한 장례 의식, 정중한 유골 보관 관습, 또는 방향 감각을 잃게 하는 수도의 추모 공간, 전 세계 수백만 명의 방문객을 끌어들이는 그와 같은 공간을 통해 죽은 자와 산 자의 관계를 가슴속에 간직한다. 철저히 인간적인 행위인 동시에 우리가 상실과 슬픔을 절감하는 다른 사회적 동물들로부터 진화한 사회적 동물이기에 가능한 행위들일 것이다.

맺는 말

"(슬픔은) 사회적 포유동물과 새들에게서 광범위하게 발견되는 현상으로, 특히 부모를 잃거나 자식을 잃거나 짝을 잃은 경우에 나타난다." 존 아처는《슬픔의 본질》첫 장에 이렇게 썼다.

　　포유동물과 새들의 애도 행위에 관한 관심이 지금처럼 커지기 전에는, 특히 아처가 이 책을 발표한 1999년에는 동물의 슬픔을 이처럼 전적으로 수용한 사회 과학 문헌이 거의 없었다. 다음으로는 이 꾸밈없는 주장을 뒷받침하는 증거가 딱 세 페이지에 걸쳐 나온다. 여기서 그는 원숭이와 유인원의 시신 운반 행위, 새와 개의 슬픔이 드러난 일화적 보고, 다양한 종의 새끼들이 어미와 분리됐을 때 고통스러워한다는 '분리 실험' 결과를 든다. 물론 아처의 저서에는 지난 15년 사이에 나온 동물의 애도 행위 연구 결과는 포함돼 있지 않다. 과학에 조예가 깊은 독자들이라면 동물의 애도에 관한 아처의 확신에 찬 주장과 그가 이 주장을 위해 내세운 동물 세계의 증거들 사이에 격차가 있다고 느끼는 것이 무리가 아니다.

이 책의 이야기들은 이 주장과 논거의 격차를 줄이는 데 성공했을까? 놀랄 것도 없이 내 답은 '그렇다'이다. 하지만 나도 이 책에 실은 논거 중 어떤 것이 강한 논거인지, 또는 신중한 논거이거나 약한 논거인지 구별해둘 필요가 있다고 생각한다. 이때 구별 기준으로 삼을 수 있는 것 중 하나가 프롤로그에서 제시한 슬픔의 이상적 정의다. 즉, 자신에게 정서적으로 중요한 동반자 동물의 죽음 이후 남은 동물이 눈에 띄게 고통스러워하거나 일상생활이 변화한 경우, 그 동물은 상실에 따른 슬픔을 느끼고 있다고 할 수 있을 것이다.

이 기준을 활용하면 이 책의 수많은 사례가 야생에서 살아가는 동물들이 애도를 한다는 강력한 증거가 된다. 장기 코끼리 연구자들은 케냐 북쪽의 삼부루 국립 보호구역과 남쪽의 암보셀리 국립공원에서 각각 개별 코끼리 개체들의 죽음에 대한 반응을 추적했다. 삼부루에서는 코끼리 가모장 엘리너가 숨지자 친족과 친구들이 괴로워하고 평소와 다른 행동을 했으며, 암보셀리에서는 코끼리들이 죽은 가모장의 뼈를 어루만지는 모습을 보였다. 재미있게도 삼부루에서 수집된 증거 중에는 내가 사용하는 틀을 복잡하게 만드는 증거가 한 조각 있다. 엘리너가 살아 있을 때 특별히 가깝게 지내지 않았던 암컷 코끼리들이 엘리너를 애도함에 따라 연구팀의 이언 더글러스-해밀턴이 코끼리들에게 죽음에 대한 "일반적" 반응이 존재한다는 판단을 내린 것이다. 더글러스-해밀턴이 옳다면 코끼리들의 죽음에 대한 감정 반응은 다른 동물들보다 (친족, 그리고 친구들 중심의 집단에 더해) 넓은 공동체를 아우르며 나타난다. 아니면 몇 년 후에는 우리가 다른 동물 종들에서도 공동체적 반응을 발견하게 될지도 모르는 일이다.

코끼리들의 사례는 야생동물의 슬픔을 뒷받침하는 데 있어 돌고래, 침팬지, 그리고 일부 조류들의 사례에 비견될 만큼 강력한 논거다. 돌고래들의 경우 새끼가 죽었을 때 나타나는 차마 보기에도 가슴 아픈 어미 돌고래의 반응이 그 비탄을 증명한다. 흥미롭게도 내가 알기로 어미 침팬지들(그리고 어미 원숭이들)이 새끼의 시신을 운반하는 행위에는 감정 표현이 수반되지 않는다. 그렇지만 곰비 국립공원에서 플로의 아들 플린트가, 또 코트디부아르의 타이 국립공원에서 티나의 남동생 타잔이 보여준 것처럼, 일부 침팬지들은 명백히 애도를 한다. 짝을 이룬 새들의 경우 짝을 잃으면 슬픔에 빠진 나머지 심각한 우울 증세를 보이기도 한다.

야생에서 끌어온 모든 사례가 엄격한 정의 기준에 설득력 있게 들어맞지는 않는다. 아마 그의 짝이었던 것 같은 허니 걸을 잃은 하와이의 수컷 바다거북, 동료의 시신을 살피고 돌아간 옐로스톤 국립공원의 들소 무리, 그리고 죽은 새끼를 안고 다니지만 겉으로는 감정적 타격이 없어 보이는 어미 원숭이들까지, 각기 다른 양상의 슬픔을 암시하고 있으나 결정적 증거는 아니다. 그러나 이 같이 풀리지 않은 사례들에서도 가족 구성원 또는 사회적 무리 구성원의 부재는 남은 개체의 행동을 눈에 띄게 변화시켰다. 원숭이들의 경우를 보면, 오카방고 개코원숭이 무리에서는 딸 시에라의 죽음을 애도한 어미 원숭이 실비아의 사례가 있고, 사별을 겪은 화학적 표지라고 할 수 있는 여러 개체의 생리학적 자료도 나왔다.

가정집이나 농장, 생추어리, 또는 동물원에서 지내며 인간과 가까이 살아가는 동물 중에도 내가 세운 엄격한 정의에 충족되는 슬픔을 보여준 사례들이 있다. 고양이 자매 윌라와 카슨, 그리고 개 친구 시드니와 에인절의 사연은 애도의 감정에 대한 고찰 없이는 이해할 수 없는 이야기들이다. 사랑과 슬픔의 징후가 너무나도 완연해서 합리적으로 도저히 배제할 수 없는 이야기들이다. 앞서 다룬 토끼나 말이 주인공인 수많은 다른 이야기들도 마찬가지다.

두 마리의 구조된 오리, 콜과 하퍼는 특별히 가슴 저미는 짝꿍이었다. 콜이 세상을 떠나자 하퍼가 드러낸 사랑과 슬픔은 내가 보기에 상식적으로 이의를 제기하는 것이 불가능한 정도다. 생추어리에 살고 있던 코끼리 타라가 자신의 작은 개 친구 벨라가 죽었을 때 보인 행동은 아무리 서로 판이한 동물이어도 돈독한 우정을 나눌 수 있으며, 돌연 우정의 상대를 잃은 생존자는 슬픔을 겪게 된다는 점을 상기시킨다.

동물원은 앞으로 동물의 슬픔을 연구하는 데 필요한 자료를 얻을 수 있는 주요 원천이 될 것이다. 동물원 및 유사 억류 시설의 고릴라, 침팬지들이 죽음을 둘러싸고 보인 행동을 관찰하고 보고한 기존 자료들은 현재로서는 답을 주기보다 의문을 불러일으킨다. 스코틀랜드의 사파리 공원에서 암컷 침팬지 팬지가 죽었을 때 수컷 침팬지 치피가 팬지의 시신을 공격한 까닭은 무엇인가? 동물원 침팬지들이 죽은 동료의 시신을 확인했음에도 그를 계속해서 찾아다닌 것은 어떤 의미일까? 아마도 다른 동물들보다는 인류의 현존하는 가장 가까운 친척인 아프리카 유인원들(침팬지와 고릴라)이 야생 군락(침팬지의 경우)에서든 억류된 군락에서든 애도 행위의 상당한 변동성에 대한 실마리를 제공해줄 수 있을 것 같다.

한편, 풀리지 않은 의문에 관해서라면 동물의 자살에 대한 전반적인 이야기를 빼놓을 수 없다. 이 책에 소개한 감정적 고통을 겪는 곰과 돌고래들의 사례는 이들이 사랑하는 개체를 잃거나 도저히 견딜 수 없는 삶의 여건에 직면했을 때 얼마나 극심한 슬픔에 빠질 수 있는지 보여준다. 과학은 이러한 가능성이나 설령 동물이 실제로 자살을 한다 해도 그 원인으로 어떤 것들이 있을 수 있는지에 대해서는 지금껏 거의 관심을 기울이지 않았다.

우리에게는 인간 종 특유의 애도 습성이 있다. 마지막 두 장에서는 우리가 어떻게 슬픔을 예술로 승화하는지, 그리고 어떻게 수천 년에 걸쳐 매장 의례 및 죽음과 관련된 기타 관습들을 발전시켜왔는지를 살폈다. 그러나 내게 두드러지게 다가온 것은 인간의 특별함이 아니라 비인간 동물들도 사랑을 하고 슬픔을 느낀다는 깨달음이다. 그리고 처음부터 내내 강조해왔지만, 이 진술이 다른 종들의 감정적 복잡성을 평가하는 척도가 될 수는 없다. 성격 및 처해 있는 환경에 따라 애도를 하는 개도 있지만 하지 않는 개도 있다. 우리가 인지할 수 있는 형태로 애도를 표현하는 침팬지를 비롯한 여러 종도 마찬가지다. 동물의 감정 표현은 개별 개체의 속성을 넘어 간단히 일반화할 수 있는 것이 아니다. 인간의 감정 세계와 다를 바 없이 말이다.

맺는 말을 쓰기 위해 동물의 슬픔 이야기들을 되짚다 보니 이 책의 내용을 연구하고 집필하는 과정에서 느꼈던 기쁨과 빈틈없이 얽힌 슬픔이 다시 밀려든다. 이 슬픔은 물론 감정 속에 깊은 슬픔의 강이 흐르고 있는 동물들의 삶에 때로는 잠깐, 때로는 조금 긴 시간 동안 몰입함에 따라 생겨난 것이다.

그리고 여기에는 기쁨도 따랐는데, 동물들의 사랑의 깊이를 발견할 수 있었던 것이다. 그 덕분에 나는 많은 동물에 대한 생각이 심지어 3년 전과도 달라졌다.[*] 이 책을 쓰기 위해서는 다른 책들을 쓸 때보다 더욱 넓은 시야로 동물들을 바라봐야 했다. 그리고 그 보상으로 나는 내가 예상했던 것보다 훨씬 복잡한 동물들의 감정 세계를 발견했다(농장 동물의 비중이 큰 것은 맞지만, 동물 전반에 걸친 발견이라고 자신 있게 말할 수 있다).

또 다른 즐거움은 친구들, 친척들, 학계 동료들, 그리고 내 글을 통해서만 나를 아는 완전히 모르는 사람들과 동물의 슬픔에 관한 이야기를 나눈 것이다(때로는 슬픔이 아닌 이야기도 나눌 수 있었다).

---

[*]   [옮긴이주] 저자 바버라 킹은 이 책을 출간하기 3년 전에 《동물과 함께 살아가기》를 출간했다.

'한뜻'이라는 감각, 동물의 사랑과 동물의 슬픔을 파악하고, 설명하고, 분석하는 새로운 방법을 찾아내고자 하는 모두의 바람이 우리를 하나로 묶어주었다.

내 입장과 반대되는 견해로부터 깨달음을 얻는 경우도 종종 있었다. 내가 NPR의 13.7 블로그를 통해 동물의 사랑에 관해 올린 기사는 동물들이 사랑을 느낄 수 있는지 없는지를 따지는 글이 아니라, 다른 동물들이 느끼는 사랑을 우리가 어떻게 알아차릴 수 있을지를 묻는 글이었다. 갖가지 아이디어와 사례들이 쏟아져 들어오는 와중에 몇몇 독자들은 동물의 사랑을 분석하려 해서는 안 된다고 주장했다. 트레나 그라벰이라는 독자는 이렇게 말했다. "사랑을 정의할 필요가 있을까요? 과연 그렇게까지 생각하고 분석할 필요가 있을까요? 저는 그 대신 우리가 다른 존재들을 사랑하고 다른 존재들도 우리를 사랑한다는 데 더욱더 감사의 마음을 가지는 편이 좋다고 생각해요. 물론 여기서 존재란 사람뿐만이 아니라 동물도 포함해서 말씀드리는 것입니다. 안타깝게도 어린아이가 아닌 이상 이런 진실을 있는 그대로 받아들이기가 어렵긴 한 것 같아요." 또 메그 아헤르라는 독자는 이렇게 남겼다. "저는 모든 동물이 감정이 있고 각자의 방식으로 다른 동물을 사랑한다는 가정에서부터 시작하고 싶어요."

모두 말하고자 하는 바가 뚜렷하며 동물의 복잡한 감정적 표현에 대해 열려 있는 견해들이다. 그러나 과학자로서 내가 전하고 싶은 핵심은 다음과 같다. 동물들이 긍정적이고 다정한 태도로 동료를 대우한다고 사랑이라고, 감정 표현이 수반된 반응으로써 죽은 동료를 대우한다고 애도라고 마냥 판단해서는 우리가 붙잡고자 하는 현상의 본질을 희석하는 위험에 처할지 모른다는 것이다. 그러면 많은 것을 알아낼 수도 없다.

이 책에서 소개한 개념과 의문점들이 개별 동물 개체들이 어떤 식으로 슬퍼하고, 또 슬퍼하지 않는가를 이해하기 위해 애쓰는 많은 사람에게 보탬이 되기를 바라는 마음이다. 사랑과 슬픔에 대한 나의 정의는 앞으로 개선될 수도 있고, 완전히 새로운 의문점이 더해질 수도 있다. 요점은 논의를 이어가야 한다는 것이다. 이 논의는 이론적 탐구에만 매몰된 것도, 나아가 다른 종에 대한 이해를 토대로 우리 자신을 더 잘 알고자 하는 열망에서만 비롯되는 것도 아니기 때문이다. 동물의 사고와 감정의 깊이를 속속들이 헤아리다 보면 자연스레 우리 개개인, 그리고 우리 사회 집단이 다른 동물들을 취급하는 태도를 재평가하게 된다. 앞서 이야기했듯 사별한 동물들에게는 사랑했던 개체의 시신 곁에서 잠시 머물 시간을 마련해주는 것이 큰 도움이 된다. 이 과정은 우리에게는 동물들이 생각하고 감정을 느끼는 존재라는 사실을 다시 떠올리고 연민과 존중심을 바탕으로 그들을 합당하게 대우할 기회가 된다.

그리고 기쁨과 슬픔의 테마가 또다시 등장한다. 동물을 사랑하는 사람들에게 야생에서, 농장이나 생추어리, 동물원에서, 또는 우리와 함께 가정집에서 살아가는 수많은 동물이 인간의 무시와 학대로 풍파를 겪었거나 직면해 있는 실상은 돌덩이가 가슴을 짓

누르는 듯 무겁게 다가올 것이다. 하지만 여기에도 기쁨의 여지가 있다. 우리가 동물을 물건이 아니라 생명으로 대우하는 상전벽해와 같은 사회 인식의 변화를 불러일으킬 수도 있는 것 아닐까? 팜생추어리가 주는 교훈처럼 말이다.

나는 개인적으로 다음과 같은 결론을 내리고 싶다. NPR의 '나의 믿음This I Believe'이라는, 에세이를 읽어주는 기획 시리즈를 통해 2005년에 방송된 〈언제나 장례식에 간다Always Go to the Funeral〉라는 글이 있다. 이 글을 보낸 디어드리 설리번은 내성적인 10대였던 자신을 기어코 초등학교 선생님의 장례식에 참석시킨 부모님에 관해 이야기했다. 당시 디어드리는 선생님의 유족들에게 겨우겨우 쥐어 짜낸 몇 마디의 애도 인사를 건네면서 자괴감을 느꼈다. 하지만 나중에 그녀는 우리의 어떤 행동들이 다른 사람들에게는 커다란 의미가 될 수 있음을, 그리고 이를 위해서라면 자신의 불편과 수고는 더없이 감내할 만한 것임을 체득하도록 이끌어준 부모님에게 감사의 마음을 갖게 된다. 설리번의 에세이는 이렇게 끝을 맺는다.

아버지는 3년 전 4월의 어느 추운 날 밤에 암으로 조용히 세상을 떠나셨다. 아버지의 장례식은 평일의 중간인 수요일에 열렸다. 나는 이미 며칠 동안 망연자실한 상태였는데, 장례식 도중 어떤 이유에서인지 교회에 온 사람들을 다시 돌아봤다. 그때를 떠올리면 지금도 숨이 멎을 것 같은 기분이다. 장례식에 가는 것이 옳다고 믿기 때문에 불편을 감수한 사람들로 가득 찬 수요일 새벽 3시의 교회는 지금까지 내가 살면서 본 것 중 가장 인간적이고, 강렬하며, 나를 겸허하게 만드는 광경이었다.

나도 4월의 어느 날 밤에 아버지를 잃었다. 1985년이었고, 아버지는 60세에 돌아가셨다. 제2차 세계대전 때 해군으로, 이후에는 소방관으로 복무했으며, 그 후로는 뉴저지주 경찰관으로서 수십 년 동안 조직 범죄에 맞서 싸운 아버지는 늘 다른 사람들을 위해 일했다고 해도 과언이 아니다. 장례식에서 아버지와 함께 근무했던 동료 경찰관들이 예포를 발사했을 때는 눈물이 흐르는 것을 참을 수 없었다. 하지만 그날 이후로 내 가슴속에 가장 확고히 뿌리내린 것은 이러한 공식 장례 절차가 아니라, 우리를 찾기 위해 봄날을 즐기기를 포기하고 온 사람들, 내 아버지에게 직접 애도를 표하고 나와 내 어머니에게 힘을 주기 위해 모인 많은 사람들이었다.

50대 중반에 접어들어 슬픔을 다루는 책을 쓰게 된 것은 결코 우연이 아니라고 생각한다. 이전에 다른 책들을 위한 조사를 하면서도 동물들이 죽음에 감정적으로 반응한다는 크고 작은 증거들을 계속해서 마주쳤다. 그런 점에서 이 책은 직전의 두 작품*을

---

*　[옮긴이주] 《동물과 함께 살아가기》를 2010년에, 《진화하는 신Evolving God》을 2007년에 냈다.

쓸 때 심은 씨앗들이 자연스럽게 자라나 탄생한 것이다. 물론 그게 다는 아니다. 나는 은퇴 시점에 다가가고 있는, 혹은 이미 다다른 베이비 부머 세대다. 외동딸은 대학에 다니고 있고, 어머니는 노인을 위한 생활보조 주거시설에서 지내고 계신다. 어머니는 84세에 응급 수술을 받고 가까스로 위기를 넘긴 뒤, 이전보다 훨씬 세심한 보살핌을 필요로 하게 됐다. 지금은 86세로, 100세까지 장수하신 외할머니만큼 사시거나 그보다 더 오래 사실 것 같다. 현재 어머니의 삶은 나의 삶과 전에 없이 가깝게 얽혀 있다. 물론 내가 아주 어렸을 때는 제외하고 말이다. 또래 친구들과 대화를 하다 보면 자연스럽게 화제가 연로한 부모님으로 흘러가곤 한다. 우리는 각자 어떻게 자신의 부모를 보살피고 있는지 이야기하고, 그에 대한 걱정과 피로, 만족과 기쁨에 관해서도 털어놓는다.

어머니가 병원, 요양재활센터, 그리고 생활보조 주거시설로 옮겨 가시는 동안 세부 사항들을 조정하면서 나는 깊은 사랑과 함께 예견되는 슬픔을 미리 느낀다. 가까운 이들이 완전히 현실화된 슬픔에 사로잡혀 있는 상황도 종종 겪는다. 한 친구는 어머니가 오랜 암 투병 끝에 구순을 앞두고 돌아가셨다. 또 다른 친구는 80대이던 아버지가 어느 날부터 급격히 노쇠해지시더니 돌아가셨다. 친구는 아버지가 스스로 죽음을 재촉했다고 여겼는데, 그도 그럴 것이 식사를 거부하셨기 때문이다. 크리스마스 직후에 끔찍한 자동차 사고로 열일곱 살이던 아들을 잃은 친구도 있다. 나 역시 침통했으나 어떤 말이 친구에게 위로가 될지 알 수 없었다. 지금도 내가 할 수 있는 것은 아들을 향한 친구의 사랑을 이해해주는 것이 전부로, 그 사랑은 조금도 줄지 않고 계속되고 있다.

　　동물들 역시 사랑하고 슬퍼한다는 사실을 인정한다고 해도 우리의 깊고 깊은 슬픔의 의미는 퇴색하지 않는다. 오히려 우리가 애도에 마냥 사로잡히지 않았을 때, 또는 아직 다가오는 슬픔을 예감하는 정도일 때라면 다른 동물들한테서도 우리와 닮은 애도의 모습을 발견할 수 있다는 것이 진실된 위로로 다가올 수도 있지 않을까? 나는 이 책에 실린 이야기들에서 희망과 위안을 얻는다. 그리고 여러분도 이 이야기들로부터 희망과 위안을 찾을 수 있기를 바란다.

참고자료

프롤로그

Bekoff, Marc. "Animal Love: Hot-Blooded Elephants, Guppy Love, and Love Dogs." *Psychology Today* blog, November 2009. http://www.psychologytoday.com/blog/animal-emotions/200911/animal-love-hot-blooded-elephants-guppy-love-and-love-dogs.

Kessler, Brad. Goat Song: A Seasonal Life, a Short History of Herding, and the Art of Making Cheese. New York: Scribner, 2009. Quoted material, p. 154.

Krulwich, Robert. "Hey I'm Dead!' The Story of the Very Lively Ant." National Public Radio, April 1, 2009. http://www.npr.org/templates/story/story.php?storyId=102601823.

Potts, Annie. *Chicken*. London: Reaktion Books, 2012.

Rosenblatt, Roger. *Kayak Morning*. New York: Ecco, 2012. Quoted material, p. 49.

1장

Coren, Stanley. "How Dogs Respond to Death." With a sidebar by Colleen Safford. *Modern Dog*, Winter 2010/2011, 60–65. Quoted material,

p. 62.

Harlow, Harry F., and Stephen J. Suomi. "Social Recovery by Isolation-Reared Monkeys." *Proceedings of the National Academy of Sciences* 68 (1971): 1534-38. Quoted material, p. 1534. http://www.pnas.org/content/68/7/1534.full.pdf.

King, Barbara J. "Do Animals Grieve?" http://www.npr.org/blogs/13.7/2011/10/20/141452847/do-animals-grieve.

Renard, Jules. *Nature Stories.* Translated by Douglas Parmee. Illustrated by Pierre Bonnard. New York: New York Review of Books, 2011. Quoted material, p. 39.

2장

Coren, Stanley. "How Dogs Respond to Death." With a sidebar by Colleen Safford. *Modern Dog*, Winter 2010/2011, pp. 60-65.

Dosa, David. *Making Rounds with Oscar: The Extraordinary Gift of an Ordinary Cat.* New York: Hyperion, 2010.

Hare, Brian, and Michael Tomasello. "Human-Like Social Skills in Dogs?" *Trends in Cognitive Science*, 2005. http://email.eva.mpg.de/tomas/pdf/Hare_Tomasello05.pdf.

King, Barbara J. *Being with Animals.* New York: Doubleday, 2010.

Zimmer, Carl. "Friends with Benefits." Time, February 20, 2012, 34-39. Quoted material, p. 39. (For responses by Patricia McConnell, see http://www.patriciamcconnell.com/theotherendoftheleash/tag/carl-zimmer.)

[video] Ceremony to honor the dog Hachiko, Tokyo, April 8, 2009. One can see the statue of Hachi in the opening frames. (In Japanese.) http://www.youtube.com/watch?v=ffB6IEFsD9A.

[video] Heroic dog rescue on the highway in Chile. http://today.msnbc.msn.com/id/28148352/ns/today-today_pets_and_animals/t/little-hope-chiles-highway-hero-dog/.

[photo] Hawkeye the dog at Jon Tumilson's casket. http://today.msnbc.msn.com/id/44271018/ns/today-today_pets_and_animals/t/dog-mourns-casket-fallen-navy-seal/.

3장

Farm Sanctuary, "Someone, Not Something: Farm Animal Behavior, Emotion, and Intelligence." http://farmsanctuary.wpengine.com/learn/someone-not-something/.

Hatkoff, Amy. *The Inner World of Farm Animals*. New York: Stewart, Tabori & Chang, 2009. Quoted material, p. 84.

Marcella, Kenneth L. "Do Horses Grieve?" *Thoroughbred Times*, October 2, 2006. http://www.thoroughbredtimes.com/horse-health/2006/october/02/do-horses-grieve.aspx.

4장

Archer, John. *The Nature of Grief: The Evolution and Psychology of Reactions to Loss*. New York: Routledge, 1999.

House Rabbit Society. "Pet Loss Support for Your Rabbit." http://www.rabbit.org/journal/2-1/loss-support.html.

Wager-Smith, Karen, and Athina Markou. "Depression: A Repair Response to Stress-Induced Neuronal Microdamage That Can Grade into a Chronic Neuroinflammatory Condition." *Neuroscience and Biobehavioral Reviews* 35 (2011): 742-64.

5장

Bibi, Faysal, Brian Kraatz, Nathan Craig, Mark Beech, Mathieu Schuster, and Andrew Hill. "Early Evidence for Complex Social Structure in *Proboscidea* from a Late Miocene Trackway Site in the United Arab Emirates." *Biology Letters* (2012). doi:10.1098/rsbl.2011.1185.

Douglas-Hamilton, Iain, Shivani Bhalla, George Wittemyer, and Fritz

Vollrath. "Behavioural Reactions of Elephants towards a Dying and Deceased Matriarch." *Applied Animal Behaviour Science* 100 (2006):87 – 102.

Elephant Sanctuary. "Tina." http://www.elephants.com/tina/ Tina_inMemory.php.

Gill, Victoria. "Ancient Tracks Are Elephant Herd." BBC, February 25, 2012. http://www.bbc.co.uk/nature/17102135.

McComb, Karen, Lucy Baker, and Cynthia Moss. "African Elephants Show High Levels of Interest in the Skulls and Ivory of Their Own Species." *Biology Letters* 2 (2005): 2 – 26.

Moss, Cynthia. *Elephant Memories: Thirteen Years in the Life of an Elephant Family*. New York: William Morrow, 1988. Quoted material, p. 270.

[video] Amboseli elephants' response to a matriarch's bones: http://www.andrews-elephants.com/elephant-emotions-grieving.html.

6장

Bosch, Oliver J., Hemanth P. Nair, Todd H. Ahern, Inga D. Neumann, and Larry J. Young. "The CRF System Mediates Increased Passive Stress-Coping Behavior Following the Loss of a Bonded Partner in a Monogamous Rodent." *Neuropsychopharmacology* 34(2009): 1406 – 15.

Cheney, Dorothy L., and Robert M. Seyfarth. *Baboon Metaphysics: The Evoution of a Social Mind*. Chicago: University of Chicago Press, 2007. Quoted material, pp. 193, 195.

Engh, Anne L., Jacinta C. Beehner, Thore J. Bergman, Patricia L Whitten, Rebekah R Hoffmeier, Robert M. Seyfarth, and Dorothy L. Cheney. "Behavioural and Hormonal Responses to Predation in Female Chacma Baboons (Papio hamadryas ursinus)." *Proceedings of the Royal Society B* 273 (2006): 707 – 12. Quoted material, p. 709.

Fashing, Peter J., Nga Nguyen, Tyler S. Barry, C. Barret Goodale, Ryan J.

Burke, Sorrel C. Z. Jones, Jeffrey T. Kerby, Laura M. Lee, Niina O. Nurmi, and Vivek V. Venkataraman. "Death among Geladas (Theropithecus gelada): A Broader Perspective on Mummified Infants and Primate Thanatology." *American Journal of Primatology* 73 (2011): 405 –9. Quoted material, p. 408.

Mendoza, Sally, and William Mason. "Contrasting Responses to Intruders and to Involuntary Separation by Monogamous and Polygynous New World Monkeys." *Physiology and Behavior* 38 (1986): 795 – 801.

Sugiyama, Yukimaru, Hiroyuki Kurita, Takeshi Matsu, Satoshi Kimoto, and Tadatoshi Shimomura. "Carrying of Dead Infants by Japanese Macaque (Macaca fuscata) Mothers." *Anthropological Science* 117 (2009): 113 – 19.

[video] *Clever Monkeys*, narrated by David Attenborough (segment on toque monkeys starts at 1:15): http://www.youtube.com/watch?v=VaiFfSui4oc.

7장

Anderson, James R. "A Primatological Perspective on Death." *American Journal of Primatology* 71 (2011): 1 –5. Quoted material, p. 2.

Biro, Dora, Tatyana Humle, Kathelijne Koops, Claudia Sousa, Misato Hayashi, and Tetsuro Matsuzawa. "Chimpanzee Mothers at Bossou, Guinea Carry the Mummified Remains of Their Dead Infants." Current Biology 20 (2010): R351 – R352. Quoted material, p. R351.

Boesch, Christophe, and Hedwige Boesch-Achermann. *The Chimpanzees of Tai Forest*. Oxford: Oxford University Press, 2000. Quoted material, pp. 248 –49.

Goodall, Jane van Lawick. 1971. *In the Shadow of Man*. New York: Dell. Quoted material, p. 236.

_____. *Through a Window*. New York: Mariner Books, 1990. Quoted
material, pp. 196 –97.

King, Barbara J. "Against Animal Natures: An Anthropologist's View." 2012.
http://www.beinghuman.org/article/against-animal-natures-
anthropologist's-view.

Sorenson, John. Ape. London: Reaktion Books, 2009. Quoted material, pp.
70, 85.

[video] Chimpanzee attack on Grapelli, narrated by David Watts ("Gang
of Chimps Attack and Kill a Lone Chimp"; attack itself begins around 3
minutes in): http://www.youtube.com/watch?v=CPznMbNcfO8.

[video] Chimpanzee attack, narrated by David Attenborough: http://
ww.youtube.com/watch?v=a7XuXi3mqYM&feature=fvst.

8장

Barash, David. "Deflating the Myth of Monogamy." *Chronicle of Higher
Education*, April 21, 2001.

Heinrich, Bernd. *Mind of the Raven*. New York: Ecco, 1999.

_____. *The Nesting Season: Cuckoos, Cuckolds, and the Invention of
Monogamy*. Cambridge: Belknap Press, 2010. Quoted material, p.
26.

Marzluff, John M., and Tony Angell. *Gifts of the Crow: How Perception,
Emotion, and Thought Allow Smart Birds to Behave Like Humans*.
New York: Free Press, 2012.

Quoted material, pp. 141, 146.

_____. *In the Company of Crows and Ravens*. New Haven: Yale
University Press, 2005. Quoted material, pp. 187, 195.

[video] The storks Rodan and Malena (narration in French): http://
videos.tf1.fr/infos/2010/love-story-au-pays-des-cigognes-
5786575.html.

9장

ABC News. "Whales Mourn If a Family Member Is Taken: Scientists."
        August 20, 2008. http://www.abc.net.au/news/2008-08-10/
        whales-mourn-if-a-family-member-is-taken-scientists/470268.

Bearzi, Giovanni. "A Mother Bottlenose Dolphin Mourning Her Dead
        Newborn Calf in the Amvrakikos Gulf, Greece." Tethys Research
        Institute report (with photo). http://www.wdcs-de.org/docs/Bottle
        nose_Dolphin_mourning_dead_newborn_calf.pdf.

Evans, Karen, Margaret Morrice, Mark Hindell, and Deborah Thiele. "Three
        Mass Whale Strandings of Sperm Whales (Physeter macrocephalus)
        in Southern Australian Waters." *Marine Mammal Science* 18 (2002):
        622-43.

Klinkenborg, Verlyn. *Timothy, or Notes of an Abject Reptile*. New York:
        Vintage Books, 2007.

Ritter, Fabian. "Behavioral Responses of Rough-Toothed Dolphins to a
        Dead Newborn Calf." *Marine Mammal Science* 23(2007): 429-33.
        Quoted material, pp. 430, 431.

Rose, Anthony. "On Tortoises Monkeys & Men." In *Kinship with the
        Animals*, edited by Michael Tobias and Kate Solisti-Mattelon.
        Hillsboro, OR: Beyond Words Publishing, 1998. http://
        goldray.com/bushmeat/pdf/tortoisemonkeymen.pdf.

[video] Male sea turtle at memorial for Honey Girl: http://
        www.youtube.com/watch?v=qkVXucG1AeA.

[video] Dolphin-whale play: http://www.youtube.com/
        watch?v=lC3AkGSigrA.

[video] Still photographs and video related to whale mourning/whale
        strandings: http://www.youtube.com/watch?v=XaViQ7FHJPI.

10장

Elephant Sanctuary. Account of Bella's death. http://www.elephants.com/
        elediary.php(begin at entry for October 24, 2011).

Holland, Jennifer. *Unlikely Friendships: 47 Remarkable Stories from the Animal Kingdom*. New York: Workman Publishing, 2011.

Pierce, Jessica. *The Last Walk: Reflection on Our Pets at the End of Their Lives*. Chicago: University of Chicago Press, 2012. Quoted material, pp. 220, 199.

Zimmer, Carl. "Friends with Benefits." Time, February 20, 2012, 34–39. photo Tarra and Bella together: http://www.elephants.com/Bella/Bella.php.

[video] Polar bears and dogs playing: http://www.dailymotion.com/video/x3ag9o_polar-bears-and-dogs-playing_animal.

[video] CBS Sunday Morning, "The Common Bond of Animal Odd Couples": http://www.cbsnews.com/video/watch/?id=7362308n&tag=contentMain;contentBody.photo Tinky the cat at the piano: http://www.barbarajking.com/blog.htm?post=801721.

11장

ABC Science. "Lemmings Suicide Myth." April 27, 2004. http://www.abc.net.au/science/articles/2004/04/27/1081903.htm.

Bekoff, Marc. "Bear Kills Son and Herself on a Chinese Bear Farm." http://www.psychologytoday.com/blog/animal-emotions/201108/bear-kills-son-and-herself-chinese-bear-farm.

Birkett, Lucy, and Nicholas E. Newton-Fisher. "How Abnormal Is the Behaviour of Captive, Zoo-Living Chimpanzees?" PLoS ONE 6 (2011): e20101. doi: 10.1371/journal.pone.0020101.

Bradshaw, G. A., A. N. Schore, J. L. Brown, J. H. Poole, and C. J. Moss. "Elephant Breakdown." *Nature* 433 (2005): 807.

Guardian. "Dolphin Deaths: Expert Suggests 'Mass Suicide.'" June 11, 2008. http://www.guardian.co.uk/environment/2008/jun/11/wildlife.conservation1.

Karmelek, Mary. "Was This Gazelle's Death an Accident or a Suicide?" http://blogs.scientificamerican.com/anecdotes-from-the-

archive/2011/05/24/was-this-gazelles-death-an-accident-or-a-
suicide/.

King, Barbara J. "When a Daughter Self-Harms." http://www.npr.org/
blogs/13.7/2012/07/12/156550195/when-a-daughter-self-harms.

Poulsen, Else. 2009. *Smiling Bears: A Zookeeper Explores the Behavior
and Emotional Life of Bears*. Vancouver: Greystone Books. Quoted
material, pp. 208-9.

12장

Anderson, James R., Alasdair Gillies, and Louse C. Lock. "Pan Thanatology."
Current Biology 20 (2010): R349-R351. Quoted material, p. R350.

Goodall, Jane van Lawick. *In the Shadow of Man*. New York: Dell, 1971.
Quoted material, p. xi.

Teleki, G. "Group Response to the Accidental Death of a Chimpanzee in
Gombe National Park, Tanzania." *Folia primatologica* 20 (1973):
81-94. Quoted material, pp. 84, 85, 89, 92, 93.

13장

Berger, Joel. *The Better to Eat You With: Fear in the Animal World*.
Chicago: University of Chicago Press, 2008. Quoted material, p.
117.

Bradbury, Ray. *Dandelion Wine*. New York: Doubleday, 1957.

Desmond, Jane. "Animal Deaths and the Written Record of History: The
Politics of Pet Obituaries." In *Making Animal Meaning*, edited by
Georgina Montgomery and Linda Kaloff, 99-111. East Lansing:
Michigan State University Press, 2012. Quoted material, pp. 99, 100,
103, 104.

Lott, Dale F. *American Bison: A Natural History*. Berkeley: University of
California Press, 2002. Quoted material, p. 4.

Whittlesey, Lee H. *Death in Yellowstone: Accidents and Foolhardiness
in the First National Park*. Lanham, MD: Roberts Rinehart, 1995.

Quoted material, pp. 4, 30.

[photo] Martha Mason in her iron lung: http://
www.nytimes.com/2009/05/10/us/10mason.html.

14장

Archer, John. *The Nature of Grief: The Evolution and Psychology of
Reactions to Loss*. New York: Routledge, 1999.

Didion, Joan. *The Year of Magical Thinking*. New York: Knopf, 2005.
Quoted material, p. 27.

Goldman, Francisco. *Say Her Name*. New York: Grove Press, 2011. Quoted
material, pp. 43 – 44, 240 – 41.

Lewis, C. S. *A Grief Observed*. New York: HarperOne, 1961. Quoted
material, pp. 6, 9 – 10, 18, 25, 54, 72.

Oates, Joyce Carol. *A Widow's Story*. New York: Ecco, 2011. Quoted
material, pp. 105, 275.

Rosenblatt, Roger. *Kayak Morning*. New York: Ecco, 2012. Quoted material,
p. 143.

_____. *Making Toast*. New York: Ecco, 2010. Quoted material, pp.
32 – 33.

Saunders, Frances Stonor. "Too Much Grief." *Guardian*, August 19, 2011.
http://www.guardian.co.uk/books/2011/aug/19/grief-memoir-
oates-didion-orourke.

Volk, Tyler. *What Is Death? A Scientist Looks at the Life Cycle*. New York:
John Wiley and Sons, 2002. Quoted material, pp. 84 – 85.

[video] Gombe chimpanzees at waterfall, narrated by Jane Goodall:
http://www.janegoodall.org/chimp-central-waterfall-displays.

15장

Bar-Yosef Mayer, Daniella, Bernard Vandermeersch, and Ofer Bar-Yosef.
2009. "Shells and Ochre in Middle Paleolithic Qafzeh Cave, Israel:
Indications for Modern Behavior." *Journal of Human Evolution* 56

(2009): 307–14.

Formicola, V., and A. P. Buzhilova. "Double Child Burial from Sunghir
   (Russia): Pathology and Inferences for Upper Paleolithic Funerary
   Practices." *American Journal of Physical Anthropology* 124 (2004):
   189–98. Quoted material, p. 189.

Goldman, Francisco. *Say Her Name*. New York: Grove Press, 2011. Quoted
   material, pp. 306, 313.

Henshilwood, C. S., F. d'Errico, K. L. van Niekerk, Y. Coquinot, Z. Jacobs,
   S.-E. Lauritzen, M. Menu, and R. Garcia-Moreno. "A 100,000-Year-
   Old Ochre-Processing Workshop at Blombos Cave, South Africa."
   Science 334 (2011): 219–22.

Volk, Tyler. *What Is Death? A Scientist Look at the Cycle of Life*. New York:
   John Wiley and Sons, 2002. Quoted material, p. 83.

[video/photo] Amos, Jonathan. "Ancient 'Paint Factory' Unearthed."
   BBC News: http://www.bbc.co.uk/news/science-
   environment-15257259.

맺는 말

Archer, John. *The Nature of Grief: The Evolution and Psychology of
   Reactions to Loss*. New York: Routledge, 1999. Quoted material, p.
   1.

Sullivan, Deirdre. "Always Go to the Funeral." http://thisibelieve.org/
   essay/8/.